弹药运用技术

甄建伟　关鹏鹏　向红军　著

西北工业大学出版社

西　安

【内容简介】 本书共分为6章。第1章为弹药装备构成概况，第2章为引信、战斗部与典型目标，第3章为直瞄火力的运用，第4章为间瞄火力的运用，第5章为障碍的战场运用，第6章为障碍的破除技术。

本书可作为地方理工科高校、军队院校等相关专业学生了解弹药运用技术相关知识的资料，也可作为部队人员能力提升和知识拓展的学习资源。

图书在版编目（CIP）数据

弹药运用技术 / 甄建伟, 关鹏鹏, 向红军著. 西安 : 西北工业大学出版社, 2024. 7. -- ISBN 978-7-5612-9381-2

Ⅰ. TJ41

中国国家版本馆CIP数据核字第2024645JE9号

DANYAO YUNYONG JISHU

弹药运用技术

甄建伟　关鹏鹏　向红军　著

责任编辑：胡莉巾　吕颐佳　　**策划编辑**：张　炜
责任校对：朱晓娟　董珊珊　　**装帧设计**：高永斌　董晓伟
出版发行：西北工业大学出版社
通信地址：西安市友谊西路127号　　邮编：710072
电　　话：(029) 88491757，88493844
网　　址：www.nwpup.com
印 刷 者：西安五星印刷有限公司
开　　本：787 mm×1 092 mm　　1/16
印　　张：11.875
字　　数：282千字
版　　次：2024年7月第1版　　2024年7月第1次印刷
书　　号：ISBN 978-7-5612-9381-2
定　　价：79.00元

前　言

弹药是武器系统中最积极、最活跃的因素，是最后消灭敌人、完成战斗任务的终极手段。当今和未来信息化战争的突出特点是信息主导、火力主战、联合制胜。火力打击装备仍是各国陆军的主要装备，且突击火力、压制火力和防空反导火力的射程形成了近、中、远程梯次搭配，增强了陆军的火力打击能力。在现代战争中，弹药作为对敌军硬杀伤的主要手段，正处于快速发展阶段。在军事科技的大力推动下，弹药技术在精确命中、高效毁伤、远程投射等方面日新月异，势必会影响作战运用方式的改变甚至变革。

恩格斯曾预言："一旦技术上的进步可以用于军事目的并且已经用于军事目的，它们便立刻几乎强制地，而且往往是违反指挥官的意志，而引起作战方式上的改变甚至变革。"随着技术上的进步，弹药的威力、射程和精度不断提高，带动整个武器系统性能产生质的飞跃，同时也必将推动作战方式和作战理论的深刻变革。

本书针对弹药运用领域，从弹药装备构成、战斗部毁伤、直瞄火力运用、间瞄火力运用、障碍的运用与破除等多个方面进行阐述，力图为读者展现弹药运用技术的概略全貌，为军事相关专业人员提供一些借鉴和参考。

本书由甄建伟、关鹏鹏、向红军撰写。其中，甄建伟撰写了全书，关鹏鹏参与撰写了第4章，向红军参与撰写了第2章。

编写本书时，曾参阅了相关文献，在此谨向其作者表示感谢。

由于水平有限，书中难免存在不足之处，恳请广大读者批评指正。

著　者

2023年11月

目　　录

第1章　弹药装备构成概况

陆军是各国部队的主干力量，在各国部队中处于不可替代的地位，其武器装备往往是最具系统性的，也是最完善的。本章站在弹药装备体系角度，主要对弹药的地位与作用、直瞄武器及其配套弹药、间瞄武器及其配套弹药、机载武器及其配套弹药、防空武器及其配套弹药等进行介绍，使读者对弹药装备构成有一个基本认识。

1.1　弹药的地位与作用

下面分别阐述弹药在武器装备和作战行动中的地位与作用。

1.1.1　弹药在武器装备中的地位

各国发展军备的最终目的是保卫国家和民族利益，为此各国均投入了大量资源，其中包括对强敌的研究，对作战概念、能力的开发，对武器装备的采购，等等，以应对纷繁世界中的各种威胁。

1.弹药经费在总经费中的占比

在武器装备的采购经费方面，以美军2022财年为例，该财年的经费总预算为7 150亿美元，其中武器装备采办预算约占34%。在武器装备采办预算中，弹药与导弹的预算经费为203亿美元，约占总经费的8.3%（见图1–1）。

将图1–1中的经费列表分析，得表1–1，从表1–1中可以发现，任务支援活动在武器装备经费中占比最大，它具体包括各种杂项设备的研究、发展、测试、评估（RDT&E），以及采购资金用于战斗和非战斗部队，如实弹测试和评估（如测试范围）、化学非军事化和国防生产法案（DPA）购买等。在这个类别中还包括反映在先前确定的其他类别中的未分类的程序和功能。其余按经费占比从大到小，前三名依次是飞机及其相关系统、舰艇建造及海事系统、弹药与导弹。由此可见，美军的弹药与导弹采办预算的规模通常要大于天基系统、科技研发、信息通信指挥控制系统（C4ISR系统）、地面系统和导弹防御项目。弹药与导弹的重要性可见一斑。

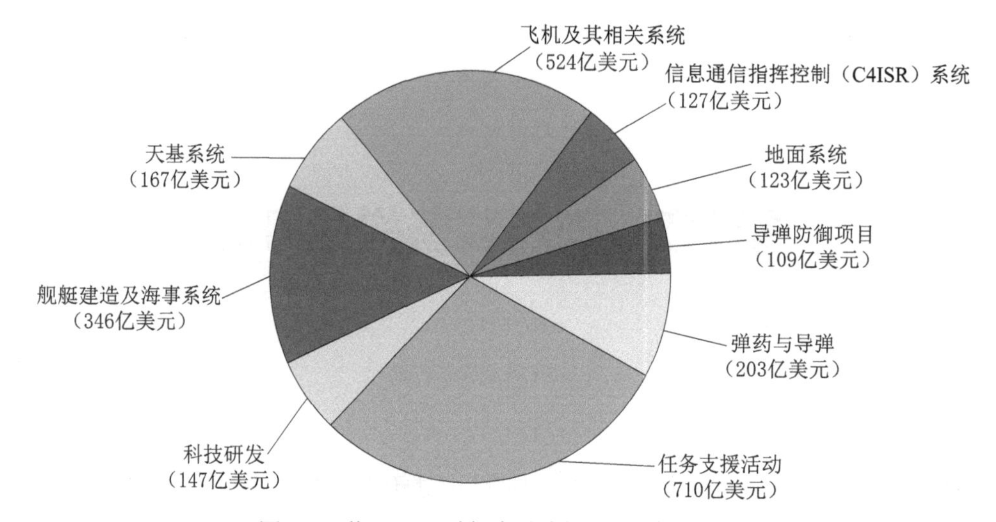

图1–1　美军2022财年武器装备采办预算要求

（来源于：Office of the Under Secretary of Defense (comptroller)/ Chief Financial Officer. FY 2022 Program Acquisition Costs by Weapon System. 2021.05）

表1–1　美军2022财年武器装备采办预算

序号	1	2	3	4	5	6	7	8	9
武器装备	任务支援活动	飞机及其相关系统	舰艇建造及海事系统	弹药与导弹	天基系统	科技研发	C4ISR系统	地面系统	导弹防御项目
经费预算/亿美元	710	524	346	203	167	147	127	123	109
经费占比	28.9%	21.3%	14.1%	8.3%	6.8%	6.0%	5.2%	5.0%	4.4%

2.弹药与导弹采办预算

美军各财年的弹药装备采办预算如图1–2所示。从图1–2中可以看出，虽然受军事、政治、经济的影响，有些年份的采办预算略有下降，但各财年的弹药装备采办预算整体呈上升趋势。

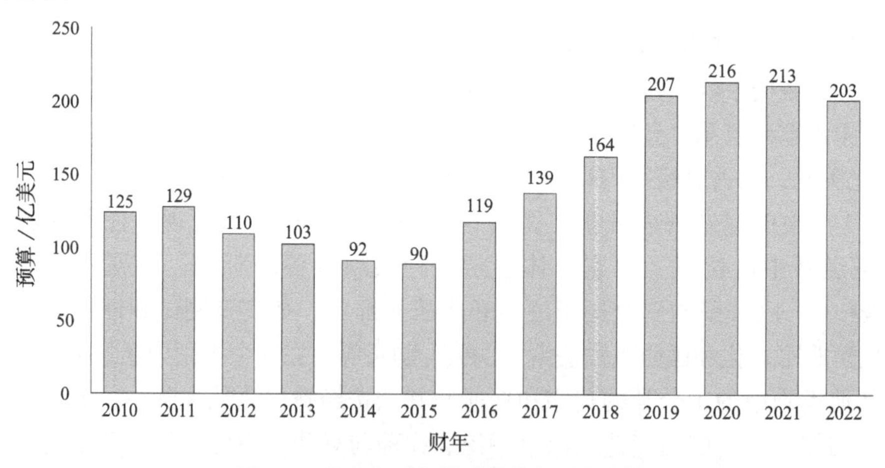

图1–2　美军各财年的弹药装备采办预算

在弹药与导弹的采办预算要求中，包括常规弹药、战术导弹、战略导弹三大类。常规弹药包括枪弹、手榴弹、迫击炮弹、榴弹炮弹、地雷爆破器材等主要由地面部队使用的弹药。战术导弹包括空对空导弹、空对地导弹、地对地导弹、地对空导弹等。战略导弹主要指核武器及其导弹载具。在美军2022财年弹药与导弹的采办总经费预算中，常规弹药、战术导弹、战略导弹的经费占比如图1–3所示。

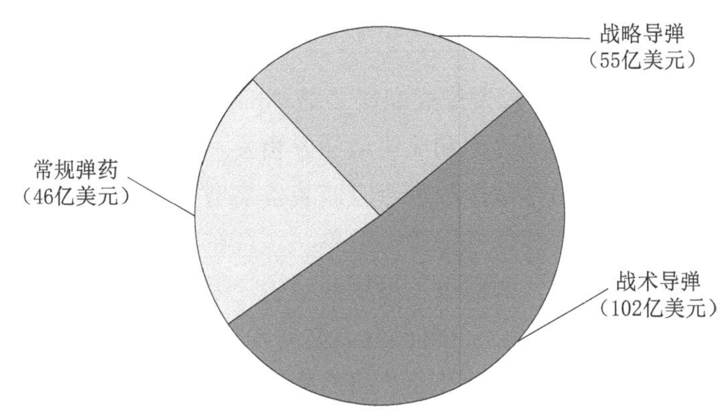

图1–3　常规弹药、战术导弹、战略导弹的经费占比

（来源于：Office of the Under Secretary of Defense (comptroller)/ Chief Financial Officer. FY 2022 Program Acquisition Costs by Weapon System. 2021.05）

1.1.2　弹药在作战行动中的作用

弹药是实施战斗的重要工具，也是毁伤目标的终极手段。如果将弹药装备的集合比作武器库的话，那么战斗就是根据任务变量从武器库中选取适宜的武器，运用一定的战术来实现目标的过程。

根据陆军部队的作战职能和各国弹药装备现状，可以按照作战职能对弹药进行简要分类，具体类型见表1–2。

表1–2　基于作战职能的陆军部队列装的弹药类型

作战职能	与弹药相关任务	陆军部队列装的弹药类型
指挥与控制	部队行动控制	各种信号弹、部分发烟弹
运动与机动	直瞄火力	枪械用弹、单兵/班组榴弹发射器用弹、反坦克导弹、车载火炮用弹、单兵火箭筒弹、便携式无坐力炮用弹
	反机动	各种地雷
	战场遮蔽	发烟弹
情报	战场侦察	照明弹（含红外照明弹）
火力	地对地火力（间瞄火力）	迫击炮弹、榴弹炮用炮弹、火箭弹、战术导弹
	空对地火力（由航空兵装备）	航空火箭弹、机载导弹、机载火炮用弹
	地对空火力（均由防空部队装备）	各种高炮用弹、便携式防空导弹、车载近程防空系统、车载中程导弹防空系统
	电磁干扰	电磁干扰弹

续表

作战职能	与弹药相关任务	陆军部队列装的弹药类型
保障	储存与供应	列装的所有弹种
防护	战场生存能力	各种地雷、车载烟雾弹、机载诱饵弹
	爆炸危险品处置	未爆弹（敌我都有的）、简易爆炸装置（敌军的）

从表1–2中可以发现，基于六大作战职能，陆军部队列装的弹药主要与直瞄火力、间瞄火力、空对地火力、地对空火力和反机动任务相关。保障职能中的储存与供应任务虽然涉及所有的弹种，但这与部队作战是否应该装备某型弹药毫不相干，因此本书不作讨论。其他与弹药相关的任务涉及的弹种类型单一，且在直瞄火力、间瞄火力、空对地火力和地对空火力中也会涉及，因此也不再单独阐述。因此，基于作战职能，陆军部队列装的弹药类型主要与直瞄火力、间瞄火力、空对地火力和地对空火力这四项任务相关。下面分别分析直瞄武器及其配套弹药、间瞄武器及其配套弹药、机载武器及其配套弹药和防空武器及其配套弹药。

1.2 直瞄武器及其配套弹药

在射击时，直瞄武器的瞄准点和目标应在一条直线上或基本在一条直线上，因此射手能够在看到目标本身或目标概略位置的情况下进行直瞄射击。典型的直瞄武器有枪械、坦克炮、反坦克炮、反坦克导弹等。直瞄射击所产生的火力具有反应迅速的特点，适合打击运动目标和隐显目标。

1.2.1 轻武器及其配套弹药

轻武器通常指枪械及其他各种由单兵或班组携行战斗的武器。轻武器的特点就是质量轻，便于单兵或班组携带。在陆军部队的武器装备体系中，轻武器是一种广泛列装的武器装备。下面介绍枪械类武器、单兵/班组榴弹发射武器和不占编制武器等三类武器。

1.枪械类武器

陆军装备的枪械类武器主要包括自动手枪、突击步枪、班用机枪、通用机枪、重机枪、狙击枪、霰弹枪等，部分典型的枪械类武器如图1–4所示。除霰弹枪外，枪械类武器的配套弹药主要包括普通弹（即铅芯弹）、穿甲弹（钢芯或钨芯）、曳光弹、燃烧弹、空包弹，以及其他具有两种或两种以上性能的弹药，如穿甲燃烧弹、穿甲燃烧曳光弹等。霰弹枪的配套弹药主要包括铅弹、镖弹等。

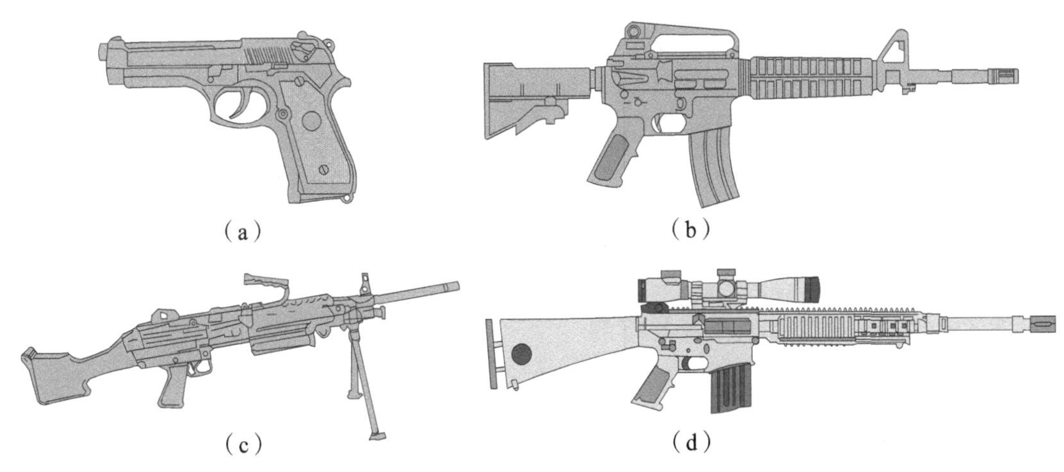

图1-4　典型的枪械类武器

（a）自动手枪；（b）突击步枪；（c）班用机枪；（d）狙击枪

2.单兵/班组榴弹发射武器

陆军部队装备的单兵/班组榴弹发射武器主要包括枪挂榴弹发射器和自动榴弹发射器，如图1-5所示。单兵/班组榴弹发射武器的配套弹药主要包括杀爆破甲双用途榴弹、目标训练弹、各种照明弹、非致命弹药、教练弹、镖弹等。

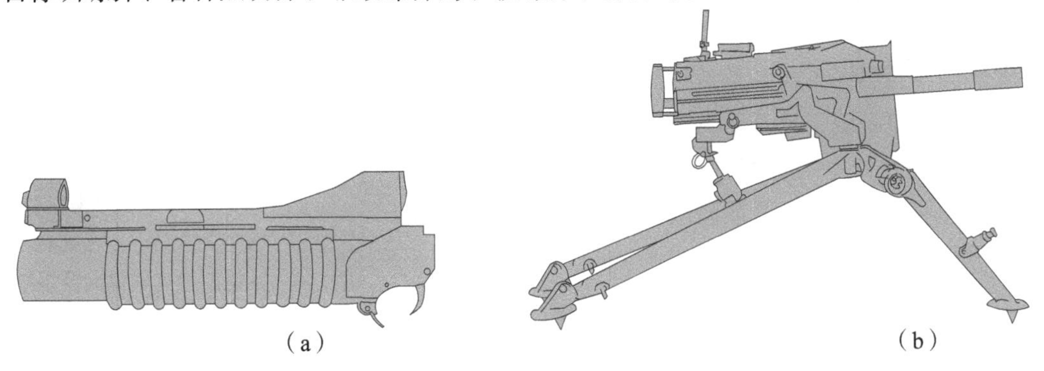

图1-5　典型的单兵/班组榴弹发射武器

（a）枪挂榴弹发射器；（b）自动榴弹发射器

3.不占编制武器

陆军装备的不占编制武器及配套弹药主要包括各种型号的手榴弹和各种肩射武器。手榴弹包括有柄手榴弹和无柄手榴弹，典型的手榴弹如图1-6所示。

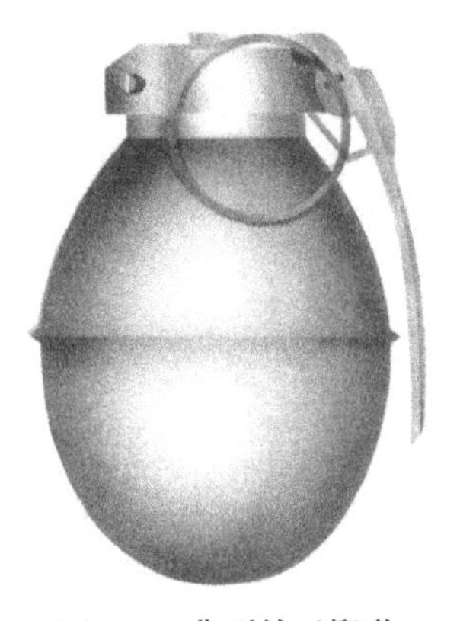

图1-6　典型的手榴弹

陆军部队装备的肩射武器包括单兵火箭筒弹、单兵无坐力炮等。其中，单兵火箭筒弹采用火箭弹的发射方式，其动力来源于弹体自身的火箭发动机；单兵无坐力炮采用无坐力炮发射方式，其动力来源于发射装药燃烧所产生的推力。典型的肩射武器如图1-7所示。

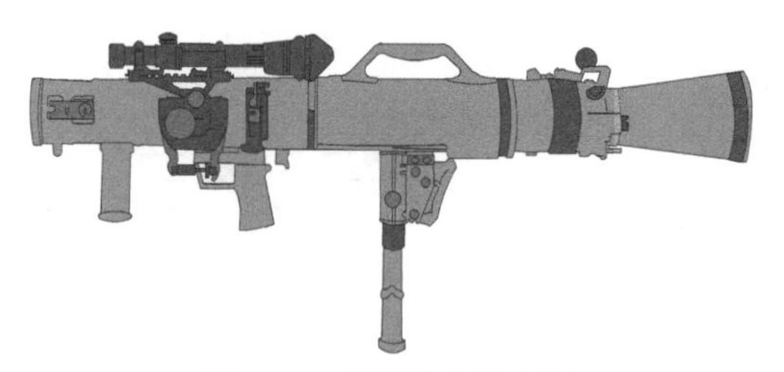

图1-7　典型的肩射武器

1.2.2　反坦克武器及其配套弹药

虽然在广义上将能够用于打击坦克的武器都称为反坦克武器，例如单兵火箭筒、无坐力炮、大口径枪械、各种火炮等，但此处所说的反坦克武器主要指反坦克导弹武器系统。在陆军部队的编制装备表中，反坦克导弹武器系统是一类广泛装备的武器，例如战斗工兵连、步兵营属侦察班、步兵连的武器班都装备有该类武器。具体而言，比较典型的反坦克导弹武器系统包括标枪反坦克导弹武器系统和陶式（TOW）式反坦克导弹武器系统两种。

1.标枪反坦克导弹武器系统

标枪反坦克导弹武器系统是美国研制的一种便携式反坦克导弹系统，于1989年6月开始研制，1996年正式列装，如图1-8所示。标枪反坦克导弹武器系统采用红外成像自寻的制导方式，是一种实现了全自动导引的新型反坦克导弹系统，具有全天时作战和"发射后不管"的能力。该武器系统具有顶部攻击和直接攻击两种模式，导弹采用的两级串联成型战斗部可有效毁伤各国现役的所有主战坦克。

图1-8　标枪反坦克导弹武器系统

2.TOW式反坦克导弹武器系统

TOW式反坦克导弹武器系统属于典型的第二代反坦克导弹，其英文名称为Tube-launched, Optically-tracked, Wire-guided Missile System，即为采用管式发射（Tube-launched）、光学追踪（Optically-tracked）、线控导引（Wire-guided）的导弹系统。该导弹系统既可以采用便携式，也可以在各种机动平台上安装。该武器系统配备多种型号的导弹，如BGM-71A、BGM-71B、BGM-71C（ITOW）、BGM-71D（TOW 2）、BGM-71E（TOW 2A）、BGM-71F（TOW 2B）、BGM-71H、TOW 2B Aero等。TOW 2A反坦克导弹及其包装筒如图1-9所示。

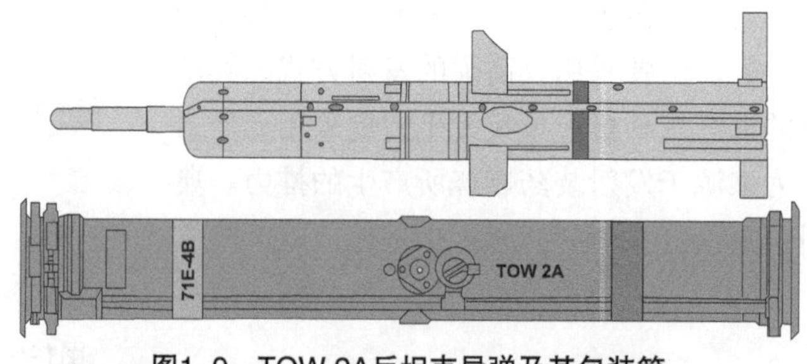

图1-9　TOW 2A反坦克导弹及其包装筒

1.2.3 车载武器及其配套弹药

车载武器通常是指在通用或专用车辆上安装或装备的武器系统。车载武器可以使部队在拥有高机动性的同时，也具备一定的火力打击能力。根据陆军装备情况和车辆平台类型，本书将车载武器分为通用车辆车载武器、轮式装甲车辆车载武器和履带式装甲车辆车载武器等三大类。

1.通用车辆车载武器

在各国陆军的编制装备中有大量的通用车辆，为了提高这些车辆的自我防护和火力支援能力，在进行车辆设计和制造时通常留有武器安装接口，便于以后按需配备相应的车载武器。在这些通用车辆上通常装备通用机枪、重机枪、自动榴弹发射器等直瞄型速射武器，如图1-10所示，与之对应的配套弹药就是相关的各种型号弹药。

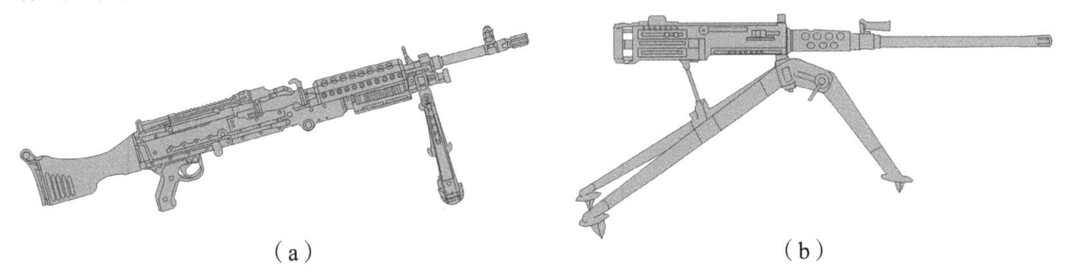

（a） （b）

图1-10 通用车辆上安装的各种自卫武器

（a）通用机枪；（b）重机枪

2.轮式装甲车辆车载武器

根据现代作战特点，世界各军事强国正在追求快速介入、快速抵达、快速展开的作战能力。为了实现这一目的，装备机动性能更为优异的轮式装甲车辆已成为各国的共识。受载人要求、车辆自重、底盘承载能力及发动机输出功率的影响，轮式装甲主要装备一些轻、中型火炮，反坦克导弹等。车载火炮的口径通常在105 mm以下，并以25 mm、30 mm、35 mm口径居多，配套弹种包括杀爆弹、穿甲弹、霰弹等。由于车载中、小口径的火炮射速较快，且能够携带更多的弹药量，因此其火力输出密度和持续作战能力都很强。此外，为了提高轮式装甲车辆远距离精确打击点目标的能力，也可装备反坦克导弹等武器。典型的轮式装甲车辆采用6×6或8×8底盘，如图1-11所示。

图1-11 典型的轮式装甲车辆

3.履带式装甲车辆车载武器

履带式装甲车辆具有优良的机动性能，特别适合在野战环境下执行高强度作战任务。由于履带式装甲车的底盘承载能力强，所以能够安装大口径火炮和厚重的防护装甲。履带式装甲战斗车辆主要包括主战坦克和步兵战车，如图1–12所示。其中，主战坦克的主要车载武器通常为120 mm、125 mm、105 mm口径的火炮，且以滑膛炮为主，其配套弹种包括穿甲弹、破甲弹、多用途弹等。步兵战车为了装载步兵，其剩余空间通常较小，仅能安装25 mm、30 mm口径的小型火炮，其配套弹种包括穿甲弹、杀爆弹等。另外，多数步兵战车为了提高对抗主战坦克的能力，通常还装备有一定数量的反坦克导弹。

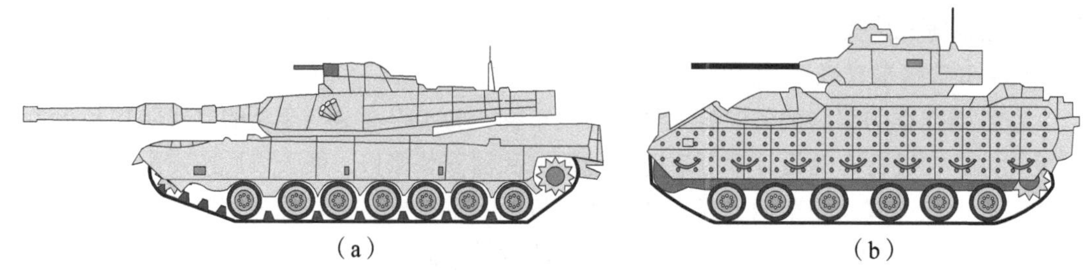

（a）　　（b）

图1–12　典型的履带式装甲战斗车辆

（a）主战坦克；（b）步兵战车

1.3　间瞄武器及其配套弹药

射击时，间瞄武器的瞄准点和目标通常不在一条直线上，射手能够在看不到目标的情况下依靠目标位置信息（可来自前方观察员）进行间瞄射击。典型的间瞄武器包括迫击炮、榴弹炮、火箭炮等。间瞄射击所产生的火力具有远射程、大威力的特点，适合打击固定目标和集群目标。

1.3.1　迫击炮及其配套弹药

迫击炮是20世纪初出现的一个炮种，它是利用座钣承受后坐力的曲射火炮，由于多采用炮口装填，炮弹靠自重被迫下滑撞击击针的发火方式，故而得名迫击炮。迫击炮的射角一般在45°～85°范围内，几乎没有射击死界和死角，同时还具有装填便捷、火力猛烈、落角大、不易跳弹、杀伤效能好等优点。

陆军装备的迫击炮口径主要是60 mm、81 mm、82 mm、100 mm和120 mm。根据载具的不同，可将迫击炮分为便携式迫击炮、拖曳式迫击炮、车载式迫击炮和自行式迫击炮。便携式迫击炮可由单兵或班组携带，具有较强的山地机动能力；拖曳式迫击炮可由轻型车辆直接拖拽，也可以固定在拖车上实施机动；车载式迫击炮通常安装在轮式装甲车辆上；自行式迫击炮主要安装在履带式装甲车辆上。典型的迫击炮如图1–13所示。为了

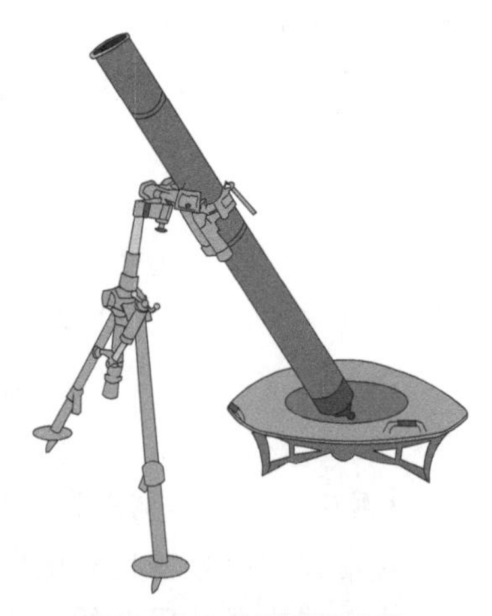

图1–13　典型的迫击炮

降低弹药保障压力，对于同一国家而言，口径相同的不同型号迫击炮的弹药一般可以通用，迫击炮配套弹种主要包括杀爆弹、照明弹、红外照明弹、发烟弹、精确制导迫弹等。

1.3.2　榴弹炮武器及其配套弹药

榴弹炮武器是陆军部队主要的火力支援力量。根据载具的不同，可将榴弹炮武器分为牵引式榴弹炮、卡车式榴弹炮、轮式榴弹炮和自行式榴弹炮四种类型。典型的自行式榴弹炮如图1–14所示。与迫击炮相比，榴弹炮质量更大、射程更远，但射速较慢。为了获得远距离精确打击点目标的能力，榴弹炮除配备常规的杀爆弹、发烟弹、照明弹、火箭增程弹、子母弹之外，还可发射卫星制导炮弹、半主动激光末制导炮弹，以及安装二维弹道修正引信的榴弹。

1.3.3　火箭炮武器及其配套弹药

火箭炮的发射是依靠弹体自身的固体火箭发动机来实现的。通常来说，火箭炮具有数根或数十根发射管（或称定向管），可在短时间内发射大量火箭弹，具有火力密度大的优点，特别适合打击敌军的集群目标或进行火力压制。火箭炮发射时火光大，发射阵地容易暴露，从而会遭到敌军反火力的打击，因此火箭炮通常被安装在机动性能良好的卡车或履带式底盘上。典型的火箭炮如图1–15所示。

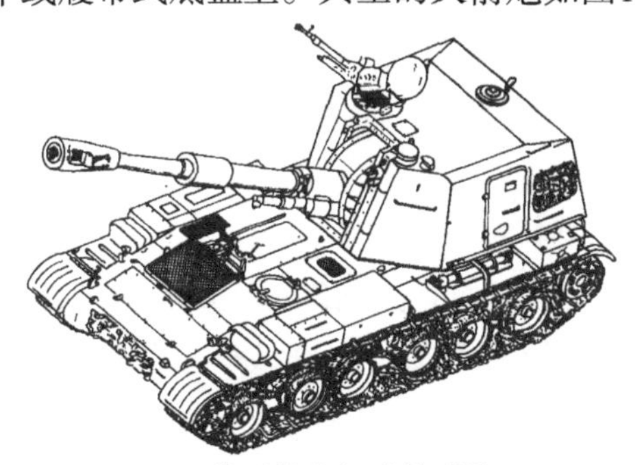

图1–14　典型的自行式榴弹炮

图1–15　典型的火箭炮

火箭炮配备的弹种包括杀爆弹、发烟弹、照明弹、子母弹、云爆弹等。除此之外，为了远距离精确打击敌军坚固工事或深层地下的目标，火箭炮还可发射采用攻坚战斗部的制导火箭弹。

1.4　机载武器及其配套弹药

陆军装备的飞机主要是直升机，包括武装直升机、侦察直升机、运输直升机等。其中，武装直升机是主要用于作战的飞机类型，其装备的武器种类也更多、更完善，基本可以涵盖陆军机载武器的所有类型，相应的配套弹药也更系统。因此，本节主要以武装直升机为例进行分析。

1.4.1 武装直升机

直升机是第二次世界大战后迅速发展起来的一种航空兵器，在战后的历次局部战争中都得到了广泛的应用，并发挥了主要的作用。目前世界各国军队装备的直升机总数已达30 000余架。在科索沃战争中，直升机尽管未直接进行大规模地面战斗，但在侦察、救援、干扰等任务的执行过程中也有出色的表现。

AH–64阿帕奇武装直升机是武装直升机中的典型代表。1972年底，AH–IG武装直升机在越南战争中展现出的巨大威力让美国陆军下决心发展更为先进的武装直升机，于是“先进攻击直升机”（AAH）计划应运而生，要求直升机制造商开发能在恶劣环境中进行全天候作战，具有超强战斗、救生和生存能力的新一代武装直升机。AH–64阿帕奇武装直升机如图1–16所示。

图1–16 AH–64阿帕奇武装直升机

AH–64阿帕奇武装直升机从1984年1月诞生之时起便是美国陆军主战直升机之一。在几十年的战火洗礼中，阿帕奇武装直升机先后经历了巴拿马战争、海湾战争、波黑战争、伊拉克战争等诸多考验，其优异的实战表现几乎赢得了各国众口一词的好评。1995年，装备了“长弓”雷达系统的新一代阿帕奇武装直升机横空出世，其空前强大的信息作战能力更令世人瞠目。

该武装直升机的武器系统包括30 mm机炮、70 mm系列航空火箭弹、“海尔法”导弹等。其中机炮备弹量1 200发，射速652发/min；飞行短翼上共有4个挂点，每个挂点可挂载4枚“海尔法”导弹或1个19管火箭发射巢（装填70 mm系列航空火箭弹）。

1.4.2 机载身管武器及配套弹药

机载身管武器包括很多种类和样式，但多数为自动武器。阿帕奇武装直升机的机载身管武器安装于飞机外座舱的下部，但其供弹部分内置于机体内部，该机炮的型号为M230A1型机炮，为单管30mm火炮，如图1–17所示，它采用外接动力驱动，其中炮口制退器的长为1.889 m，宽为0.254 m，高为0.292 m，武器总质量为55.8 kg。M230A1的身管能够在一定角度范围内灵活地转动，因此无需调整飞机的姿态，就可实现对不同方位目标的射击，主要被用于打击软目标，目的是“Keep Enemy Heads Down”，即对敌方进行火力压制。

图1–17　AH–64阿帕奇武装直升机及其装备的M230A1型机炮

阿帕奇武装直升机最大可携带1 200枚弹药，射速为600~650发/min，有效射程为1 500~1 700 m，最大射程为4 000 m。M230链式机炮可使用M789型双用途弹药（High-Explosive Dual-Purpose，HEDP），以及M788型目标训练弹。美国艾利安特技术系统公司（ATK–Alliant Techsystems, ATK）生产的M789型双用途弹药和M788型目标训练弹及对应的剖面图如图1–18所示。

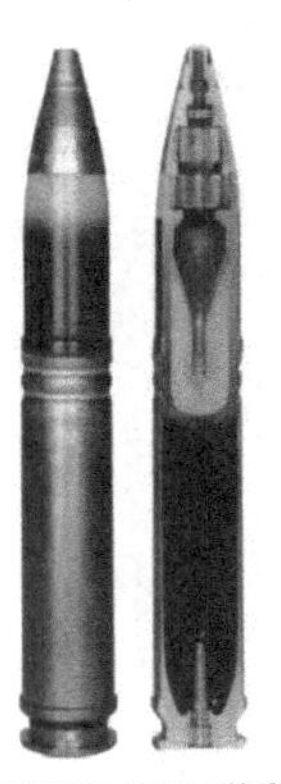
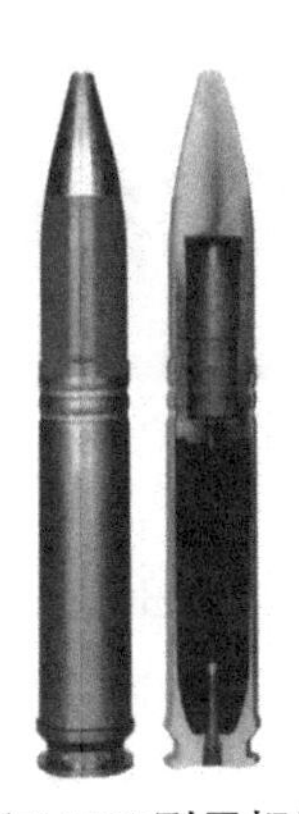

图1–18　M789型双用途弹药（左）和M788型目标训练弹（右）

M789型弹药是M230A1型机炮的主用弹药，全弹质量为339 g，其中弹丸质量为236.6 g。M789型弹药的弹丸采用经热处理的4130号钢材，内部装填27 g PBXN–5型炸药，并装有锥角为50°的旋转补偿式铜质药型罩。该弹炮口初速为805 m/s，在4 000 m内能击穿轻型装甲车辆，例如履节式步兵战车（BMP）。该弹典型的穿甲性能是贯穿500 m处倾角为50°、厚度为25mm的轧压均质装甲（RHA）。

1.4.3　航空火箭弹

航空火箭弹又被称为机载火箭弹，是指由飞机携带、以火箭发动机为主要动力、从空中发射、主要用于攻击地面/海面目标的非制导弹药。阿帕奇武装直升机就可以用发射巢来携带大量的航空火箭弹，其发射航空火箭弹的场景如图1–19所示。航空火箭弹无制导组件，与飞机脱离时速度较低，易受环境影响，通常命中精度比较差，但由于其价格低，可以被大量装备和运用。航空火箭弹主要用于对敌人实施火力压制的场合。

图1–19　阿帕奇武装直升机发射航空火箭弹的场景

采用发射巢携带航空火箭弹的最大特点是携带数量多，弹种选择灵活，发射时火力密度大。例如，阿帕奇武装直升机的M261型火箭发射巢有19个定向管，飞机的单个挂点就可携带19枚不同类型的火箭弹。目前，阿帕奇武装直升机的航空火箭弹是Hydra 70系列火箭弹，如图1–20所示。该型火箭弹采用模块化设计，多种类型的战斗部和火箭发动机配合可组成不同的弹种型号。

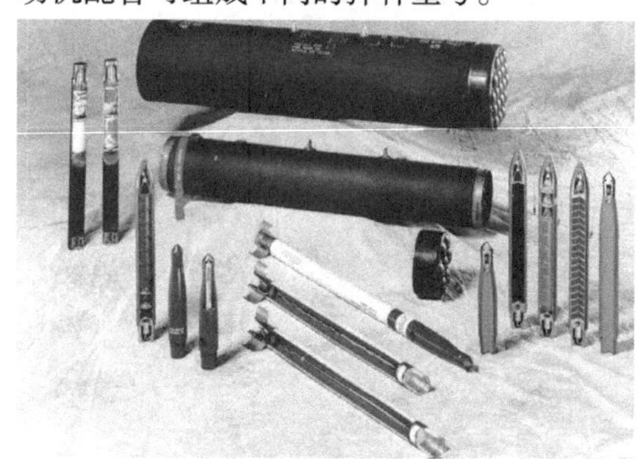

图1–20　Hydra 70系列火箭弹及其装填过程

Hydra 70系列火箭弹最大飞行速度可达700 m/s，有效射程为3 000~4 000 m。据称，Hydra 70系列火箭弹的最远射程为8 km，但在此射程下，命中点可能偏离目标100 m以上。阿帕奇武装直升机最多可携带76枚（4 × 19）Hydra 70系列火箭弹。

根据战场需要，Hydra 70系列火箭弹的战斗部包括子母弹、子母训练弹、发烟弹、镖弹、照明弹、红外照明弹、杀爆弹、训练弹以及发烟训练弹等，具体型号见表1–4。

表1–4　Hydra 70系列航空火箭弹的弹种型号

<table>
<tr><td>型号</td><td>M261</td><td>M267</td><td>M264</td><td>M255A1</td><td>M257</td><td>M278</td><td>M229</td><td>M151</td><td>WTU–1/B</td><td>M274</td></tr>
<tr><td>弹种</td><td>子母弹</td><td>子母训练弹</td><td>发烟弹</td><td>镖弹</td><td>照明弹</td><td>红外照明弹</td><td>杀爆弹</td><td>杀爆弹</td><td>训练弹</td><td>发烟训练弹</td></tr>
<tr><td>引信</td><td colspan="4">M439型可编程时间引信</td><td colspan="2">M442型空炸引信</td><td colspan="2">M423型碰炸引信或M433可编程碰炸引信</td><td>无</td><td>M423型碰炸引信</td></tr>
</table>

1.4.4　机载导弹

目前，武装直升机装备的机载导弹主要是半主动激光制导导弹和毫米波制导导弹，其中的典型代表就是AGM–114 Hellfire系列导弹。

AGM–114 Hellfire导弹由美国Lockheed Martin公司研制，是一种空对地精确制导导弹，最初的型号是专为反装甲用途而研发的，后续的型号也可对其他类型的目标实施打击，如图1–21所示。AGM–114 Hellfire导弹的名称是由英语“Heliborne”（直升机装载）、“Laser”（激光）、“Fire and Forget”（发射后不管）发展而来的。Hellfire导弹为100 lb的空对地精确制导战术导弹，目前装备的型号主要包括Hellfire Ⅱ和Longbow Hellfire。

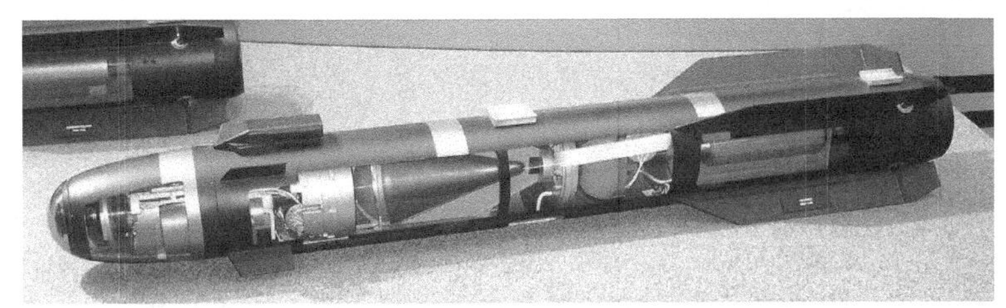

图1–21　AGM–114 Hellfire空对地精确制导战术导弹

Hellfire Ⅱ导弹是一种半主动激光制导导弹，其性能指标见表1-5。AGM–114 Hellfire Ⅱ导弹通过接收目标反射的激光信号来打击目标，需要操作员使用激光指示器来照射需要打击的目标。AGM-114 Hellfire Ⅱ导弹共有三种战斗部类型：AGM–114K配用串联破甲战斗部，适合打击装甲目标；AGM–114M配用杀爆战斗部，适合打击建筑结构、巡逻艇以及其他软目标；AGM–114N配用金属增强装药（Metal Augmented Charge），适合打击建筑结构、碉堡、雷达站、通信站、桥梁等。另外，2012年研制的AGM–114R导弹，采用可选择毁伤效果的战斗部，可根据目标类型的不同进行毁伤设置。

表1-5　AGM–114 Hellfire Ⅱ导弹的性能指标

直径/in	质量/lb	长度/in	直接攻击的最大射程/km	间接攻击的最大射程/km	最小射程/km
7	99.8~107	64~69	7	8	0.5~1.5

激光制导导弹自身具备动力，可以从低空发射，甚至能够越过山脊打击背面的目标，极大地提高了载机的生存能力和攻击的突然性。武装直升机发射激光制导导弹攻击目标的示意图如图1–22所示。

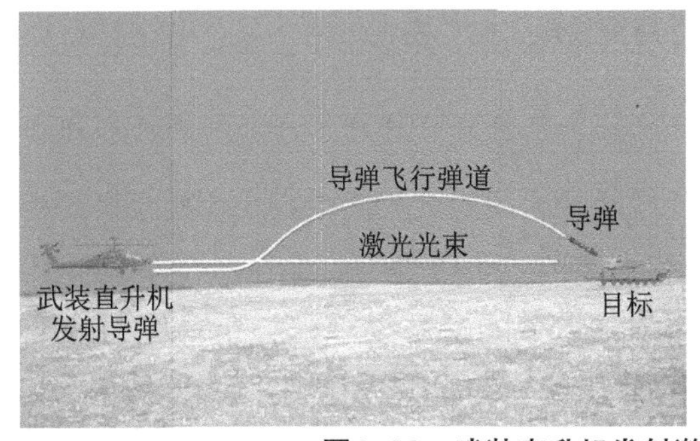

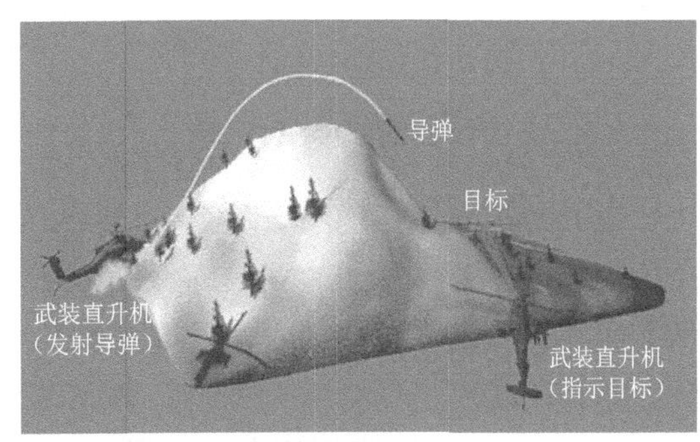

图1–22　武装直升机发射激光制导导弹攻击目标的示意图

Longbow Hellfire导弹的型号是AGM–114L，它采用主动毫米波雷达制导，而不是常用的激光制导方式，主要由AH–64D Apache Longbow武装直升机使用。AGM–114L导弹配备与Hellfire Ⅱ相同的破甲战斗部。这种导弹可以具备超视线的攻击能力，发射后不管，也可在恶劣的天候和战场环境中使用。

1.5 防空武器及其配套弹药

1.5.1 便携式防空导弹

随着低空技术的发展，利用雷达盲区从超低空突防的战术已经广泛运用，它促进了超低空防空导弹的迅猛发展，例如英国的“吹管”、苏联的“萨姆–7”、美国的“毒刺”等便携式防空导弹。

“毒刺”防空导弹（FIM–92 Stinger）是一种先进的短程便携式防空导弹，具有发射后不管的能力，如图1–23所示。该型导弹自20世纪70年代后期列装部队，能够为机动部队和点防御资产提供低空防御，以应对来自固定翼飞机、旋转翼飞机、无人机、巡航导弹的威胁。该型导弹适用于多种发射平台，例如车辆、直升机、无人机等。该型弹药具有发射后即可丢弃的特点，发射前无需战场测试和维护。“毒刺”防空导弹的设计寿命为10年，其射程超过4 km，采用被动红外/紫外寻的制导方式、杀伤爆破战斗部和近炸引信。

图1–23 “毒刺”防空导弹

1.5.2 车载近程防空系统

为了提高防空系统的机动性、灵活性和反应敏捷性，实现陆军部队的伴随防空，提高防空系统的战场机动能力势在必行。为此，可将便携式防空导弹安装在各型车辆上，例如美国的“复仇者”车载近程防空系统，该车载近程防空系统于1989年首次列装部队，能够有效应对无人机、固定翼飞机和旋转翼飞机的威胁，如图1–24所示。该防空系统装备：8枚毒刺导弹来应对空中威胁；一挺12.7 mm机枪来应对近距离地面目标，当然也可以对空中目标形成一定的威胁。该系统配备敌我识别模块，可辅助识别友军的飞机，从而降低误伤的风险。车载近程防空系统具有恶劣天候条件下的全天时运用能力，并能够在运动中射击。

图1-24 “复仇者”车载近程防空系统

1.5.3 陆基反间瞄火力系统（Land-based Phalanx Weapons System，LPWS）

为了增强对敌军间瞄火力的防护能力，提高陆军部队的战场生存能力，需要装备高射速的小口径防空火炮系统，例如美国的陆基反间瞄火力系统，如图1-25所示。陆基反间瞄火力系统是在美国海军舰载“密集阵”近防系统的基础上改装而来的，其采用重型卡车地盘。该系统的主要作用是防护高价值目标免遭敌方火箭炮弹、榴弹炮弹和迫击炮弹的打击，即美军所称的C–RAM（Counter–Rocket Artillery Mortar）。陆基反间瞄火力系统采用6管20 mm口径的转管火炮，其有效射程为2 km。该系统整合有搜索雷达和跟踪雷达，并装备有用于目标分类的前向红外探测器，可以与哨兵雷达相连接，以探测和发现即将到来的威胁。

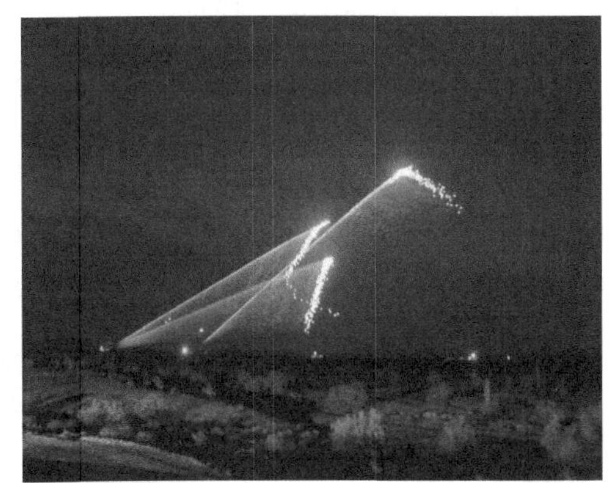

图1-25 陆基反间瞄火力系统

1.5.4 爱国者防空导弹

为了在更远距离防护敌军的空中威胁，中远程防空导弹应运而生。典型的中远程防空导弹包括俄罗斯的S–400防空导弹系统、美国的爱国者–3防空导弹系统。美国的爱国者–3防空导弹系统（Patriot Advanced Capability 3，PAC–3）是一种末段导弹拦截系统，与末段高空区域防御（THAAD）系统类似，该系统包括可移动发射装置，更适合拦截靠近目标的短程弹道导弹。同时，该系统也能够拦截巡航导弹和飞机。PAC–3系列导弹是爱国者系统MIM–104系列导弹的第4次升级。

PAC–3导弹系统的主要组成如图1–26所示。在PAC–3导弹系统中，雷达负责扫描目标威胁。如果发现目标，雷达将确定目标的类型，即弹道导弹、战斗机、巡航导弹、无人机等。控制站负责与友军进行通信，持续监视威胁目标并确定目标优先级，该系统能够自动完成上述工作。发射车负责发射导弹，其发射准备时间小于9 s，且可以布置在距离雷达很远的位置。爱国者导弹在雷达持续跟踪的条件下，被其导向来袭导弹。当爱国者导弹距离来袭导弹较近时，它将依靠自身的雷达探测器来探测并飞向目标。

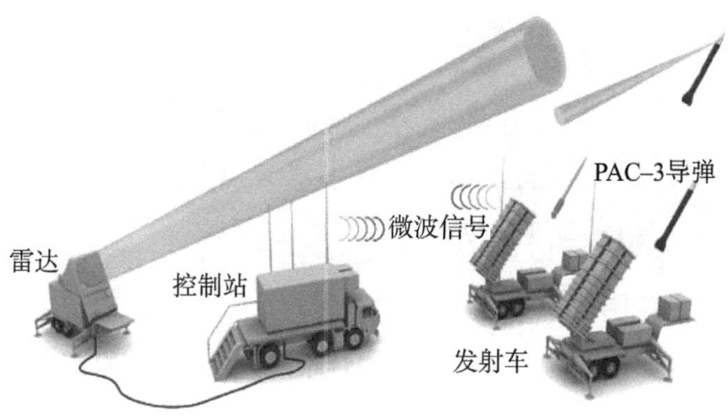

图1–26　PAC–3导弹系统的主要组成

PAC–3导弹系统配备两种型号的导弹，分别是低成本型PAC–3 CRI（Cost Reduction Initiative）和增强型PAC–3 MSE（Missile Segment Enhancement）。

早期的PAC–2导弹采用杀爆战斗部，但PAC–3 CRI采用动能拦截器。与爆炸性毁伤方式不同，动能拦截器是通过高速撞击来摧毁目标的。动能拦截器可以相当小，因此更容易加速到高速，但它需要有比杀爆型战斗部更精确的制导能力。经适当改进的爱国者发射装置可以携带16枚PAC–3 CRI拦截导弹，相比之下仅能装载4枚PAC–2导弹。PAC–3 CRI能够拦截20 km内的弹道导弹。

PAC–3 MSE导弹的飞行速度更快、机动性更强，它能够有效拦截更为先进的弹道导弹和巡航导弹。PAC–3 MSE导弹采用更大的双脉冲固体火箭发动机，它的舵翼更大，并升级了作动器和热电池，以满足制导性能提高和射程增加的要求。但相比PAC–3 CRI，发射车能够装载的PAC–3 MSE导弹的数量较少。发射车可装载12枚PAC–3 MSE导弹，如图1–27所示，或装载6枚MSE导弹和8枚PAC–3 CRI导弹。PAC–3 MSE能够拦截30 km内的弹道导弹。

图1–27　装载PAC–3 MSE导弹的发射车

第2章　引信、战斗部与典型目标

按照装填物的不同，弹药可分为常规弹药、核弹药、化学弹药、生物弹药等。本书主要介绍常规弹药，核弹药、化学弹药、生物弹药在造成大面积杀伤破坏的同时，会对环境产生严重污染，属于大规模杀伤性武器，不在本书分析研究范围内。

常规弹药的战斗部是常规弹药毁伤目标的重要部分，针对不同目标类型，相关的战斗部也多种多样，但主要可分为杀爆战斗部、成型装药战斗部、穿甲战斗部、攻坚战斗部、子母战斗部、云爆战斗部等类型。战斗部对目标的毁伤效果，除与战斗部威力有关，还离不开目标的形状、结构和防护性能等。战斗部的毁伤效能取决于特定的“弹目”组合，而引信在弹目交汇过程中起着关键性的作用。

2.1　引　　信

引信是控制弹药按照预定时机起爆的装置，对弹药的毁伤效果有重要影响。按照安装部位的不同，引信可分为头部引信、尾部引信、侧面引信或多位置引信等。从弹药作战运用的角度出发，根据引信起爆作用机理的不同，引信一般可分为冲击起爆型引信、时间起爆型引信和近感起爆型引信。需要注意的是，为了增强弹药针对不同目标的适应性，一种型号的引信可能同时具有冲击、时间和近感等几种起爆机制，在实际作战中可根据实际情况进行选择装定。

2.1.1　冲击起爆型引信

冲击起爆型引信通过感知冲击过载或冲击产生信号（或能量），使传爆序列被激发，从而产生起爆作用。这类引信在弹药运用领域最为常见。按照受到冲击后引信的起爆时机不同，冲击起爆型引信可分为瞬爆型引信、延期型引信、电梯型引信等。

1.瞬爆型引信

配用瞬爆型冲击起爆引信的弹药，当其触碰目标或地面等物体时，引信内部的传爆序列发生作用，在极短的时间内使战斗部发生爆炸。因此，配用这种引信的弹药特别适合于杀伤地面裸露的人员、车辆、技术装备、轻型装甲等目标。配用瞬爆型引信的弹药的作用效果如图2–1示。

图2–1　配用瞬爆型引信的弹药的作用效果

2.延期型引信

配用延期型冲击起爆引信的弹药，在其受到冲击作用后，引信会延期一定时间再起爆战斗部，从而达到在地面一定深度或其他结构内部发生爆炸的效果。因此，配用这种引信的弹药除具有一定的杀伤爆破作用外，弹体还要具备较高的强度，以保证在侵彻过程中弹体不发生结构性破坏。在美军对伊拉克的作战过程中，为了有效破坏伊军的加固机堡，摧毁内部的战机和相关设施，通常采用配用延期型引信的侵彻型弹药，其作用效果如图2–2所示。以美军的FMU–143系列侵彻型引信系统为例，它除了具备抗高过载的能力外，还具有延期起爆的能力，如图2–3所示。因此，该系列引信特别适用于钢筋混凝土侵彻类战斗部，可实现穿透坚固目标后再爆炸的杀伤效果。目前，FMU–143系列引信配用的侵彻战斗部包括BLU–109、BLU–113和BLU–116型，这些战斗部多用于联合直接攻击武器（JDAM）或Paveway精确制导航空炸弹上。

图2–2　配用延期型引信的弹药的作用效果

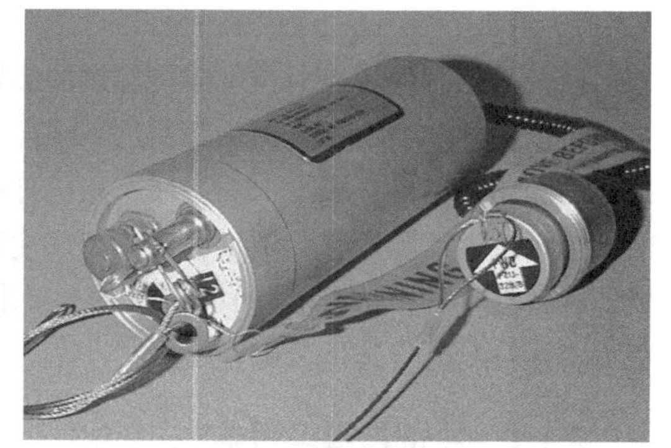

图2–3　FMU–143系列侵彻型引信系统

3.电梯型引信

对于多层结构型坚固目标，如政府办公大楼、地下指挥所等，为了实现在精确位置实施爆炸毁伤，产生了硬目标间隙感知引信（Hard Target Void Sensing Fuze，HTVSF），其工作原理为：通过抗高过载的加速度计测量战斗部侵彻过程的运动情况，经弹载微处理器判断战斗部是否到达预先设定的起爆位置，如果满足预设的条件则实施起爆，反之则继续向下侵彻目标。这种引信对多层结构型坚固目标的过载感知，及其配用弹药的毁伤情况，如图2–4所示。由于这种引信对于起爆位置的选定与电梯轿厢在不同楼层的停靠非常相似，因此称其为电梯型引信。

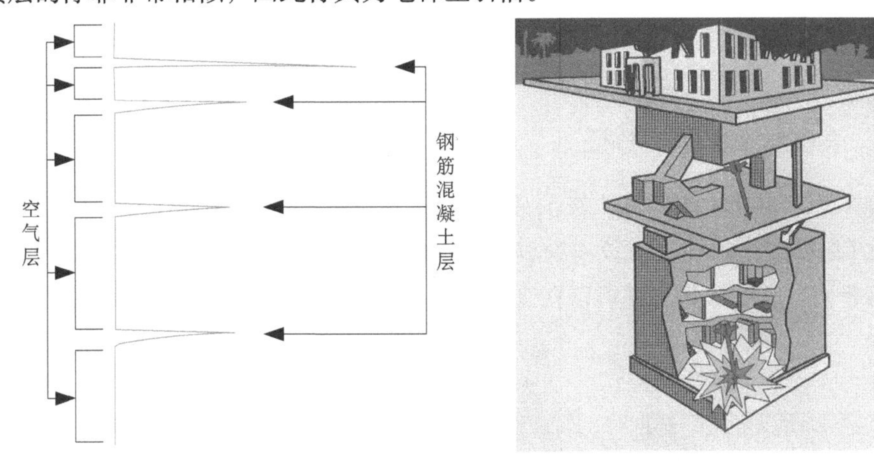

图2-4　硬目标间隙感知引信对多层目标的过载感知及毁伤示意图

2.1.2　时间起爆型引信

时间起爆型引信可以按照预先设定的时间实施起爆作用，这类引信不依靠外界环境的信息输入，在使用前根据需要装定所需的时间参数信息即可。根据用途的不同，时间起爆型引信可分为开舱型时间引信和空炸型时间引信两种：开舱型时间引信可用于子母弹或特种弹的开舱控制，通过预定的开舱时间来控制开舱的空间位置；空炸型时间引信可用于杀伤爆破型的弹药，通过精确控制起爆时间，达到空爆杀伤目标的效果。

2.1.3　近感起爆型引信

近感起爆型引信通过探测它与"目标"的相互距离，当接近程度小于引信的作用阈值时，激发传爆序列产生起爆作用，因此也被称为近炸引信。榴弹近炸时的作用效果如图2-5所示。当然，所谓目标并不一定是真正要打击的目标，也可能是目标的背景，如地面、水面、垂直墙体等，因为这类引信通常不具备目标识别能力。近炸引信是为飞机、导弹、海上船只和地面部队等目标设计的。它的触发机制比普通的触发引信或时间引信更复杂。据统计，该类型引信与其他引信相比，可使相同战斗部的杀伤率增加5~10倍。根据探测原理的不同，近炸引信可分为无线电近炸引信、激光近炸引信、电容近炸引信等。

图2-5　榴弹近炸时的作用效果

2.2　杀爆战斗部

2.2.1　杀爆战斗部基本特征

杀爆战斗部是弹药中应用最广泛的战斗部类型，主要依靠弹药爆炸后产生的爆轰产物、冲击波和破片杀伤目标。图2–6为典型的杀爆战斗部结构，战斗部壳体采用金属材料，其内部装填有高能炸药，并可以在壳体内侧装填预制破片，以提高杀伤破片量。

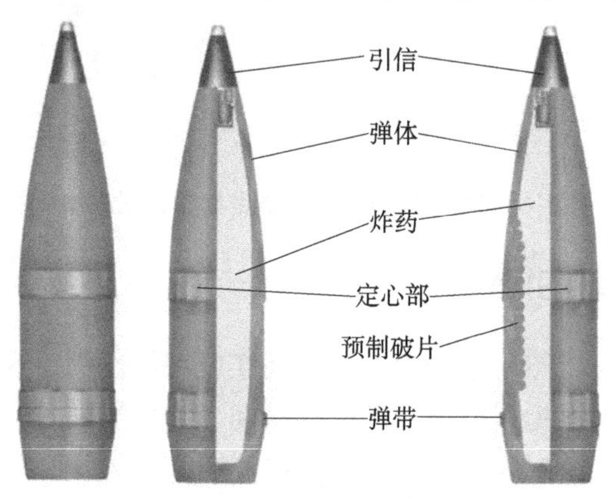

图2–6　典型的杀爆战斗部结构

在引信起爆作用下，内部装药发生爆轰作用，生成的高温高压气体向外迅速膨胀，使壳体破裂产生高速破片，周围空气在爆轰产物的推动作用下产生空气冲击波，最终通过空气冲击波和破片杀伤目标。另外，爆炸产生的爆轰产物也可在近距离内对目标产生强烈破坏。图2–7为杀爆战斗部爆炸时的高速摄影，从中可以清晰观察到爆轰产物、高速破片和空气冲击波波阵面。

图2–7　杀爆战斗部爆炸场景

根据战斗部壳体类型的不同，可将杀爆战斗部分为自然破片战斗部、半预制破片战斗部和预制破片战斗部三种形式。

1.自然破片战斗部

自然破片战斗部的壳体通常是整体加工，在环向和轴向都没有预设的薄弱环节。战斗部爆炸后，所形成的破片数量、质量、速度、飞散方向与装药性能、装药比、壳体材料性能和热处理工艺、壳体形状、起爆方式等有关。采用自然破片战斗部的M107型155 mm杀爆弹及其剖面图如图2–8所示。提高自然破片战斗部威力性能的主要途径是选择优良的壳体材料，并与适当性能的装药相匹配，以提高速度和质量都符合要求的破片的比例。

与半预制和预制破片战斗部相比，自然破片数量不够稳定，破片质量散布较大，特别是破片形状很不规则，速度衰减快。破片能量过小往往不能对目标造成杀伤效应，而能量过大则意味着破片总数的减少或破片密度的降低。因而，这种战斗部的破片特性是不理想的。某型60 mm迫击炮杀爆弹爆炸时的X射线照片，如图2–9所示。

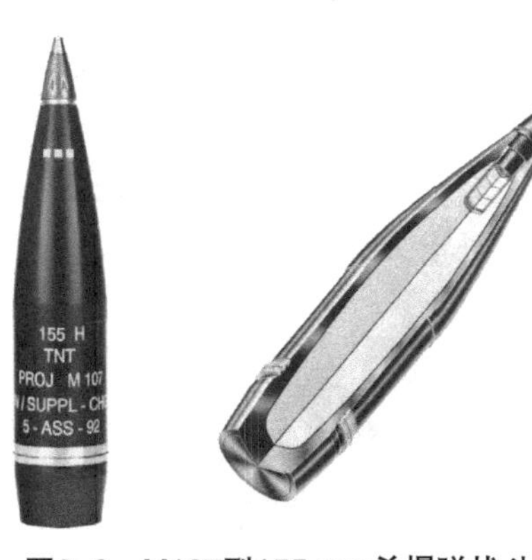

图2–8　M107型155 mm杀爆弹战斗部及弹丸剖面

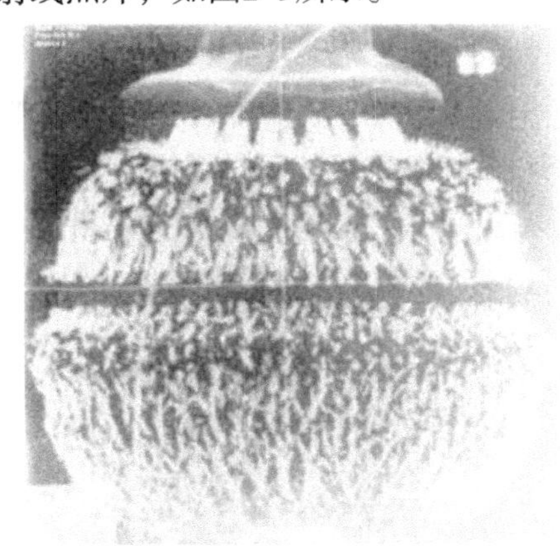

图2–9　某型60 mm迫击炮杀爆弹爆炸时的X射线照片

2.半预制破片战斗部

半预制破片战斗部是破片战斗部应用最广泛的形式之一，它采用各种较为有效的方法来控制破片形状和尺寸，避免产生过大和过小的破片，因而减少了壳体质量的损失，显著地改善了战斗部的杀伤性能。典型的半预制破片战斗部是在壳体的内壁上刻槽，如图2–10所示。

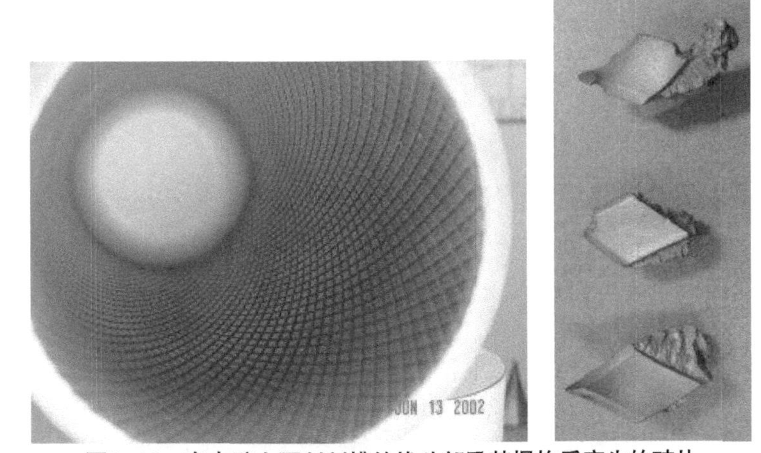

图2–10　在内壁上预制刻槽的战斗部及其爆炸后产生的破片

相比于自然破片战斗部，半预制破片战斗部爆炸时产生的破片更加均匀，特别适合对人员等软目标的打击。自然破片战斗部和半预制破片战斗部爆炸时的X射线照片对比如图2–11所示。此外，半预制破片的制造成本也不太高，便于大规模地产。

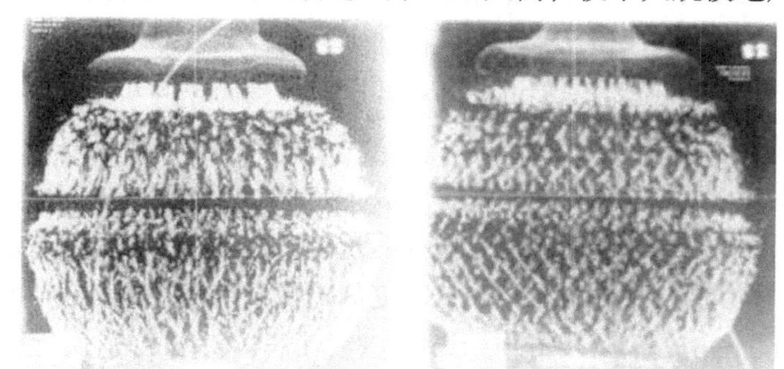

图2–11　自然破片战斗部（左）和半预制破片战斗部（右）爆炸时的X射线照片对比

半预制破片战斗部是提高战斗部杀伤能力的有效途径。例如，美军装备的AGM–114 Hellfire空对地导弹，主要配备成型装药战斗部，用于打击装甲目标。后期为了提高对软目标的杀伤能力，在成型装药战斗部外侧增加了预制刻槽的套管，如图2–12所示。通过实爆实验发现，预制刻槽套管的增加确实提高了对人员和车辆等软目标的杀伤，如图2–13所示。

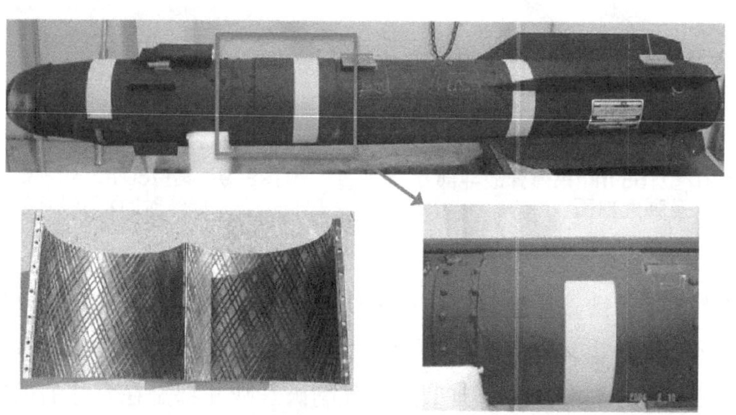

图2–12　增加预制刻槽金属套管的AGM–114K–2A导弹及战斗部

（a）

（b）

图2–13　AGM–114K–2A导弹战斗部对软目标的毁伤情况

（a）实验前；（b）实验后

3.预制破片战斗部

在预制破片战斗部结构中，破片按需要的形状和尺寸，用规定的材料预先制造好，再用黏结剂黏结在装药外的内衬上。球形破片则可直接装入外套和内衬之间，其间隙以环氧树脂或其他适当材料填充。装药爆炸后，预制破片被爆炸作用直接抛出，因此壳体几乎不存在膨胀过程，爆轰产物较早逸出。各种破片战斗部中，在装药质量比相同的情况下，预制式的破片速度是最低的，与刻槽式半预制破片相比要低10%~15%。预制破片战斗部的典型结构如图2–14所示。

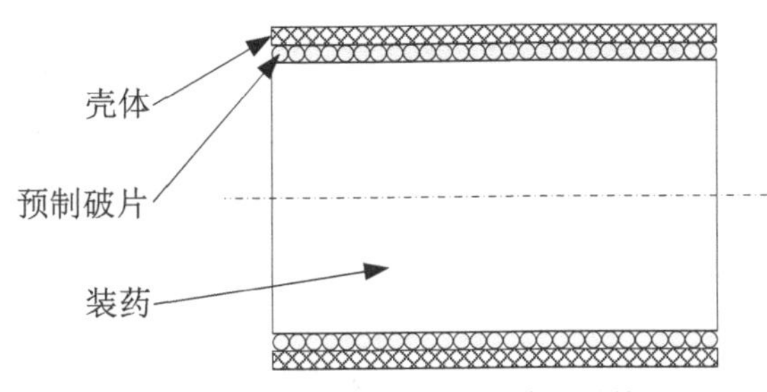

图2–14　预制破片战斗部典型结构

按照战术技术性能的要求，配备预制破片战斗部的弹药结构多种多样。图2–15为在黎巴嫩境内使用的MZD–2型子弹药，图2-16为南斯拉夫的KB–1型子弹药，它们的战斗部均包含许多预制片。

图2–15　MZD–2型子弹药

图2–16　KB–1型子弹药

预制破片战斗部还有一些特殊的类型，它们的战斗部几乎不含高能炸药，主要依靠战斗部的初始速度，因此破片的速度较低，如美军的M1028型弹药、M1040型弹药等。

M1028型弹药由120 mm滑膛火炮发射，主要为Abrams主战坦克提供近程反人员能力，由GD–OTS公司研制生产。Abrams主战坦克及M1028型弹药如图2–17所示，该型弹药全长为780 mm，总质量为22.9 kg，战斗部长为317.5 mm，质量为11 kg，膛压为560 MPa，炮口速度为1 410 m/s，射程为500 m，该弹药战斗部的铝质壳体内装载1 100枚钨球，发射药采用JA–2型粒状发射药，这种弹药不装配引信，战斗部壳体依靠风阻在出炮口后破裂，释放大量钨球，达到杀伤人员的目的。

图2-17　M1A2 Abrams主战坦克及配用的M1028型弹药

M1040型弹药由ATK Armament Systems研制，该型弹药主要配备美军Stryker旅级战斗队的MGS机动火炮系统，并兼容所有北约标准的105 mm线膛火炮，MGS机动火炮系统、M1040弹药及战斗部爆炸如图2-18所示。M1040的弹药射程为500 m，主要针对集群人员目标，通过预制破片战斗部，1枚弹药就能够使10人班组的半数失去战斗能力。M1040的战斗部壳体为铝质底座、尼龙圆柱壳和铝质弹头，这3部分采用可滑动的连接，能够实现相互自由地转动。战斗部壳体内装填2 080枚直径为8 mm的钨球，具有很强的人员杀伤力。

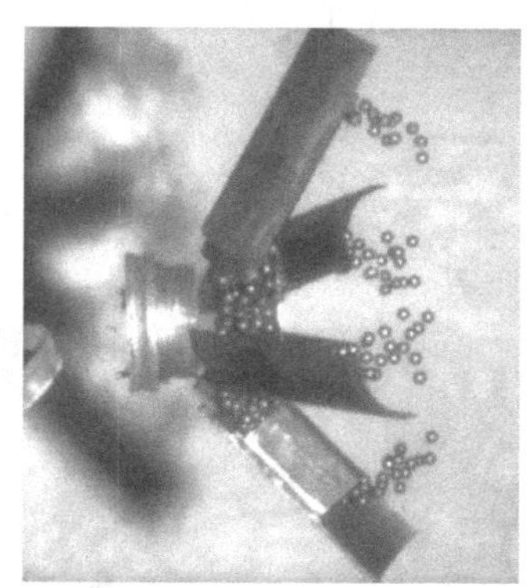

图2-18　MGS机动火炮系统、M1040弹药及战斗部爆炸

2.2.2　战斗部毁伤能力

杀爆战斗部主要依靠爆轰产物、冲击波和高速破片等元素毁伤目标，包括爆破能力、冲击波毁伤和破片的侵彻。

1.爆破能力

当弹药在地面或地下一定深度爆炸时，通常会产生爆破坑。爆破坑主要是由爆轰产物引起的，炸药爆炸会产生高温、高压、高密度的爆轰产物，爆轰产物强烈压缩周围介质，进而形成爆破坑，爆破坑的大小和深度与很多因素有关。

以常规炸弹为例，其在地面爆炸会产生弹坑，通常在湿的黏性土壤上产生的弹坑大于干沙土壤、石灰岩、花岗岩石等情况。松软的沙土会造成弹坑的回填，使得弹坑并不明显。弹药的起爆位置对弹坑的大小影响很大，因此一般这类弹药会配装具有短延时功能的引信，使弹药在一定深度处爆炸，从而产生最大的爆破效应。常规炸弹爆炸形成的弹坑尺寸见表2–1。

表2–1　常规炸弹爆炸形成的弹坑

常规炸弹量级/kg	地面爆炸时弹坑尺寸（宽×深，单位：m）		地下爆炸时弹坑尺寸（宽×深，单位：m×m）	
	黏质土	松质土	黏质土	松质土
50	2.75×0.9	1.65×0.55	6×1.8	3.6×1.1
100	3.25×1.2	2×0.75	7.5×2.4	4.5×1.45
250	4.5×1.5	2.7×0.9	10×3	6×1.8
500	5.5×1.8	3.3×1.1	13.7×3.7	8×2.2
1 000	8×2.4	4.8×1.5	17×4.9	10×3
2 000	9×2.7	5.5×1.6	19.5×5.5	11.7×3.3

2.*冲击波毁伤*

弹药爆炸时，产生的爆轰产物会强烈压缩周围的空气介质，使空气的压力、密度和温度产生突跃，形成初始冲击波。2 kg三硝基甲苯（TNT）炸药爆炸时的近场情况如图2–19所示，从图中可见，在爆轰产物膨胀初期，初始冲击波与爆轰产物并未明显脱离，在膨胀一定距离后，空气冲击波波阵面与空气/爆轰产物界面分离，继续向前传播。空气冲击波会对扫过的介质产生强烈的压缩作用，并具有一定的抛掷能力，毁伤作用不容小觑。

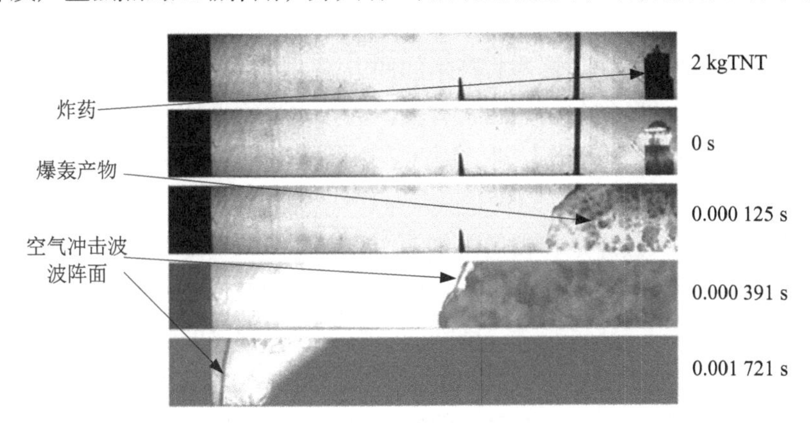

图2–19　2 kg TNT爆炸时的近场情况

通常采用经验公式的方法来计算空气冲击波的峰值超压。当球形或接近球形的TNT裸装药在无限空中爆炸时，根据爆炸理论和试验结果，拟合得到如下的峰值超压计算公式，即著名的萨道夫斯基公式：

$$\Delta p_{\mathrm{m}}=0.082\left(\frac{\sqrt[3]{W_{\mathrm{TNT}}}}{R}\right)+0.265\left(\frac{\sqrt[3]{W_{\mathrm{TNT}}}}{R}\right)^2+0.687\left(\frac{\sqrt[3]{W_{\mathrm{TNT}}}}{R}\right)^3 \tag{2-1}$$

式中：Δp_{m}，MPa；W_{TNT}为等效TNT装药质量，kg；R为测点到爆心的距离，m。

一般认为，当爆点高度系数$\bar{H}=H/\sqrt[3]{W_{\mathrm{TNT}}}\geqslant 0.35$时，为无限空中爆炸，其中：$H$为爆炸装药离地面的高度（m）。

令$\bar{R}=R/\sqrt[3]{W_{\mathrm{TNT}}}$，则萨道夫斯基公式可写成组合参数$\bar{R}$的表达式，即

$$\Delta p_{\mathrm{m}}=\frac{0.082}{\bar{R}}+\frac{0.265}{\bar{R}^{2}}+\frac{0.687}{\bar{R}^{3}} \tag{2-2}$$

式（2-2）适用于$1\leqslant\bar{R}\leqslant15$的情况，式中$\bar{R}$也称为比例距离。

当炸药在地面爆炸时，由于地面的阻挡，空气冲击波要向一半无限空间传播，地面对冲击波的反射作用使能量向一个方向增强。因此，当装药在混凝土、岩石类的刚性地面爆炸时，通常认为发生了全反射，相当于两倍的装药在无限空间爆炸的效应。当装药在普通土壤地面爆炸时，地面土壤受到高温高压爆轰产物的作用发生变形、破坏，甚至抛掷到空中形成一个炸坑，将消耗一部分能量。因此，在这种情况下，地面能量反射系数小于2，等效装药量一般取为（1.7~1.8）W_{TNT}。

以冲击波对砖混型建筑的毁伤为例，表2–2为砖混型建筑的毁伤距离。

表2–2　砖混型建筑的毁伤距离

炸弹量级/kg	不同程度破坏对应的距离/m			破片飞散距离/m
	完全破坏	难以修复的破坏	轻度破坏但不适宜居住	
50	6	15	60	890
250	20	40	180	1 100
500	30	60	290	1 250
1 000	40	90	430	1 400
2 000	90	180	880	1 550

这些破坏主要来自于弹药爆炸后产生的冲击波，数据多数来源于第二次世界大战期间的统计。由于目标的毁伤与很多因素有关，例如炸弹的设计、建筑密度、气候条件、植被情况等，都能显著影响毁伤结果，因此表中的数据仅供参考使用。

3.破片的侵彻

对于杀爆战斗部，破片是在较远距离杀伤有生目标的主要因素。杀爆弹爆炸后，会产生大量高速破片，其飞散速度可达900~1 200 m/s。在高速破片毁伤目标之前，受破片形状、质量、迎风面积、空气密度等因素的影响，其飞行速度会有一定程度的下降，如果着靶前，其动能仍大于目标的易损阈值，就会对目标产生毁伤作用。不同形状的破片对目标的穿孔是不一样的，图2–20为自然破片对靶板的典型毁伤情况，图2–21为球形预制破片对靶板的典型毁伤情况。

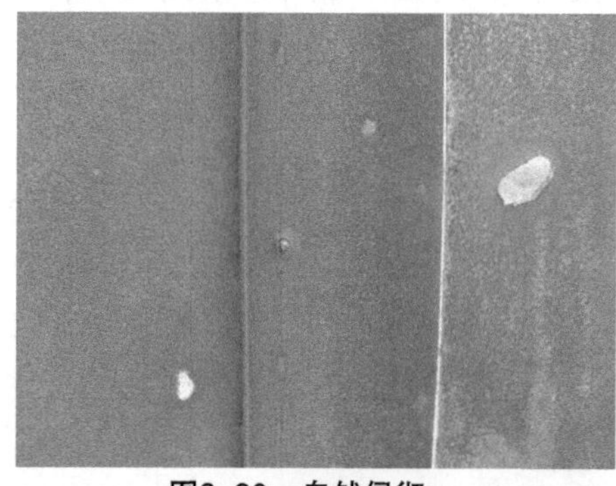

图2–20　自然侵彻

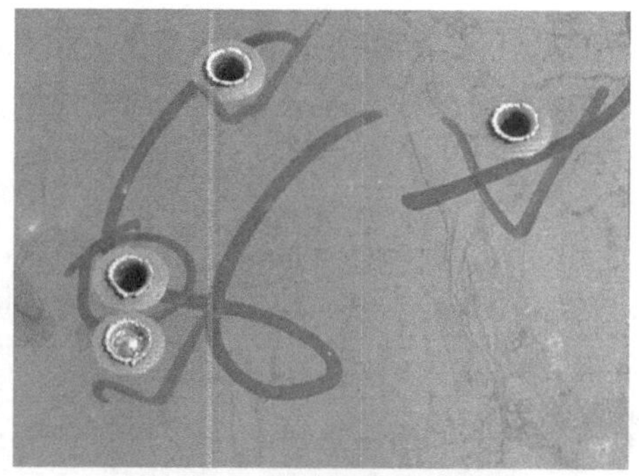

图2–21　球形预制破片侵彻

2.2.3　典型目标

杀爆战斗部攻击的的目标范围宽泛，包括人员目标、无装甲车辆等。

1.人员目标

人员是战争的主体，对战争的胜负起到主导性作用，因此对敌方人员的杀伤是弹药毁伤的重要任务。从毁伤的难易程度上讲，人员是一种软目标，可以被很多毁伤元素致伤或死亡，其中主要毁伤元素包括破片（含枪弹）、冲击波、生物战剂、化学毒剂、热辐射、核辐射等，每种毁伤元素的毁伤机理不尽相同。对于常规弹药，造成人员伤亡的毁伤元素主要是破片和冲击波作用。

根据一般情况，单个人员的立姿迎弹面积S=1.5 m×0.5 m =0.75 m^2，跪姿迎弹面积S=1.0 m×0.5 m =0.5 m^2。杀伤破片标准为：动能标准为E_k≥78.48~98.1 J，质量标准为m≥0.4~1 J。

为了提高人员目标的战场生存能力，世界各国普遍装备单兵防弹装备，主要包括防弹头盔和防弹衣。例如美军装备的PASGT（Personal Armor System for Ground Troops）头盔，是由芳纶材料经裁剪并涂覆树脂后模压而成的，防破片V50为663 m/s，盔体质量根据号型大小不同在1.42~1.67 kg之间，标准颜色为草绿色，如图2–22所示。根据战场环境的不同，头盔外部可附加林地、沙漠等背景色系的迷彩外套，如图2–23所示。

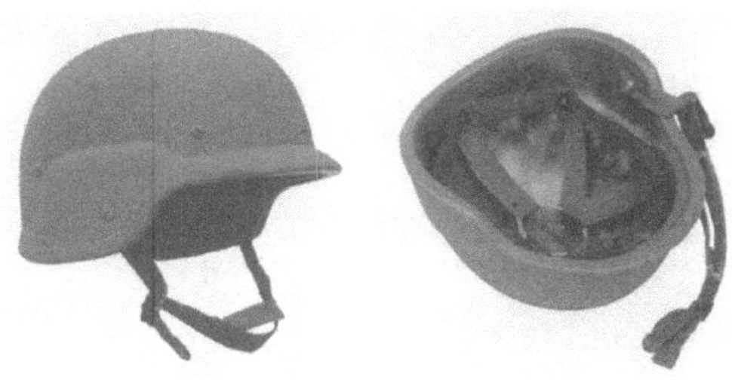

图2–22　PASGT头盔外部和内部

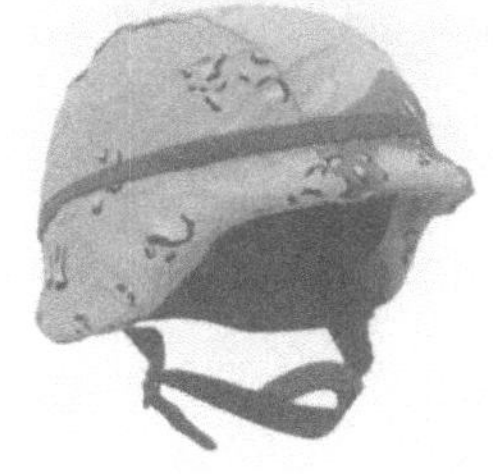

图2–23　带有林地和沙漠迷彩外套的PASGT头盔

美国1978年开始研制的步兵用新型防弹系统中还包括PASGT防弹衣，并于1982年开始装于备部队，如图2–24所示。PASGT防弹衣采用高性能芳香族聚酰胺Kevlar纤维作为主体防弹材料，最初采用的防弹主体材料为第一代Kevlar纤维Kevlar29，20世纪90年代以后，采用第二代Kevlar纤维Kevlar129，主要用于防破片武器产生的破片，该防弹衣的第二代产品典型防破片V50为510 m/s。

图2–24　海湾战争中使用的PASGT防弹衣

伴随大量地区性小规模冲突和战争，城区作战（Close Quarter Battle，CQB）、维和和反恐作战次数明显增加，战场上步兵的威胁除了高爆破片武器外，还有轻武器步枪直射弹。在系统性、模块化思想指引下，美国在主要用于防护破片武器的PASGT防弹衣的基础上，开发了模块化的拦截者防弹衣，以应对城区作战、近距离作战的单兵防护需求。

PASGT防弹衣采用模块化设计，由前、后片防弹层，护颈，护喉，护腹等防弹模块组成，如图2–25所示。防弹衣主体部分由两部分构成，一部分为战术防弹背心，另一部分是可以选择使用的轻武器防弹插板，防弹插板可以是陶瓷板或高性能纤维复合材料板。在防弹衣的前部和后部各设计了一个插板袋，用以加插防弹插板，以便在必要时提高防弹衣的防弹等级。防弹衣主体材料采用600d KM2织物构成，可以防多种破片，防64格令破片V50为494 m/s，防16格令破片V50为610 m/s，防4格令破片V50为720 m/s，防2格令破片V50为815 m/s，还可以防9 mm手枪弹。在加上插板后，可以防政府规定速度的北约7.62 mm × 51 mm M–80步枪弹、俄罗斯7.62 mm × 54R步枪弹和美国5.56 mm M855步枪弹。“拦截者”防弹衣共有四个号型，中号的质量为4.16 kg（不包括防弹插板）。拦截者防弹衣1999年开始装备海军陆战队，2000年以后开始装备一般步兵部队。

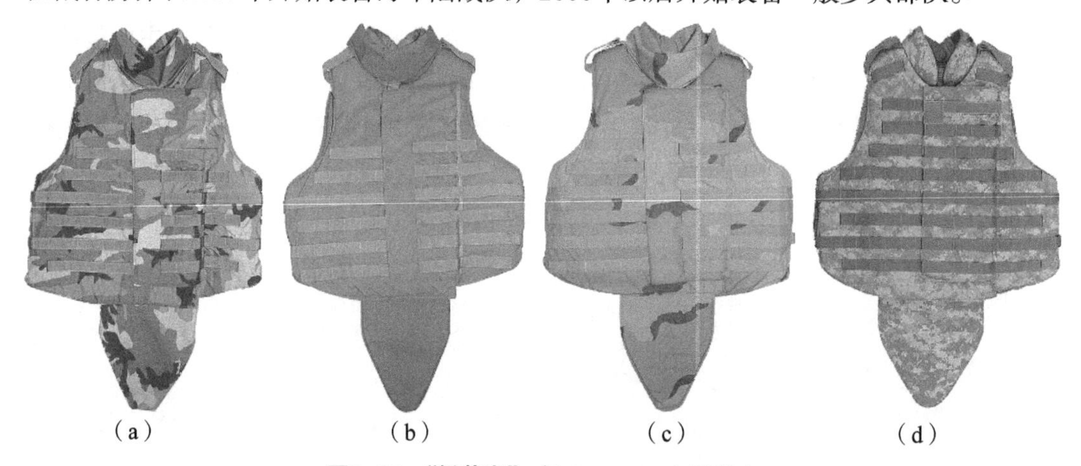

（a）　　（b）　　（c）　　（d）

图2–25 “拦截者”（Interceptor）防弹衣

（a）M81林地；（b）狼棕色；（c）沙漠迷彩；（d）通用迷彩

需要说明的是，虽然防弹头盔和防弹衣可以极大提高单兵的防破片、枪弹的侵彻能力，但对冲击波的防护作用有限。

2.无装甲车辆

无装甲车辆包括两种基本类型：以向战斗部队提供后勤支援为主要任务的运输车辆（卡车、牵引车、吉普车等），用来作为武器运载工具的无装甲防护轮胎式或履带式车辆。无装甲车辆由于没有装甲防护，所有的易损部件暴露在外面，所以不仅容易被各种反装甲弹药摧毁，而且容易被大多数杀伤弹药（如手榴弹、杀爆榴弹、火箭弹等）所毁伤，易损性较高。

Humvee军车就是典型的无装甲车辆，俗称悍马，全称为高机动性多用途轮式车辆（High Mobility Multipurpose Wheeled Vehicle，HMMWV），是一种四轮驱动军用轻型车辆，图2–26是安装TOW式反坦克导弹的悍马车辆。在很大程度上，悍马取代了原来吉普车所扮演的角色，以及诸如越战时期主要装备美军的M151吉普车、M561越野车等，如图2–27所示。

图2-26　悍马车辆

图2-27　越战时期的M151吉普车

在1991年的海湾战争中，悍马被广泛使用，但由于其不具备装甲防护能力，所以曾出现大量的伤亡。此后，为了满足美国中央司令部对防护性能的要求，研制了悍马的M1151 A1型装甲增强版，就是在M1151型悍马上安装Frag Kit 6防护组件，如图2–28所示。Frag Kit 6防护组件是由美国陆军研究实验室开发的一种车载装甲升级组件，用于防护爆炸成型弹体（EFP）的攻击。Frag Kit 6防护组件增加了大约450 kg的额外质量。虽然如此，悍马仍可能被取代，它的继任者为联合轻型战术车辆（JLTV），如图2–29所示。

图2–28　M1151A1型装甲增强版悍马

图2–29　联合轻型战术车辆（JLTV）

综上所述，无装甲车辆防护水平比较低，在高强度打击作用下，战场生存能力有限。

2.3　成型装药战斗部

2.3.1　战斗部基本特征

成型装药战斗部也称为空心装药战斗部或聚能装药战斗部，是有效毁伤装甲目标的战斗部类型之一。与具有高速动能的穿甲弹相比，成型装药战斗部本身不需要具备很快的飞行速度，因此对发射平台的性能要求较低。

成型装药战斗部按照形成的毁伤元类型不同，主要可分为金属射流（Shaped Charge Jet，简称JET）战斗部和爆炸成型弹丸（Explosively Formed Projectile，EFP）战斗部。

1.JET战斗部

19世纪，人们发现了带凹槽装药的聚能效应。第二次世界大战前期，人们发现在炸药装药凹槽上衬以薄金属罩，能够产生很强的破甲能力，从此聚能效应得到广泛应用。金属射流战斗部的典型结构如图2–30所示，主要由装药、药型罩、隔板和引信等组成，其中隔板是用来改善药型罩压垮波形的，对于部分小口径战斗部通常不装配隔板。

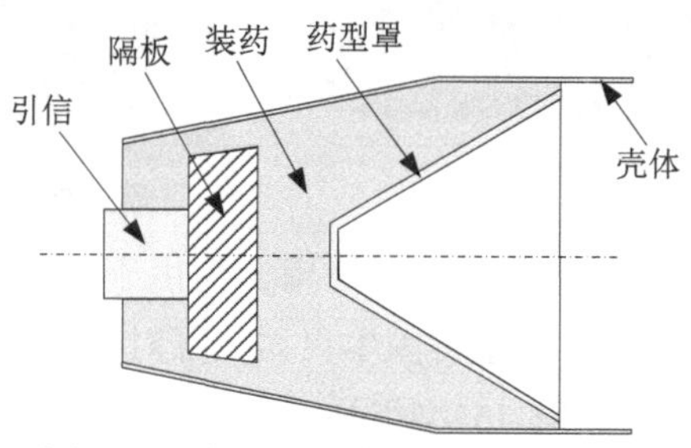

图2–30 金属射流战斗部的典型结构

JET战斗部采用弹底起爆方式，其作用原理为：装药凹槽内衬有金属药型罩的装药爆炸时，产生的高温高压爆轰产物会迅速压垮金属药型罩，使之在轴线上汇聚形成超高速的金属射流，依靠金属射流的高速动能实现对装甲的侵彻。其形成过程如图2–31所示。

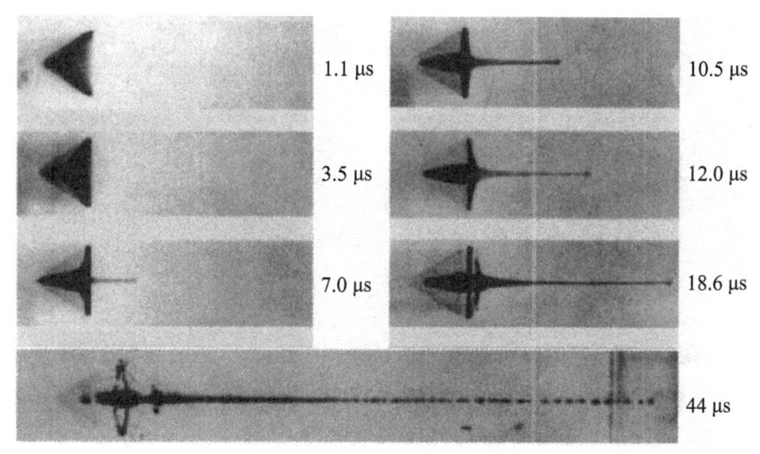

图2–31 金属射流形成过程

成型装药爆炸形成金属射流需要一个过程，为提高对目标的侵彻能力，要设置有利炸高，这也是破甲弹装药与其头部有一定距离的原因。在爆炸过程中，药型罩闭合后，罩内表面金属的合成速度大于压垮速度，形成金属射流，射流头部速度达到7 000~10 000 m/s；而药型罩外表面的合成速度小于压垮速度，形成杵体，杵体速度一般为500~1 000 m/s。由于成型装药爆炸形成的射流存在速度梯度，即头部速度快、尾部速度慢，这样的金属射流在较远距离上会出现拉断现象，极大地减弱了穿甲效果。因此，金属射流这种毁伤元对作用距离很敏感，不适宜爆炸后毁伤远距离目标。就目前技术而言，成型装药爆炸形成的金属射流的侵彻能力可达数倍甚至十倍以上药型罩口径。

2.EFP战斗部（含多重爆炸成型弹丸）

成型装药战斗部一般爆炸后会形成金属射流和杵体，但当其药型罩的锥角较大时，例如锥角为120°~160°时，爆炸仅会形成高速的杵体，称为爆炸成型弹丸（EFP）。EFP战斗部的典型结构如图2–32所示。EFP战斗部也是利用聚能效应，通过爆轰产物的汇聚作用压垮药型罩，最终形成高速的固态EFP侵彻体，如图2–33所示，其速度可达1 500~3 000 m/s。与金属射流类型的成型装药相比，这种战斗部对炸高不敏感，因此广泛用与末敏弹上，以此打击装甲车辆的薄弱顶部。由于EFP战斗部爆炸形成的侵彻体直径远远大于金属射流，因此穿甲后的后效作用更大。此外，这种战斗部还常做为攻坚弹药的前置战斗部，在钢筋混凝土上开坑，供后置战斗部通过。

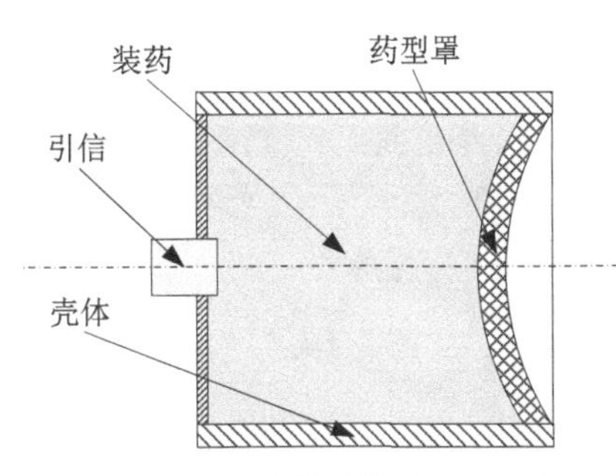

图2–32　EFP战斗部的典型结构

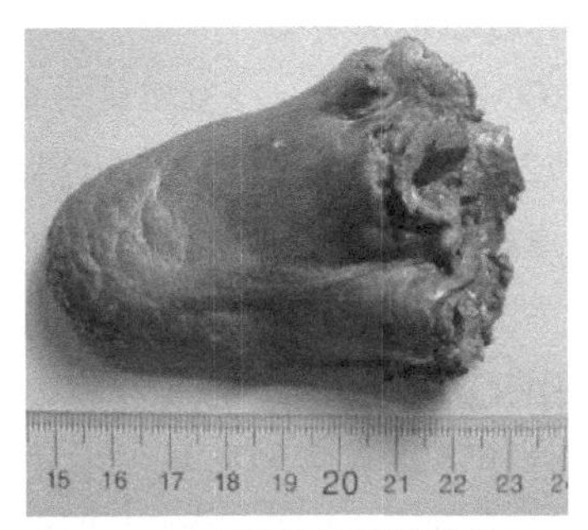

图2–33　EFP战斗部的毁伤元

随着军事技术的进步和特定战场目标的需求产生，多重爆炸成型弹丸（Multiple Explosively Formed Penetrator，MEFP）战斗部随之产生。MEFP战斗部是EFP战斗部的特殊类型，根据结构的不同有多种形式，如图2–34和图2–35所示。一般来讲，其爆炸后会形成多个高速侵彻体，达到对目标的高度毁伤。相比于单一的EFP战斗部，MEFP战斗部毁伤面积或后效作用较大，但二者口径相同时，MEFP战斗部的侵彻能力较弱。

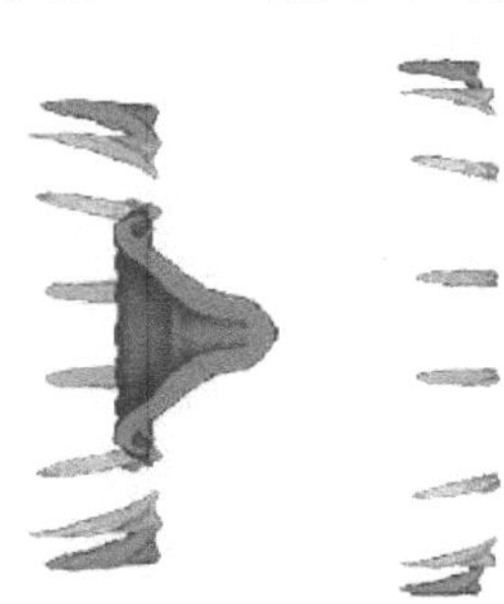
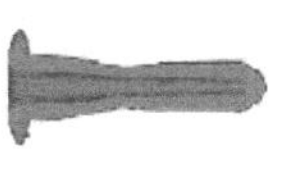

图2–34　MEFP战斗部的药型罩及爆炸仿真形成的毁伤元

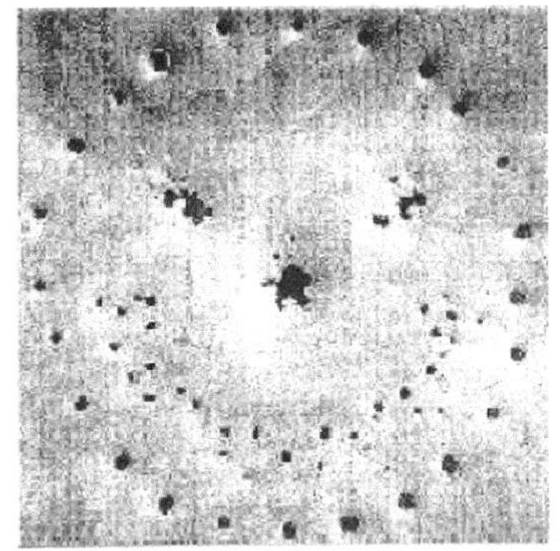

图2–35　MEFP战斗部及毁伤情况

2.3.2 战斗部毁伤能力

根据成型装药战斗部爆炸形成毁伤元的特点可知其特别适合对目标实施侵彻毁伤作用。根据发射平台的不同，配用成型装药战斗部的弹药可分为机载式、车载式、便携式等。其中，典型的机载式导弹包括AGM–65 Maverick、AGM–114 Hellfire空对地导弹等；车载式包括BGM–71 TOW式反坦克导弹等；便携式包括RPG系列火箭弹、AT4火箭弹、FGM–148 Javelin反坦克导弹、NLAW反坦克导弹等。下面对这些配备成型装药战斗部的弹药进行简要介绍。

1.AGM–65 Maverick空对地导弹

1972年，美空军开始装备的AGM–65 Maverick系列空对地战术导弹，这种导弹在北约军队中应用广泛，是一种高效的近距离空中支援导弹，具备发射后不管的能力。这种导弹具有多种型号，主要装备两种战斗部类型，分别是成型装药和杀爆侵彻战斗部，这两种战斗部的质量分别为57 kg和136 kg，威力巨大，可轻松摧毁战场上的各种装甲车辆。AGM–65 Maverick导弹的部分型号如图2–36所示，从前到后依次为D/E/B/F型。图2–37展示了AGM–65 Maverick导弹的发射过程。

图2–36 AGM–65 Maverick导弹的部分型号

图2–37 AGM–65 Maverick导弹发射过程

AGM–65 Maverick系列空对地战术导弹的A/B/D/H型采用成型装药战斗部，其关键参数见表2-3。AGM–65 Maverick系列空对地战术导弹的结构如图2–38所示。

表2–3 AGM–65 Maverick导弹关键参数

序号	导弹型号	制导组件	总质量/kg	战斗部类型	战斗部质量/kg
1	AGM–65A/B/H	TV/CCD	210	成型装药	57
2	AGM–65D	IR	220	成型装药	57
3	AGM–65E/E2	Laser	293	杀爆侵彻	136
4	AGM–65F/F2/G/G2	IR	304	杀爆侵彻	136
5	AGM–65J/JX/K	CCD（“增强型”）	297	杀爆侵彻	136

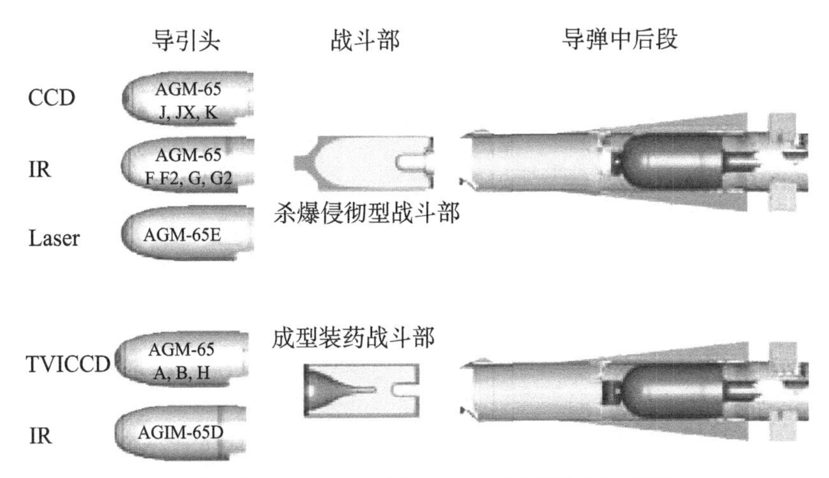

图2-38　AGM-65 Maverick系列导弹结构简图

2.AGM-114 Hellfire空对地导弹

AGM-114 Hellfire导弹是洛克希德·马丁公司研制的空对地制导弹药，主要用于打击地面装甲目标，也可用于攻击地面其他小型目标。AGM-114 Hellfire导弹有多种型号，其中多数战斗部采用质量约为9 kg的串联成型装药，如图2-39所示，这种战斗部威力巨大，可轻松毁伤现役主战坦克的顶部装甲。

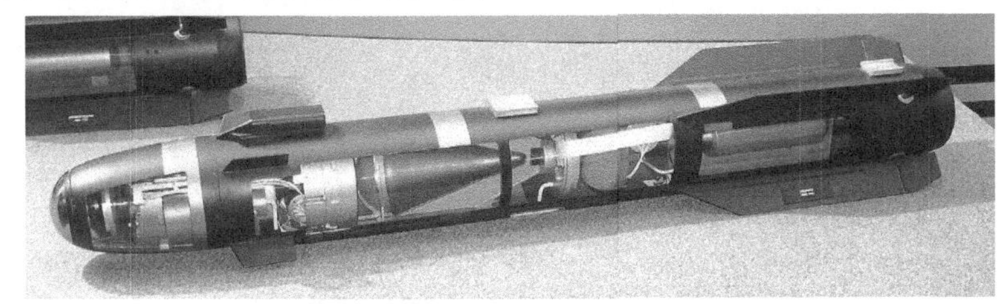

图2-39　AGM-114 Hellfire Ⅱ导弹的透视图

AGM-114 Hellfire导弹既可以在有人机上挂载，图2-40所示为MH-60R海鹰直升机发射Hellfire导弹，也可以在无人机上使用，图2-41所示为挂载Hellfire导弹的MQ-1捕食者无人机。在1991年的海湾战争中，阿帕奇武装直升机与A-10攻击机配合，在科威特北部地区使用Hellfire导弹，一次就击毁了80辆伊军坦克，挫败了伊军的阻击行动。2016年5月22日，美军联合特种作战司令部操控的MQ-9无人机对车里的塔利班最高领导人阿赫塔尔·穆罕默德·曼苏尔发射了两枚Hellfire导弹，导致曼苏尔当场死亡。

图2-40　MH-60R直升机发射Hellfire导弹

图2-41　挂载Hellfire导弹的MQ-1无人机

3.BGM−71 TOW式导弹

BGM–71 TOW式导弹是典型的车载式重型反坦克导弹，是美国休斯飞机公司研制的第二代重型反坦克导弹武器系统，其综合性能在第二代反坦克导弹中处于领先地位。这种导弹采用车载筒式发射、光学跟踪、导线传输指令、红外半主动制导等先进技术，主要用于攻击各种坦克、装甲车辆、碉堡和火炮阵地。这种导弹具有多种型号，但其战斗部均采用成型装药，其中A/B/C/D/E型采用金属射流类型的成型装药，F型采用EFP类型的成型装药，部分型号的TOW式导弹如图2–42所示。BGM–71 TOW式导弹的关键参数见表2–4。

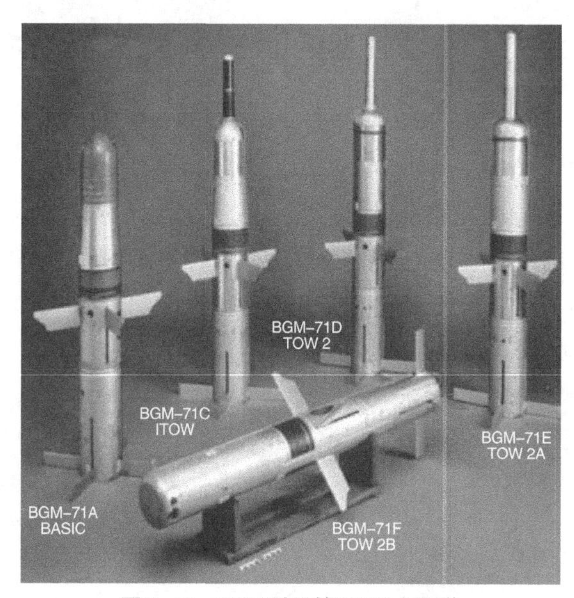

图2–42　不同型号的TOW式导弹

表2-4　BGM–71 TOW式导弹关键参数

弹种型号	弹药质量/kg	战斗部质量/kg	成型装药战斗部类型	装药质量/kg	侵彻装甲能力/mm
BGM–71A	18.9	3.9	金属射流	2.4	430
BGM–71B	18.9	3.9	金属射流	2.4	430
BGM–71C（ITOW）	19.1	3.9	金属射流	2.4	630
BGM–71D（TOW–2）	21.5	5.9	金属射流	3.1	900
BGM–71E（TOW–2A）	22.6	5.9	串联成型装药	3.1	900
BGM–71F（TOW–2B）	22.6	6.14	EFP	—	—

BGM–71 TOW式导弹于1965年发射试验成功，于1970年大量生产并装备部队，可车载和直升机发射，也可步兵携带发射，但主要用于车载发射方式。图2–43为TOW式导弹从Stryker战车上发射，图2–44为TOW式导弹从美军Humvee军车上发射。美军在越南战争、中东战争中都大量使用该导弹，取得了良好的战果。在海湾战争中，多国部队共发射了600多枚此导弹，击毁了伊拉克军队400多个装甲目标。

图2-43　TOW式导弹从Stryker战车上发射

图2-44　TOW导弹从美军Humvee军车上发射

BGM–71 TOW式导弹中比较特殊的是TOW 2B型，TOW 2B型反坦克导弹采用掠飞攻击方式，其结构简图如图2–45所示。为了应对主战坦克正面越来越厚的装甲，需要采取全新的攻击方式才能更有效地打击敌人。TOW 2B型反坦克导弹的战斗部为两个EFP并联向下放置，导弹采用掠飞的方式飞越坦克顶部，然后起爆战斗部，形成的EFP高速侵彻体向下侵彻坦克薄弱的顶部，从而达到高效毁伤的目的，其毁伤目标情形如图2–46所示。

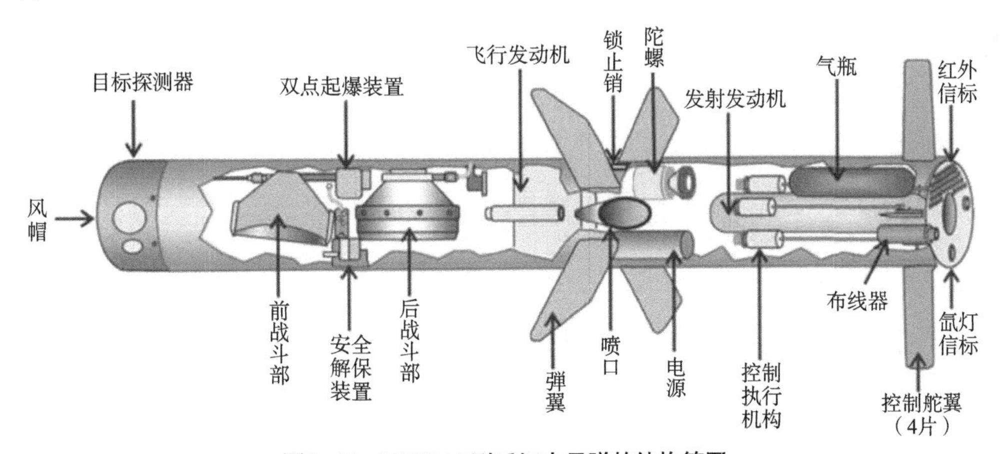

图2-45　TOW 2B型反坦克导弹的结构简图

图2-46　TOW-2B型反坦克导弹掠飞攻击坦克目标顶部

4.RPG系列便携式火箭弹

便携式反坦克火箭弹是一种廉价高效的反装甲武器，其中以火箭助推手榴弹发射器（RPG）系列便携式火箭弹应用最为广泛。这种弹药是一种非制导的便携式肩射反坦克火箭，源于第二次世界大战时德国的铁拳反坦克火箭弹，在冷战时期的苏联得到快速发展，目前已发展为庞大的反坦克火箭弹家族，其中最著名的就是RPG–7型火箭弹，其弹药、发射器及发射状态如图2–47所示。85 mm口径的RPG–7V火箭弹能够穿透260 mm的RHA装甲，经改进的70 mm口径的RPG–7VM火箭弹能够穿透300 mm的RHA装甲。

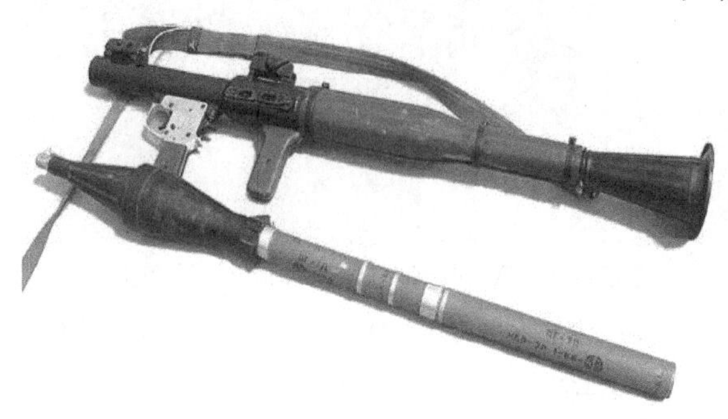

图2–47　RPG–7型火箭弹和发射器及其发射状态

RPG–7型火箭弹的结构分为战斗部（Ⅰ）、增程部（Ⅱ）和发射部（Ⅲ）三部分，如图2-48所示。RPG–7型火箭弹采用无坐力炮原理发射，在火箭弹出膛后，助推发动机点火实现增程，弹药命中目标后，引信头部机构受压产生电荷，激发弹底引信进而起爆战斗部，战斗部爆炸形成金属射流毁伤目标。RPG–7型火箭弹的缺点是需采用专用发射器发射，在部队编成中需要占用专门的人员编制，降低了步兵班作战任务的灵活性。

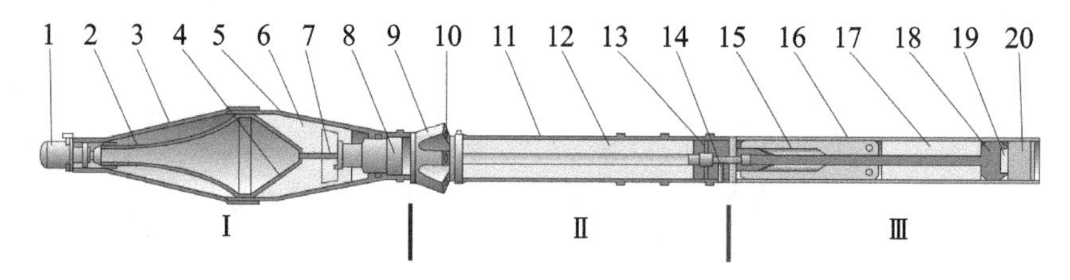

图2–48　RPG–7火箭弹结构简图

1—引信头部机构；2—内锥罩；3—风帽；4—药型罩；5—战斗部壳体；6—装药；7—导电体；8—引信；9—喷嘴座；10—喷嘴；11—火箭发动机壳体；12—推进剂；13—发动机底部；14—底火；15—尾翼；16—发射药壳；17—发射药；18—涡轮；19—曳光剂；20—泡沫

为了提高步兵班组的火力配备和作战任务的灵活性，目前各军事强国都大量装备不占编制的单兵火箭筒弹，如图2–49所示的RPG–26轻型反坦克武器和图2–50所示的RPG–27反坦克火箭发射器。这种类型的弹筒合一弹药，包装筒既做储存筒又是发射筒，可实现单兵的广泛配备，极大提高了步兵班的整体火力。因此，弹筒合一式便携式火箭弹是单兵反坦克武器未来发展的方向。表2–5列出了典型RPG系列便携式火箭弹的关键性能参数。

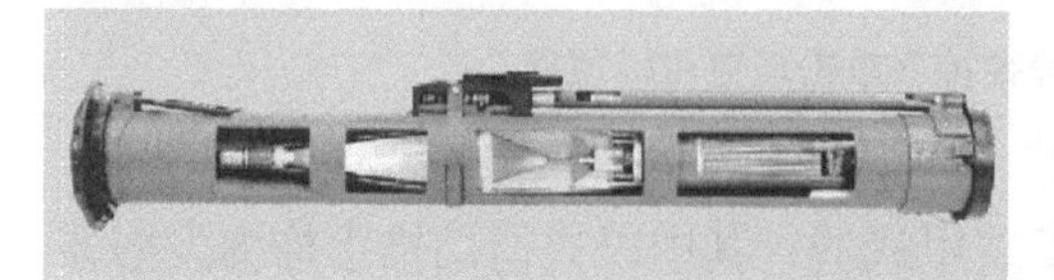

图2–49　RPG–26轻型反坦克武器透视图

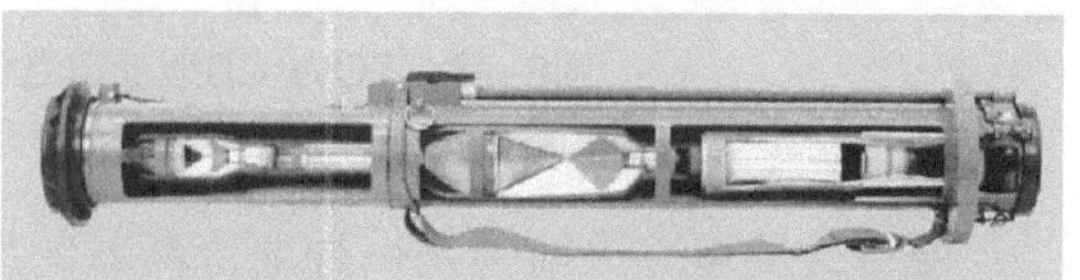

图2–50　RPG–27反坦克火箭发射器透视图

表2-5　RPG系列便携式火箭弹的关键性能参数

弹种/mm	RPG–7V	RPG–7VM	RPG–7VS	RPG–18	RPG–26	RPG–27	RPG–28	RPG–30	RPG–75	AT4 HEAT
口径/mm	85	70	73	64	72.5	105	125	105	68	84
装甲厚度/mm	260	300	400	375	>400	>800	>900	>600	>300	400

5.AT4反坦克火箭筒

AT4 CS型弹药是Saab Bofors Dynamics公司研制的一种陆军用轻型反装甲武器，目前由ATK公司许可生产，AT4火箭筒属于预装弹、射击后抛弃的一次性使用武器，采用无后坐力炮发射原理。其主要用于步兵打击轻型装甲车辆目标。其口径为84 mm，有效射程为300 m，其战斗部为装填Octol炸药的成型装药，装甲侵彻深度为400 mm。图2–51为处于发射状态的AT4 CS轻型反装甲武器，图2–52展示了AT4 CS弹药及发射器剖面。

图2–51　处于发射状态的AT4 CS轻型反装甲武器

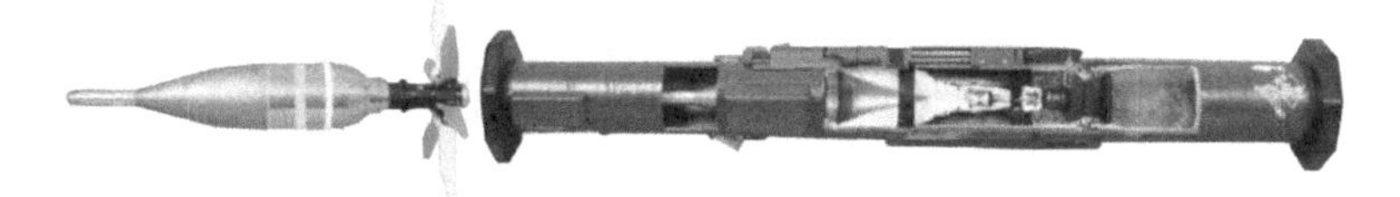

图2–52　AT4 CS弹药及发射器剖面

AT4系列反坦克火箭筒包括HE/HEAT/HP/RS/AST/ER等多种型号，战斗部多采用成型装药，其关键参数见表2–6。

表2-6　AT4系列反坦克火箭筒关键参数

弹种类型	AT4 HE	AT4 HEAT	AT4 CS HP/RS	AT4 CS AST	AT4 ER
口径/mm	84	84	84	84	84
长度/mm	1 000	1 000	1 040	<1 000	—
全重/kg	9.0	6.7	7.8	9.5	8.9
装药	Hexatol	Octol	Octol	PBXN	Octol
炮口速度/（m·s^{-1}）	250	290	220	205	250
穿甲深度/mm	—	400	>500/400	>200（concrete）/400（RHA）	500

6.FGM–148 Javelin（标枪）便携式反坦克导弹

FGM–148 Javelin（标枪）反坦克导弹是美国雷神公司和洛克希德·马丁公司联合研制的第三代便携式反坦克导弹，具备发射后不管能力，射程可达2 500 m，目前已成为美军中程反坦克武器的主力。标枪导弹主要装备方式是步兵便携、单兵肩扛射击，也可以安装在轮式、履带和两栖车辆上，并具有攻击武装直升机的能力。图2–53展示了标枪反坦克导弹的单兵肩扛发射状态。

图2–53 标枪反坦克导弹的单兵肩扛发射状态

标枪反坦克导弹具有攻顶模式和正面攻击模式两种交战模式，攻顶模式的弹道如图2–54所示。由于这种导弹采用串联破甲战斗部，可对付安装反应装甲的目标，经在M1 Abrams主战坦克上的测试，发现使用顶部攻击模式的标枪导弹可轻易摧毁坦克目标，这是因为它的毁伤部位是坦克目标薄弱的顶部。标枪反坦克导弹具备轻便、高效毁伤、高生存力、发射后不管等特点，其主要参数见表2–7。

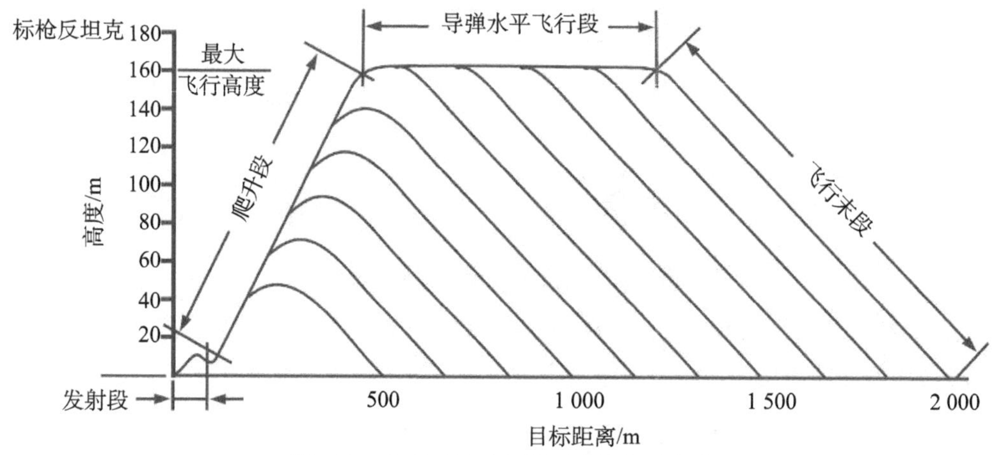

图2–54 标枪反坦克导弹的攻顶模式弹道

表2–7 标枪反坦克导弹的主要参数

武器总质量/kg	最大射程/m	导弹质量/kg	导弹长度/mm	弹径/mm	战斗部	战斗部质量/kg	穿甲深度/mm
22.3	2 500	11.8	1081.2	126.9	串联破甲	8.4	600~800

7.NLAW便携式反坦克导弹

为了满足英国国防部打击当前主战坦克的需要，Saab Dynamics AB公司研发了NLAW（Next Generation Light Anti-Tank Weapon）下一代轻型反坦克武器，如图2–55所示。它是一种轻型便携式反坦克导弹，从2006年起便在英军服役。由于这型导弹不需要制冷型寻的器件或锁定操作，因此具有快速打击能力，在600 m范围内是Javelin标枪反坦克导弹的有利补充。

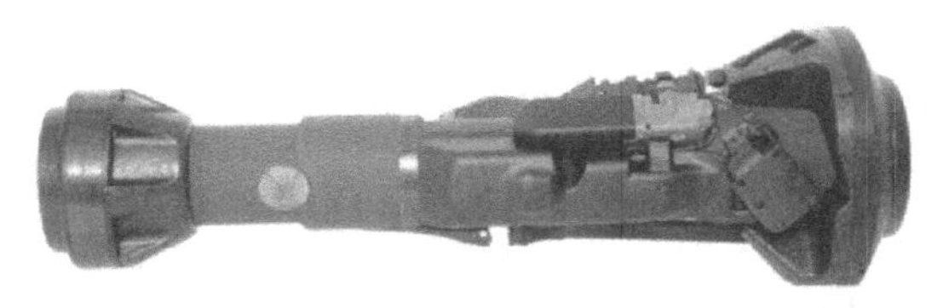

图2-55 NLAW“下一代”轻型反坦克武器及单兵发射状态

NLAW便携式反坦克导弹的的结构如图2-56所示，其长度为1 000 mm，质量为12.5 kg，对固定目标射程为20~600 m，对移动目标射程为20~400 m，具备自毁能力，初速为40 m/s，最大速度低于300 m/s，射程为600 m时飞行时间小于3.0 s，射程为400 m时飞行时间为2.0 s，发射准备时间为5 s，使用温度为−38~+63℃。

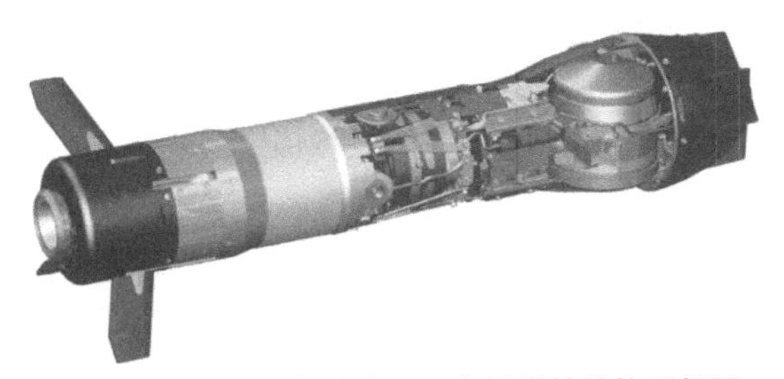

图2-56 NLAW便携式反坦克导弹的结构透视图

NLAW反坦克导弹采用预测瞄准线制导方式（Predicted Line of Sight，PLOS），通过操作者在发射前2~3 s的目标跟踪和瞄准操作，导弹可自动获取目标的速度信息。战斗部为单下视（90°）铜质成型装药，口径为102 mm，可实现掠飞攻顶打击（Overfly Top Attack, OTA）。在OTA打击模式下，导弹在视线上方1 m的高度飞行，到达目标顶部后起爆战斗部，如图2-57所示。导弹装备的近炸引信组合使用光学传感器和主动磁性传感器，两者共同工作以实现对目标薄弱部位的探测和攻击。

图2-57 NLAW导弹掠飞攻顶打击坦克目标

除此之外，NLAW导弹还能够攻击无装甲车辆、直升机和建筑物的人员。针对这些目标，NLAW导弹执行直接攻击（Direct-Attack，DA）模式，导弹沿瞄准线飞行，可实现对目标冲击后的延期起爆。

2.3.3 典型目标

成型装药战斗部主要的攻击目标是装甲目标，如主战坦克、步兵战车、装甲运输车，但也可用于打击普通军用车辆和各种技术装备等。与之相对，装甲目标为了提高战场生存能力，也会采取很多措施反制成型装药战斗部的毁伤作用，典型措施包括爆炸反应装甲（Explosive Reactive Armor）、格栅装甲（Slat Armor）等。

1.爆炸反应装甲

爆炸反应装甲其实就是在装甲车辆的主装甲上，安装包含惰性炸药的模块化装置，图2–58展示了爆炸反应装甲及其在装甲车辆上的安装位置。一般在爆炸反应装甲与主装甲之间设置一定的空间，用于缓冲爆炸产生的冲击。

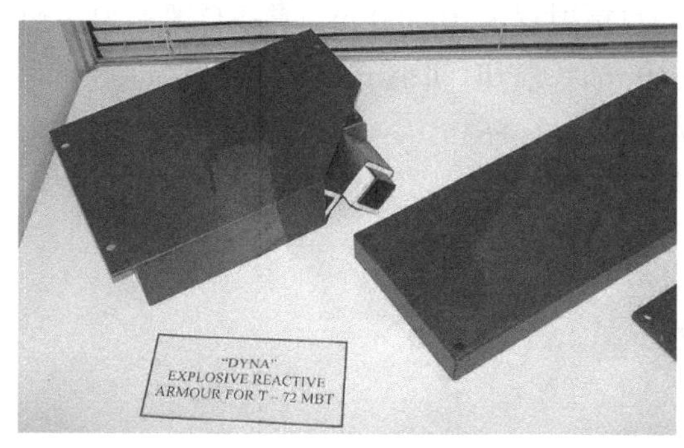

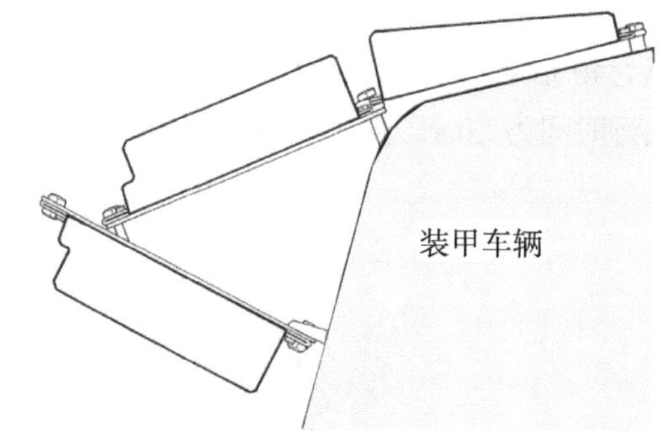

图2–58　爆炸反应装甲及其在装甲车辆上的安装位置示意图

爆炸反应装甲模块中的惰性炸药对较小的冲击不会做出反应，如子弹、破片、小口径炮弹等，但当被反坦克破甲弹、反坦克动能弹等这些可以击穿主装甲的武器命中时，它们的冲击效应会激发惰性炸药爆炸，爆轰产物的干扰和金属面板的横向剪切作用会有效地降低反装甲武器的破坏效果，达到保全装甲目标的目的。图2–59展示了爆炸反应装甲对金属射流的削弱作用。

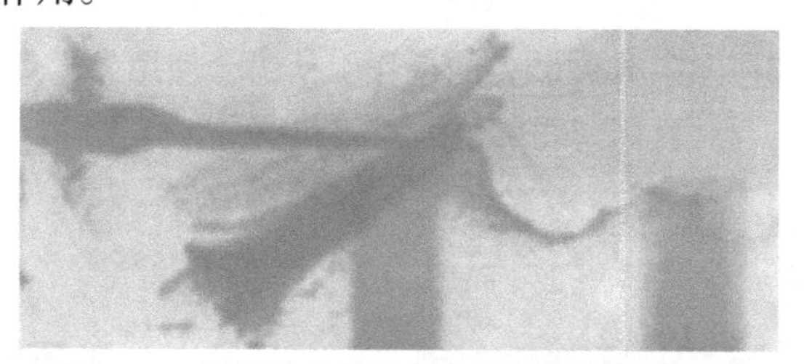

图2–59　爆炸反应装甲对金属射流的削弱作用

1982年，以色列在入侵黎巴嫩的战争中首次使用爆炸反应装甲，这种装甲具有结构简单、易于改装、经济性好、抗破甲弹能力显著等特点，显示出广阔的应用前景。从此，爆炸反应装甲成为世界各国广泛应用的一种新型装甲。此后，英国和苏联等国相继把反应装甲应用于坦克装甲车辆。表2–8列出了常见坦克对成型装药战斗部的等效装甲防护能力，防护能力用RHA等效装甲防护厚度来表征。

表2–8　坦克对成型装药战斗部的等效装甲防护能力

坦克型号	额外防护装甲	等效装甲防护厚度/mm
T–72M	无	450~490
T–72M1	无	490

续表

坦克型号	额外防护装甲	等效装甲防护厚度/mm
T–72A	Kontakt–1爆炸反应装甲	490~560
T–72B	Kontakt–1爆炸反应装甲	900~950
T–72B	Kontakt–5爆炸反应装甲	940~1180
T–90	Kontakt–5爆炸反应装甲	1 150~1 350
M1A2	无	1 300
T–90AM / T–90MS	Relikt爆炸反应装甲	＞1 350

当然，爆炸反应装甲也有很多缺点，比如一次性使用、爆炸容易伤及己方步兵等。另外，爆炸反应装甲不适合应用在主装甲太薄的车辆上，因为反应装甲的爆炸会对自身装甲产生一定的损害。因此，爆炸反应装甲主要用于坦克和重型步兵战车。在T72主战坦克的前侧和炮塔上有很多爆炸反应装甲模块，如图2–60所示，同样在M2A2 Bradley步兵战车的前侧也安装了爆炸反应装甲模块，如图2–61所示。

图2–60　安装爆炸反应装甲的T72主战坦克

图2–61　安装爆炸反应装甲的M2A2 Bradley步兵战车

随着爆炸反应装甲的广泛应用，单一的破甲战斗部很难达到预期的毁伤效果，因此出现了串联破甲战斗部，以应对这一不利局面。图2–62为TOW 2A反坦克导弹战斗部示意图，这是一个典型的串联破甲战斗部。串联破甲战斗部就是在主破甲战斗部的前部再安装一个口径较小的成型装药，弹药命中目标后，前置成型装药战斗部首先爆炸，形成高能的金属射流，图2–63为TOW 2A反坦克导弹前置战斗部爆炸的X射线照片，金属射流可提前引爆爆炸反应装甲，然后主战斗部再爆炸形成射流侵彻装甲，从而避免爆炸反应装甲对射流侵彻的干扰和破坏。

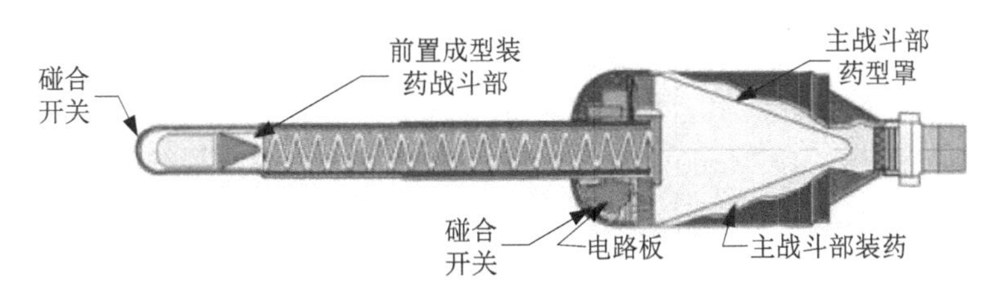

图2–62　TOW 2A反坦克导弹战斗部示意图

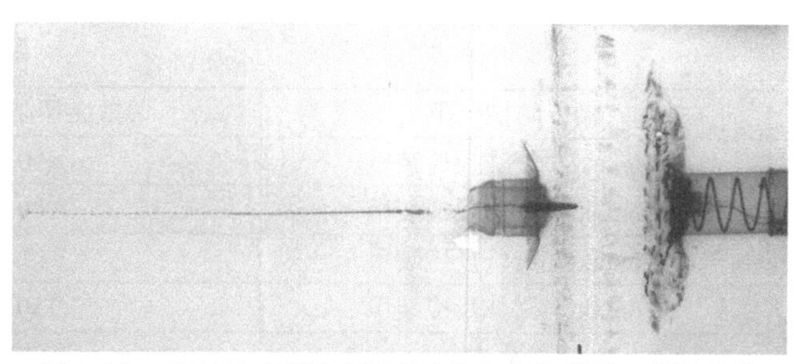

图2-63　TOW 2A反坦克导弹前置战斗部爆炸X射线照片

2.格栅装甲

格栅装甲其英文名称为Slat Armor、或Bar Armor、Cage Armor、Standoff Armor等，是一种专门用于军用车辆的防护装甲，可降低成型装药战斗部的毁伤能力，特别适合防护RPG–7类型火箭弹的攻击。它通常采用刚性的格栅状金属网格，安装在车辆关键部分的周围，可以阻止成型装药在有利炸高处爆炸，或使破甲弹战斗部壳体破碎，甚至能够破坏引信工作机制形成哑弹。另外，由于轻型装甲车辆主装甲较薄，不适宜安装爆炸反应装甲，为了防护单兵火箭破甲弹的打击，迫切需要安装这种形式的装甲，因此格栅装甲在轻型装甲车辆上应用广泛。例如，图2–64为加装格栅装甲的M113型轻型装甲车辆，图2-65为加装格栅装甲的Stryker轻型步兵战车。

图2–64　加装格栅装甲的M113型轻型装甲车辆

图2–65　加装格栅装甲的Stryker轻型步兵战车

虽然格栅装甲简单有效，但它并不能提供完全的保护。实战表明，多达50%的火箭弹攻击不受格栅装甲的影响。

2.4　穿甲战斗部

2.4.1　战斗部基本特征

随着军事技术的迅速发展，坦克、重型步兵战车、武装直升机、固定翼攻击战斗机的防护水平越来越高，12.7 mm（含）以下的枪弹很难对其造成致命伤害。因此，研制发展高性能的穿甲类型弹药成为迫切需求。

穿甲侵彻战斗部对目标的毁伤原理是：硬质合金弹头以足够大的动能侵彻目标，然后靠冲击波、碎片和燃烧等作用毁伤目标。穿甲弹主要依靠动能来侵彻装甲目标，因此需要很高的炮口初速，一般用身管火炮进行发射，特点是受爆炸反应装甲影响较小、穿甲能力强、相比成型装药后效作用较大。穿甲战斗部的结构种类繁多，但随着战场需求变化和科技的进步，目前主要采用尾翼稳定脱壳穿甲战斗部（Armour-Piercing Fin-Stabilised Discarding-Sabot，APFSDS）。这种战斗部主要包括风帽、侵彻体、弹托、弹带、尾翼等，在战斗部出炮口后，受风阻的影响，分瓣式弹托分离，侵彻体依靠尾翼的稳定作用径直飞向目标，实现高速穿甲毁伤作用，APFSDS战斗部结构部件及脱壳过程如图2–66所示。

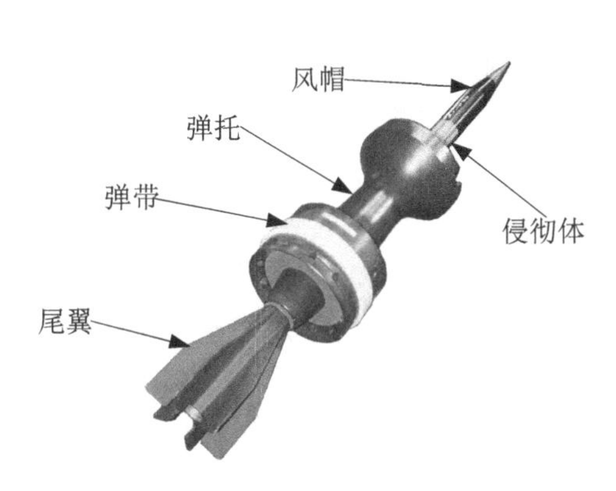

图2–66　APFSDS战斗部结构部件及脱壳过程

侵彻体是APFSDS战斗部的主体部件，通常采用密度可达18 g/cm^{3}的钨合金制作，甚至使用具有高强度、高韧性、高密度的贫铀合金做为弹体。APFSDS战斗部对坦克装甲的侵彻如图2–67所示，实现了对装甲的贯穿，其中在装甲侵彻的正面还留下了尾翼冲击的痕迹。

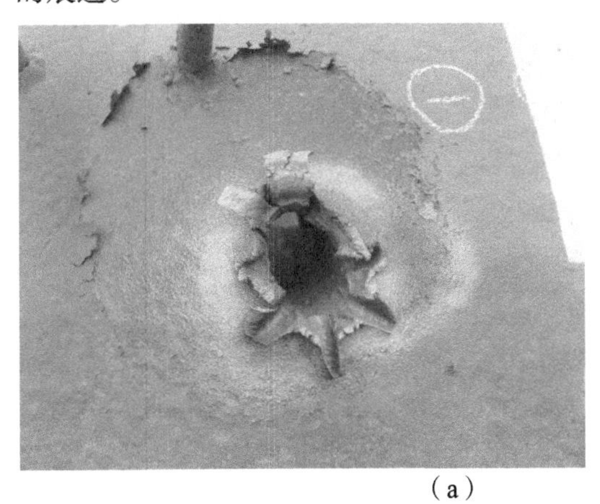

（a）

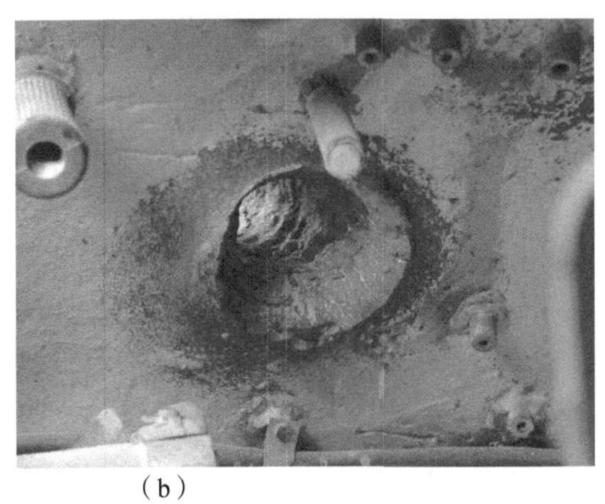

（b）

图2–67　APFSDS战斗部对坦克装甲的侵彻

（a）正面；（b）背面

按照穿甲弹的结构形式不同，配用APFSDS战斗部的穿甲弹可分为定装式穿甲弹和分装式穿甲弹。图2–68为美军为M1坦克研制的M829A3 120 mm穿甲弹，它的战斗部和装药部分结合在一起，属于定装式穿甲弹。图2–69为中国北方工业公司（NORINCO）研制的125 mm分装式穿甲弹，这种弹药分为主装药和带装药的战斗部两个部分。

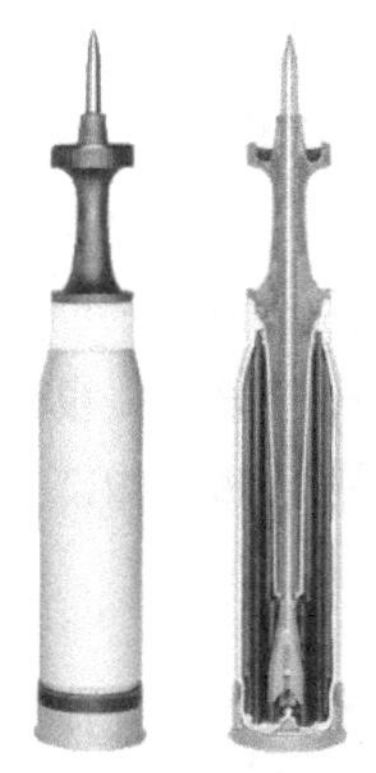

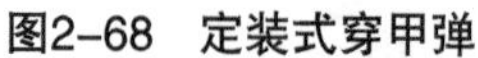

图2-68　定装式穿甲弹

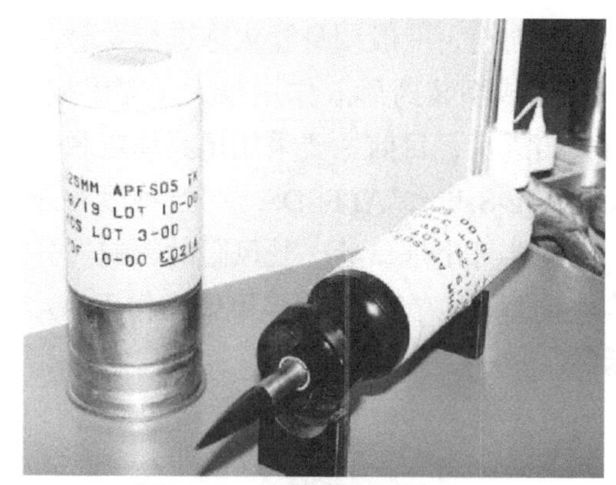

图2-69　分装式穿甲弹

2.4.2　战斗部毁伤能力

APFSDS穿甲弹的侵彻能力与侵彻体材料、着靶速度、截面动能等很多因素有关，从其发展方向看，APFSDS穿甲弹侵彻体的长径比越来越大，弹丸初速越来越大。以美军M829系列穿甲弹为例，它包括M829/A1/A2/A3多种型号。因在沙漠风暴行动中的出色表现，M829A1被称为Silver Bullet（银弹），能够有效毁伤T–55和T–72型坦克。M829A1射弹长度为460 mm，内径为24 mm，长径比为19，质量为3.94 kg，初速为1 670 m/s。与略早几年的M829相比，M829A1的侵彻能力大幅提高。

M829A2于1994年服役，由General Dynamics Ordnance and Tactical Systems公司制造，主要是为了应对Kontakt–5型爆炸反应装甲。该弹种是在M829A1的基础上，通过提高初速来提高侵彻性能，提高初速的方法集中在降低射弹质量和提高装药量上。增加装药量是通过改变装填方式和药粒形状实现，从粒状药变为柱状药，同时由乱序装填改为顺序装填，使装药由7.9 kg增至8.6 kg，炮口速度达到1 675 m/s。M829A2的弹芯相对A1型，在头部增加了一段阶梯状的结构，同时取消了螺纹不连续的部分。这个阶梯状头部的作用类似先导穿甲块，主要改善撞击目标时的受力。

为了提高对爆炸反应装甲的抗毁伤能力，M829A3虽然降低了初速，加粗了弹径，但通过改进贫铀材料配方，保证了在较低速度的侵彻能力不低于M829A2。M829A3使用800 mm超长贫铀合金弹芯，采用复合材料弹托的超大包裹方式，在一定程度上减轻了重量。M829A3基本上代表了目前穿甲弹的侵彻能力。

APFSDS穿甲弹的毁伤能力可通过侵彻RHA装甲的厚度表示，表2–9列出了部分穿甲弹的关键性能参数。

表2-9　部分APFSDS穿甲弹的关键性能参数

弹种类型	口径/mm	战斗部	弹丸长/mm	弹丸质量/kg	初速/（$m\cdot s^{-1}$）	2 000 m距离贯穿RHA装甲能力/mm
M829	120	贫铀	615	7.03	1 670	540
M829A1	120	贫铀	780	9	1 575	570
M829A2	120	贫铀	780	9	1 675	730
M829A3	120	贫铀	800	—	1 555	765

续表

弹种类型	口径/mm	战斗部	弹丸长/mm	弹丸质量/kg	初速/（$m \cdot s^{-1}$）	2 000 m距离贯穿RHA装甲能力/mm
NORINCO 125–Ⅰ	125	钨合金	672	7.37	1 730	460
NORINCO 125–Ⅱ	125	钨合金	680	7.44	1 740	600
3–VBM–13	125	贫铀	486	7.05	1 700	560
3–VBM–17	125	钨合金	571	7.05	1 700	500

2.4.3　典型目标

穿甲战斗部的打击对象主要包括主战坦克、步兵战车、装甲运输车等，对钢筋混凝土工事也具有很强的毁伤能力。为了提高各种装甲车辆的防护能力，需要为其加装各种装甲防护系统。目前，装甲防护系统的重量通常占整车重量的20%~30%，因此在装甲车辆防护领域是减重的重点。在相同防护材料的前提下，选择高效的防护机理、性能优异的防护材料、合适的防护结构成为发展的必然。高效装甲防护材料要求在相同面密度情况下，具备更好的抗弹性能。

1.轧压均质装甲（RHA）

自第二次世界大战以来，RHA就开始广泛应用于各种军用车辆。RHA通常经过二次热处理，先淬火处理提高硬度，后回火处理增加韧性，最终得到刚柔并济的均质装甲。采用不同的处理工艺，会得到不同性能的装甲。目前，常采用表面淬火法，使韧性较好的装甲衬层可以抑制装甲的裂纹扩展，硬度较高的防护层可以使侵彻弹丸碎裂分解。由于轧压均质装甲性能稳定，因此常采用侵彻RHA的厚度来表征装甲的防护能力，表2–10列出了针对APFSDS侵彻的常见坦克装甲防护能力，用RHA装甲侵彻等效厚度来表征。

表2–10　坦克针对APFSDS侵彻的装甲防护能力

坦克型号	额外防护装甲	防护等效厚度/mm
T–72M	无	335~380
T–72M1	无	380~400
T–72A	Kontakt–1爆炸反应装甲	360~500
T–72B	Kontakt–1爆炸反应装甲	480~540
M1A2	无	600~800
T–72B	Kontakt–5爆炸反应装甲	690~800
T–90	Kontakt–5爆炸反应装甲	800~830
T–90AM / T–90MS	Relikt爆炸反应装甲	1 100~1 300

除钢制轧压均质装甲外，其他金属材质的装甲性能更加优良，如新型铝合金装甲、镁合金装甲、钛合金装甲、贫铀合金装甲等，但它们的成本会比较昂贵。

2.重型爆炸反应装甲

传统的爆炸反应装甲是为了防护金属射流类型的成型战斗部的毁伤，但随着技术的发展和战场的需要，以俄罗斯为代表发展了重型爆炸反应装甲，这种装甲对穿甲弹有很强的防护能力，典型的重型爆炸反应装甲如Kontakt–5重型爆炸反应装甲。

Kontakt–5是在Kontakt EDZ装甲的基础上发展而来的，属于第二代重型反应装甲，这种装甲不仅可以防御破甲弹的毁伤，对脱壳穿甲弹也有防护能力。在1985年，Kontakt–5装甲首先应用在T–80Us坦克上。据称，针对APFSDS弹药Kontakt–5可提供大约相当于250~300 mm RHA装甲的额外保护，M256火炮发射的M829A1尾翼稳定脱壳穿甲弹（即“银弹”），难以贯穿安装Kontakt–5装甲的俄军主战坦克。另外，由于Kontakt–5装甲的前面板为15 mm厚的钢板，所以迫使配用串联破甲战斗部的弹药必须增大前置战斗部的装药量，以确保能够可靠引爆Kontakt–5装甲。针对破甲弹，Kontakt–5装甲的防护能力相当于600 mm的RHA装甲。图2–70展示了安装在坦克炮塔上的Kontakt–5装甲及其对APFSDS防护的X射线照片。

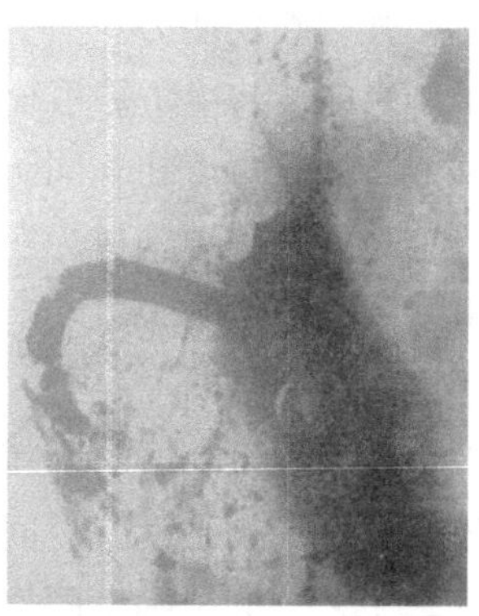

图2–70　坦克炮塔上安装的Kontakt–5装甲（左）及对APFSDS防护的X射线照片（右）

3.高强纤维复合材料

高强纤维复合材料具有强度高、质量轻、加工工艺性好、防弹性能优秀等特点，常见的高强纤维复合材料包括碳纤维、超高分子量聚乙烯纤维、芳纶纤维、玻璃纤维等。这些高强纤维材料各具特点，比如：芳纶纤维韧性和模量高，但横向强度较低，抗剪切性能差；超高分子量聚乙烯纤维应力传播速度快，但高温强度低；碳纤维虽具有高强度和高模量，耐高温、抗老化性能也很优异，但断裂时的伸长率较低。因此，针对不同战场环境的防护需要，一般可选用综合性能更好的高强纤维复合材料。

防弹高性能纤维以轻质、高性能为方向，在航空防护应用领域的典型代表有芳纶、聚乙烯纤维（PE）等。图2–71为射弹对芳纶纤维靶板的侵彻结果。

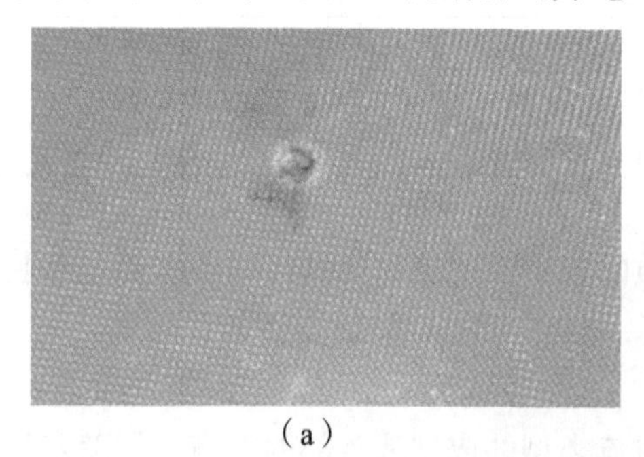
（a）

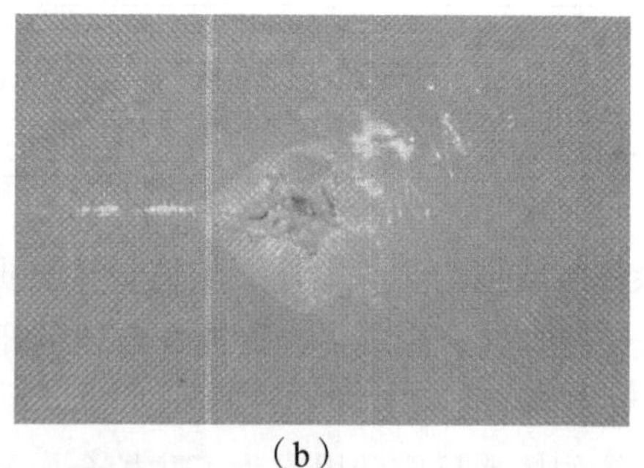
（b）

图2–71　射弹对芳纶纤维靶板的侵彻

（a）正面；（b）背面

4.陶瓷装甲

陶瓷材料具有高硬度、低密度的特点，在防弹领域发挥重要作用。用于制造装甲的陶瓷材料密度较小，如碳化硼陶瓷的密度为2.5 g/cm^2。陶瓷材料脆性大，在冲击作用下容易发生断裂，因此一般不单独做防弹材料使用。在航空装甲和单兵防护领域，陶瓷通常与高强度纤维组合使用，防弹陶瓷将侵彻体头部镦粗，并将冲击扩展到较大面积，高强度纤维板承受后续的冲击作用。

常用防弹陶瓷材料有Al_2O_3、SiC、B_4C等，现在防弹陶瓷发展方向是低成本、高性能，在航空上使用以B_4C为代表。例如，军用运输机在野战机场起降和敌战区空投时，极易遭敌方的各种口径火力的攻击，因此提高战场环境的生存性、抗战毁能力是军用运输机的一个重要指标。美军C17运输机便是按实战环境高生存性来进行设计的，其全机任何部位都可以承受12.7 mm穿甲弹以610 m/s的打击，光在座舱和关键部位，碳化硼陶瓷装甲用量便超过0.5 t，C–17运输机及驾驶舱内的地板防护，如图2–72所示。

图2–72　美军C–17环球霸王运输机及驾驶舱内的地板防护

以美军的AH–64武装直升机为例，该直升机为应对高烈度战场而设计研制，具备全天候作战、超强战斗、救生和生存能力。该型武装直升机1984年装备美军，是美国陆军“五大件”（Big Five）之一，在2014财年AH–64E单价为3 550万美元。为了提高其生存能力，该直升机的座椅、座舱等周围广泛采用B_4C/芳纶轻质复合装甲，如图2–73所示，对12.7 mm AP–M2穿甲弹的极限穿透速度V50为588 m/s。

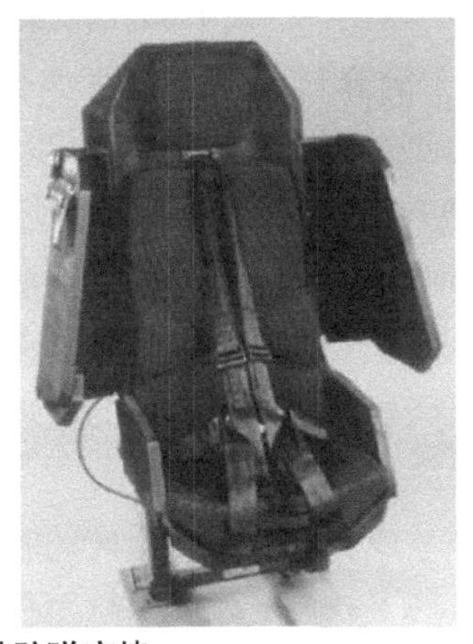

图2–73　AH–64武装直升机及其防弹座椅

相比于航空装备，地面车辆装甲防护领域对装甲面密度的要求较低，因此通常采用钢板/陶瓷/钢板的形式。这种结构具有很好的防弹作用，又因不同材料层间隔的存在，对爆炸产生的应力波衰减明显，能够有效防护碎甲弹的毁伤。图2–74为技术人员在装甲战车上安装防弹陶瓷片，图2–75为SiC陶瓷防护装甲。

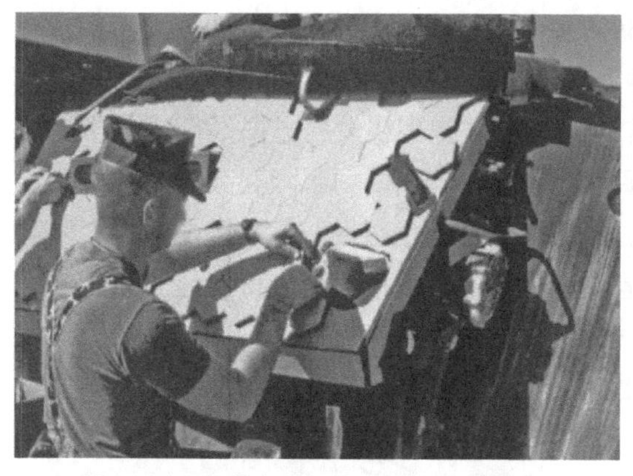

图2–74　安装在装甲战车上的防弹陶瓷片

图2–75　SiC陶瓷防护装甲

5.透明装甲

透明装甲在装甲防护领域具有特殊的地位和作用，广泛应用于坦克、装甲车辆的观察窗口，如图2–76所示，以及各式飞机的风挡上，如图2–77所示。透明装甲按照材料性质可分为防弹玻璃和透明陶瓷两种类型。

图2–76　装甲车辆的观察窗口

图2–77　飞机的风挡

（1）防弹玻璃是由玻璃（或有机玻璃）和聚碳酸酯纤维材料经特殊加工得到的一种复合型材料，它的结构如图2-78所示。自第二次世界大战以来，这种设计就一直被用于战斗车辆。防弹玻璃通常将聚碳酸酯纤维层夹在普通玻璃层中间，聚碳酸酯（Polycarbonate，PC）是分子链中含有碳酸酯基的高分子聚合物，根据酯基结构的不同，PC可分为很多类型，其中以芳香族聚碳酸酯应用最为广泛，是通用工程塑料的重要品种。聚碳酸酯是几乎无色的玻璃态的无定形聚合物，有良好的光学性能，且具有高冲击强度和高弹性系数。

当破片或弹丸侵彻防弹玻璃时，会击穿外表的一层玻璃，但坚固的聚碳酸酯纤维层会增加侵彻下一层玻璃的接触面积，阻止子弹继续的侵彻运用。图2–79为美国陆军实验室（ARL）对防弹玻璃进行侵彻的实验结果。

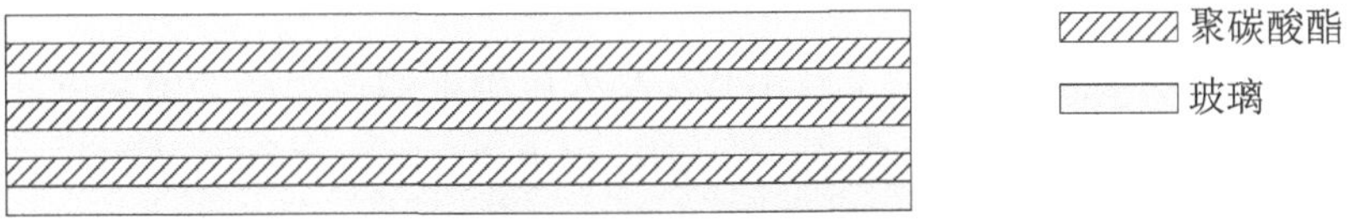

聚碳酸酯
玻璃

图2-78　防弹玻璃的典型结构

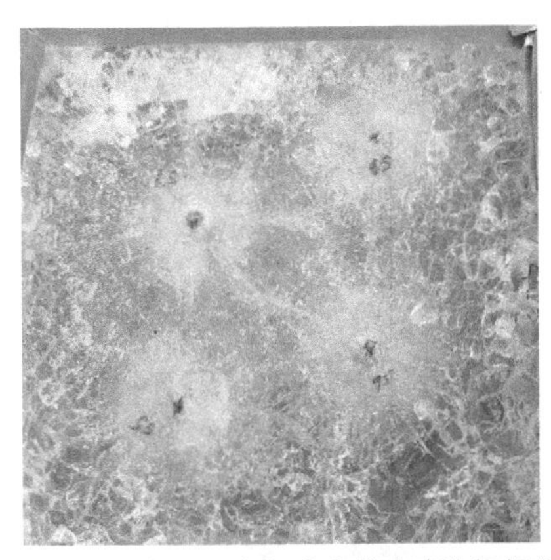

图2-79　美国陆军实验室对防弹玻璃进行侵彻实验

（2）透明陶瓷既属于透明装甲范畴，也属于性能特殊的陶瓷装甲。与传统的玻璃相比，某些透明陶瓷的密度和硬度均比传统的玻璃高，这些类型的陶瓷透明装甲比传统的防弹玻璃具有更优秀的抗侵彻能力。ARL研发的，以铝酸镁尖晶石（$MgAl_2O_4$）、氮氧化铝尖晶石(AlON)、蓝宝石（Al_2O_3）为基的透明装甲陶瓷是其中的代表之一。以AlON陶瓷为例，其具有密度低、热膨胀系数小、硬度高、耐高温、耐腐蚀、耐磨损和化学稳定性好等优异的力学、化学和光学性能，已在防弹、耐火材料等领域得到应用。这种透明陶瓷装甲在相同防护能力下，面密度低于玻璃/塑料系统，即防弹玻璃，面密度仅为65%左右，因此透明陶瓷表现出良好的防弹能力。例如SURMET公司研制的ALON透明陶瓷装甲，厚度为41 mm时面密度为83 kg/m^2，据称可防护12.7 mm穿甲弹以1 097 m/s速度的侵彻，如图2-80所示。同样这种装甲也由多层材料组成，层间被聚合物材料分隔。第一层通常是硬的面层材料，用于使冲击的弹头破碎或使其变形，然后逐层添加以提供附加的防护能力。层间材料能缓解由热膨胀错配造成的应力，并防止裂纹扩展，最后一层是聚合物，如聚碳酸酯。

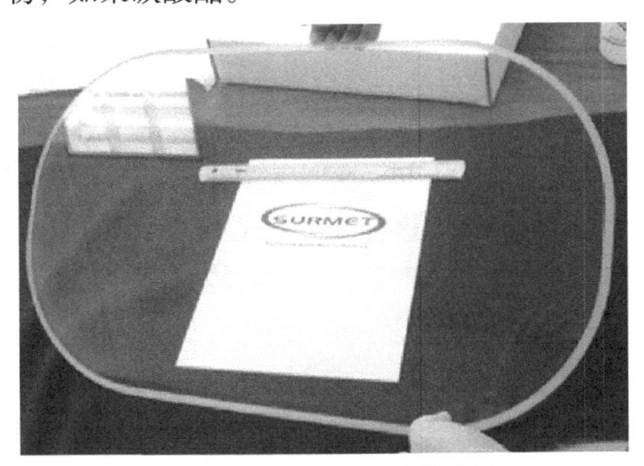

图2-80　ALON透明陶瓷装甲

6.复合装甲

复合装甲（Composite Armour）是由英国的乔巴姆发明出来的，因此也被称为“乔巴姆”装甲，它是由两层以上不同性能的防护材料组成的非均质坦克装甲；一般是由一种或者几种物理性能不同的材料，按照一定的层次比例复合而成，依靠各个层次之间物理性能的差异来干扰来袭弹丸（射流）的穿透，消耗其能量，并最终达到阻止弹丸（射流）穿透的目的。这种装甲分为金属与金属复合装甲、金属与非金属复合装甲以及间隔装甲三种，它们均具有较强的综合防护性能。典型复合装甲的结构剖面，如图2–81所示。

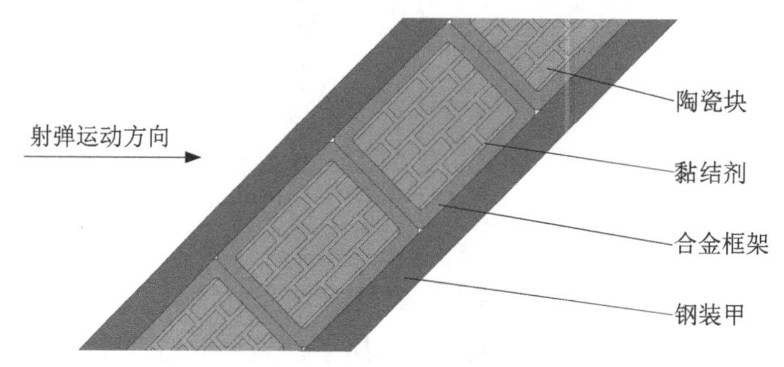

图2–81 典型复合装甲的结构剖面

复合装甲的防护机理为：当破甲弹击中装甲时，高能射流首先穿透外层钢板，而内置的陶瓷层可使射流发生偏转或分散，同时吸收冲击产生的应力波；由于陶瓷的刚性大，且不易变形，可大大降低金属射流的侵彻能力。据称，在等质量装甲条件下，复合装甲对破甲弹的抗弹能力较均质装甲提高2~3倍，但对动能弹的抗弹能力提升尚不到2倍。

2.5 攻坚战斗部

2.5.1 战斗部基本特征

现代战场上的硬目标越来越多，如地下指挥部、楼房、加固机库、机场跑道、地下核设施等，采用常规的战斗部对这类目标的毁伤作用有限，因此各类攻坚战斗部应运而生。按照攻坚战斗部的作用原理不同，攻坚弹药可分为穿爆型攻坚弹药和破爆型攻坚弹药。

穿爆型攻坚弹药的工作原理是：利用高强度弹体依靠动能侵入目标一定深度，然后发生爆炸，实现对目标内部的毁伤。这种攻坚方式要求弹药具备高强度弹体、抗高过载引信和侵彻姿态控制等功能。为了达到很强的侵彻能力，不仅要求弹体材料强度高，还需要有很大的截面能量密度，因此穿爆型攻坚弹药的战斗部的长径比都很大。典型穿爆型攻坚战斗部的基本结构如图2–82所示，其采用穿爆型攻坚战斗部的航空弹药，通常要求在高空实施投弹操作，投弹时刻载机的速度也尽可能地高，以使弹药获得较高的初始动能和势能，提高弹药的着靶速度，增强其侵彻能力。

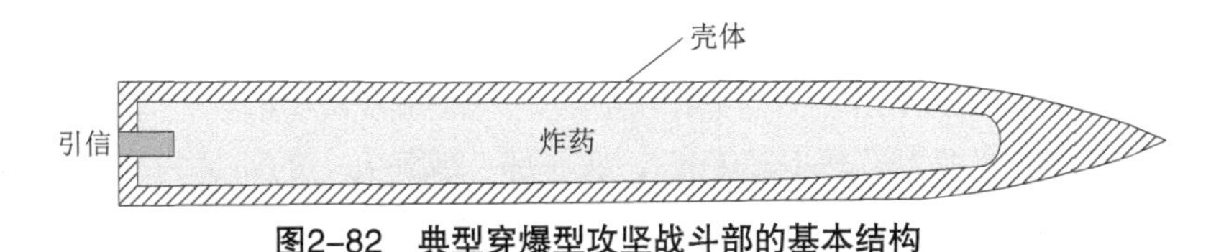

图2-82　典型穿爆型攻坚战斗部的基本结构

破爆型攻坚弹药的战斗部分为前置战斗部和随进战斗部两部分，其中前置战斗部采用成型装药结构，随进战斗部采用直径较小、壳体较厚的杀爆战斗部结构，其典型结构如图2–83所示。破爆型攻坚弹药的工作原理是：当弹药命中目标时，前置战斗部首先发生作用，爆炸产生的EFP侵彻体在目标上开孔，然后随进战斗部沿孔钻入目标内部实施起爆，最终实现对坚固目标内部的毁伤。采用这种类型战斗部的航空弹药，由于对弹药着靶速度没有要求，因此运用时的投弹高度和载机速度比较自由。

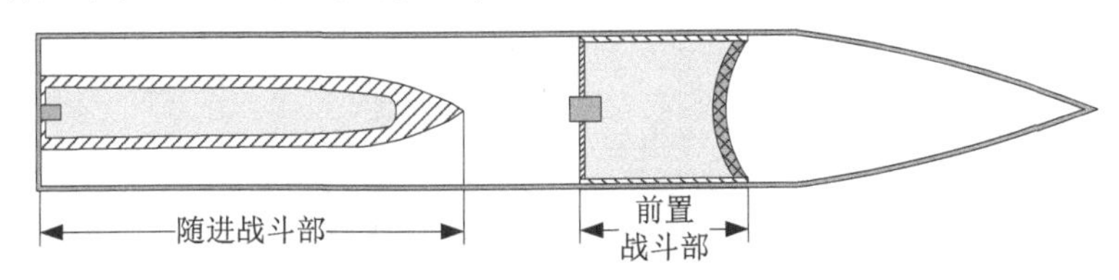

图2–83　典型破爆型攻坚战斗部的基本结构

除航空弹药外，陆军部队的也装有很多类型的攻坚类弹药，以满足其城市作战的需要，例如DZJ08式80 mm单兵多用途攻坚弹武器系统，该武器系统实质上是一种便携式单兵火箭弹，该型火箭弹由发射具和攻坚弹两部分组成，其中攻坚弹的战斗部包含前置战斗部和随进战斗部两部分。前置战斗部为EFP战斗部，随进战斗部为杀爆战斗部。该型火箭弹的基本结构及其对砖墙的毁伤效果，如图2–84所示。

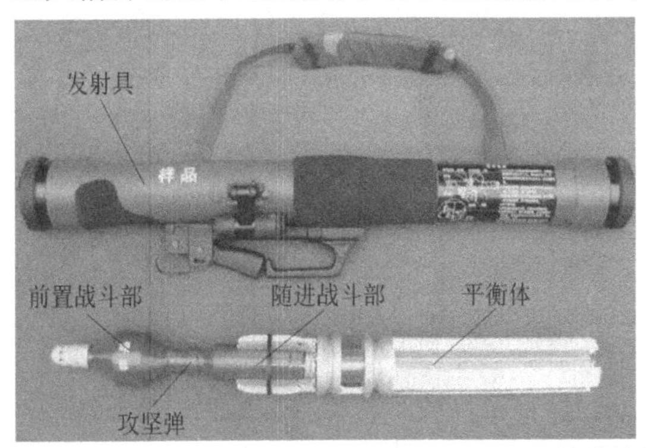

图2–84　DZJ08式单兵火箭弹的基本结构及其对砖墙的毁伤效果

在战斗部（或弹丸）侵彻岩石、混凝土等硬目标的深度近似计算中，美国桑迪亚国家实验中心（SNL）的Young公式应用比较广泛，其形式如下：

$$\left.\begin{aligned} &P=0.000\,8SN\left(\frac{M}{A}\right)^{0.7}\ln\left(1+2.15V_c^2 10^{-4}\right), \quad V_c\leqslant 61\ \text{m/s} \\ &P=0.000\,018SN\left(\frac{M}{A}\right)^{0.7}\left(V_c-30.5\right), \quad V_c>61\ \text{m/s} \end{aligned}\right\} \tag{2-3}$$

式中：P 为侵彻深度，m；M 为战斗部（或弹丸）质量，kg；A 为战斗部（或弹丸）横截面积，m^2；V_c为战斗部（或弹丸）质量着靶速度，m/s；S为可侵彻性指标；N为战斗部（或弹丸）头部形状系数。Young公式是基于大量实验得出的，其试验范围为：战斗部（或弹丸）的撞击速度为61.0~1 350 m/s，战斗部（或弹丸）的质量为3.17~2 267 kg，战斗部的（或弹丸）直径为2.54~76.2 cm，目标靶的抗压强度为14.0~63.0 MPa。

从历史上看，对地面硬目标的侵彻打击最早使用的是常规航空炸弹，例如20世纪50年代美军发展的Mk80系列常规炸弹，其共有4种型号，分别是Mk81、Mk82、Mk83、Mk84，图2–85为希腊空军A–7E飞机挂载的1 000磅级Mk83常规炸弹，图2–86为2 000磅级Mk84常规炸弹，这些炸弹均属于常规低阻航空炸弹。通常，美国空军使用的Mk80系列常规炸弹装填Tritonal炸药。为了提高舰艇的安全性，美国海军和海军陆战队的常规炸弹装填低感度的H–6炸药。

图2–85　1 000磅级Mk83常规炸弹

图2–86　2 000磅级Mk84常规炸弹

Mk80系列常规炸弹的结构和外观比较类似，只是在尺寸、质量和毁伤能力上不同，表2–11列出了它们的主要参数。从实战效果看，这种常规炸弹对硬目标的毁伤能力有限。为此，为了达到更强的侵彻效果，各军事强国都在通过改造或新研的方式开发新式攻坚战斗部。

表2–11　Mk80系列常规炸弹的主要参数

弹药型号	Mk81	Mk82	Mk83	Mk84
全长/m	1.88	2.30	3.03	3.83
直径/mm	229	273	357	457
质量/kg	119	227	459	925
装药量/kg	44	97	202	429
装药种类	Tritonal、Minol或Composition H6			

2.5.2　战斗部毁伤能力

1.BLU–109/B战斗部

BLU–109/B是900 kg（2 000 lb）级硬目标侵彻战斗部，如图2–87所示。BLU–109/B战斗部从1985年开始研制，当时Lockheed公司收到美国空军开发新的2 000磅级侵彻炸弹的合同，代号为“I–2000”。BLU–109/B系列战斗部自20世纪90年代初以来一直处于全速生产阶段，其中主要包括BLU–109/B和BLU–109A/B两种型号，两者长度均为

2.40 m，直径为36.8 cm，质量为883 kg。其中：BLU–109/B战斗部由美国空军使用，装填243 kg Tritonal炸药；BLU–109A/B战斗部是美国海军的版本，装填238 kg PBXN–109钝感炸药，并涂覆有热保护涂层，以提高舰船的安全性。

图2–87　BLU–109/B硬目标侵彻战斗部

BLU–109/B战斗部主体由强度为1 172.1 MPa的高强度锻钢制造，从战斗部壳体尾部到鼻锥，其厚度由28.6 mm逐步增加到95 mm。依靠大自重和高强度弹体，BLU–109/B战斗部可穿透1.8~2.4 m的钢筋混凝土，图2–88展示了BLU–109战斗部针对钢筋混凝土靶标的火箭撬加速侵彻试验场景。在实战中，BLU–109/B战斗部表现出色，图2–89所示为其侵彻加固机库的毁伤情况，加固机库的顶部厚度约为3 m的钢筋混凝土。

图2–88　BLU–109战斗部进行火箭撬侵彻试验

图2–89　BLU–109/B战斗部对加固机库的毁伤

在美军服役的BLU–109战斗部，可配备FMU–139电子多模炸弹引信、FMU–143/B弹尾延期引信、FMU–152弹尾联合可编程引信（JPF）、FMU–159硬目标灵巧引信（HTSF）。以FMU–152弹尾联合可编程引信为例，如图2–90所示，它能够根据目标特性设置起爆时间，在冲击起爆模式下有两种延期选项，短延期时间为5 ms，长延

图2–90　FMU–152弹尾联合可编程引信

期时间可达24 h，同时该引信还具备空炸模式。引信装定时，既可以人工装定，也可以在飞机座舱内通过引信功能控制设备即时装定，因此在使用时有很大的灵活性。

BLU–109/B战斗部通常不做为常规自由落体炸弹单独使用，而仅作为导弹或制导炸弹的战斗部，配用的弹种类型见表2–12。

表2–12 BLU–109/B战斗部配用的弹种类型

序号	弹种类型	具体弹种
1	GBU–10/B Paveway Ⅱ	GBU–10G/B, GBU–10H/B, GBU–10J/B, GBU–10K/B
2	GBU–15(V)B	GBU–15(V)31/B, GBU–15(V)32/B
3	GBU–24/B，GBU–24(V)/B Paveway Ⅲ	GBU–24A/B, GBU–24B/B, GBU–24E/B, GBU–24(V)2/B, GBU–24(V)4/B, GBU–24(V)8/B, GBU–24(V)10/B
4	GBU–27/B Paveway Ⅲ	GBU–27/B, GBU–27A/B
5	GBU–31(V)/B JDAM	GBU–31(V)3/B, GBU–31(V)4/B
6	AGM–130	AGM–130C

目前，BLU–109/B战斗部在美国空军和多个其他国家的部队服役。1988年，BLU–109/B战斗部开始在美国空军服役，首次使用是在1991年的沙漠风暴行动中，作为GBU–10 G/H/J Paveway Ⅱ、GBU–24A/B和GBU–27A Paveway Ⅲ激光制导炸弹的战斗部。在海湾战争中，美空军投射了2 637枚GBU–10型激光制导炸弹，其中部分使用了BLU–109/B战斗部，同时期美空军的F–111战斗机投射了1 181枚GBU–24激光制导炸弹，如图2–91所示，其中部分也使用BLU–109/B战斗部。在沙漠风暴行动中，使用BLU–109/B战斗部的GBU–27A首次投入实战，如图2–92所示，这种制导炸弹是在GBU–24的基础上改造而来的，主要为了适应F–117隐形轰炸机的内置弹仓。在此次战争中，美军的F–117轰炸机投射了739枚GBU–27A激光制导炸弹，全部配用BLU–109/B战斗部。截止到2003年，已经为美军生产了26 000枚以上的BLU–109/B，其中美空军约14 000枚，美海军约12 000枚。

图2–91 GBU–24 Paveway Ⅲ激光制导炸弹

图2–92 GBU–27 Paveway Ⅲ激光制导炸弹

2.BLU−118/B战斗部

在BLU−109/B战斗部之后，美国研发了它的衍生品，即BLU−118/B温压战斗部，它是在BLU−109/B的壳体中装填了635 kg PBXIH−135温压炸药，PBXIH−135温压炸药成分包括HMX炸药、聚氨酯橡胶和铝粉，其爆炸时不仅产生高温，还会消耗大量氧气。据称，该战斗部能够穿透3.4 m厚的钢筋混凝土。最初，BLU−118/B温压战斗部是用来攻击生化武器储藏掩体的，在2001年底对塔利班洞穴群的打击中，证明这种武器非常有效。BLU−109/B侵彻温压战斗部如图2−93所示。BLU−118/B型战斗部只是作为一种临时的过渡产品，在2006年美国空军开始发展BLU−121/B型侵彻战斗部，用于替代BLU−118/B型战斗部，这种新型战斗部的外形尺寸和质量与BLU−118/B相近。BLU−118/B可作为GBU−24 Paveway Ⅲ的战斗部。

图2−93　BLU−109/B侵彻温压战斗部

3.BLU−116/B战斗部

BLU−116/B战斗部是BLU−109/B战斗部的替代者，它是2 000磅级的先进整体钻地战斗部（Advanced Unitary Penetrator，AUP），设计指标性能是BLU−109/B侵彻能力的两倍，全长为2.4 m，如图2−94所示。BLU−116/B战斗部壳体采用2.26 in（约57 mm）厚的高韧性1410镍钴合金，弹体直径为10.7 in，比BLU−109/B战斗部的14.6 in要小得多。BLU−116/B战斗部的侵彻弹头进行了优化以提高侵彻能力，并采用轻量的铝质头罩，既提高了气动性，又能与BLU−109B战斗部使用的各类组件兼容。BLU−116/B战斗部较小的内部空间只能装填240 lb（109 kg）的PBXN炸药。

图2−94　BLU−116/B侵彻战斗部

BLU−116/B战斗部可配用在GBU−27/B激光制导弹药上。GBU−27/B系列的所有型号弹药均采用BLU−109/B或BLU−116/B型钻地战斗部。当安装了GPS/INS增强WGU−39A/B制导控制单元时，GBU−27/B激光制导炸弹会被非正式地称为EGBU−27。据称，BLU−116/B战斗部能穿透8~12 ft（1ft≈0.304 8 m）的钢筋混凝土或100 ft的土层。1998年，

BLU–116/B战斗部进行火箭撬实验测试的情形，如图2–95所示。

图2–95　BLU–116/B战斗部进行火箭撬实验测试

4.BLU－122/B战斗部

在海湾战争前，美国空军发现用BLU–109/B钻地战斗部难以穿透伊军加固的地堡，因此迫切需要研制新型高强侵彻战斗部。GBU–28是一种5 000磅（2 268 kg）级激光制导钻地炸弹，最初GBU–28激光制导炸弹选用BLU–113型炸弹做为战斗部，BLU–113战斗部的质量为4 700 lb（2 132 kg），包含630 lb（286 kg）高爆炸药。GBU–28 C/B型激光制导炸弹选用4 450 lb的BLU–122作为战斗部。BLU–122/B和BLU–113/B战斗部的结构对比，如图2–96所示。

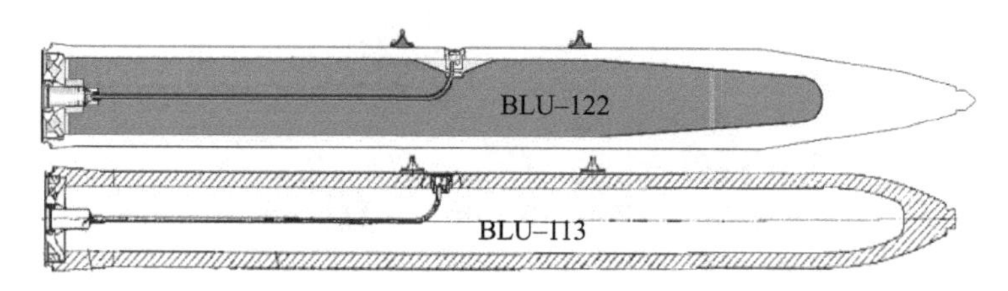

图2–96　BLU–122/B和BLU–113/B战斗部的结构对比

BLU–122/B侵彻战斗部弹径为38.8 cm，长为388.6 cm，壳体质量为3 500 lb，由整块的ES–1 Eglin合金钢加工而成，内装AFX–757炸药。ES–1 Eglin合金钢是一种高强度、低成本的低合金钢，专门为新一代的钻地炸弹开发。BLU–122/B在鼻锥、弹体装药、壳体结构等方面进行了改进，能够贯穿18 ft（约5.5 m）厚强度为5 000 psi（34.5 MPa）的钢筋混凝土。图2–97为BLU–122/B战斗部侵彻钢筋混凝土靶标的实验情况。

图2–97　BLU–122/B战斗部侵彻筋混凝土靶标实验

装备BLU–122/B战斗部的GBU–28激光制导炸弹在近年的多次战争中均投入实战运用。GBU–28激光制导炸弹由Texas Instruments公司设计，由Raytheon公司制造，从1991年服役至今，目前装备的国家包括美国、以色列和韩国，可以由B–2、F–15E、F–111、F–117等飞机投射，射程超过9 km。图2–98为美军空军第48联队492中队的F–15E战斗机投射GBU–28激光制导炸弹的情况。

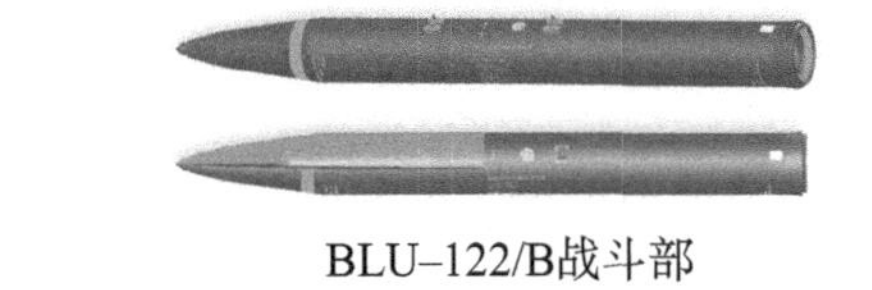

BLU–122/B战斗部

GBU–28激光制导炸弹

图2–98　美军空军战斗机投射GBU–28及BLU–122/B战斗部

GBU–28激光制导炸弹投射时，首先由操作者使用激光目标指示器照射目标，然后炸弹根据目标发射的激光信号，在制导执行机构的作用下命中目标，在GBU–28接触地面后，引信经过短的时间延迟后起爆战斗部，实现对地下目标的毁伤。1991年2月24日，GBU–28激光制导钻地炸弹由F–111战斗机首次进行投射测试，图2–99为命中目标及目标毁伤效果。增强型的GBU–28在激光制导的基础上添加了GPS/INS制导方式。在沙漠风暴行动中，使用F–111战斗机投射了两枚GBU–28制导炸弹，在伊拉克自由行动中投射了1枚GBU–28制导炸弹。

图2–99　GBU–28激光制导钻地炸弹命中目标及毁伤效果

5.BetAB系列侵彻炸弹

BetAB炸弹是由JSC SPA Bazalt（Joint Stock Company Scientific Production Association Bazalt）公司为俄空军研制生产的侵彻型系列炸弹，BetAB是“Betonoboynaya Aviatsionnaya Bomba”的简写，意思是混凝土侵彻航空炸弹，主要用于打击飞机跑道、混凝土工事、铁路桥、水坝以及其他加固的基础设施等。首先，研制成功BetAB–150DS和BetAB–250两种型号，随后，在20世纪90年代初，研制了BetAB–500和BetAB–500ShP。目前，生产并装备部队的主要是后两种500 kg级别的型号。BetAB系列炸弹型号的数字部分表示炸弹的量级，ShP表示炸弹具有火箭助推系统。BetAB系列侵彻炸弹关键参数，见表2–13。

表2-13 BetAB系列侵彻炸弹关键参数

弹种类型	BetAB–150	BetAB–250	BetAB–500	BetAB–500ShP
长度/m	2.10	—	2.20	2.50
弹径/mm	203	—	350	325
质量/kg	165	250	477	380
装药量/kg	16	—	98	107
装药种类	TNT	TNT	—	—
助推方式	无	无	无	固体火箭助推增速

BetAB–500型混凝土侵彻炸弹具有常见的外观，是典型的低阻自由落地炸弹，如图2–100所示。据称，这种炸弹能够穿透具有3 m土层被覆的厚达1 m的钢筋混凝土。

图2–100 俄罗斯BetAB–500型混凝土侵彻炸弹及结构简图

绝大多数的侵彻弹是单纯依靠自由下落的动能侵彻目标，但有些弹药使用火箭助推技术提高弹速，以增强侵彻能力，俄罗斯的BETAB–500ShP就采用这种技术，如图2-101所示。具有火箭助推增速能力的BetAB–500ShP侵彻弹主要用于破坏机场跑道，使用后能够留下很大的弹坑。

图2–101 俄罗斯的BetAB–500ShP火箭助推混凝土侵彻弹

BetAB–500ShP的结构形式比较特殊，如图2–102所示，它由两部分组成，前部分与常规炸弹类似，后部分类似常规导弹的火箭发动机部分，并带有减速伞装置。在低空投掷时，尾部部分的减速伞可在火箭发动机点火增速之前，使弹体轴线垂直向下，保证垂直命中地面目标。在170~1 000 m的高度投掷时，均能够提供足够的动能侵彻混凝土目标，并形成足够大的弹坑。炸弹接触跑道后，会延迟起爆弹体，在目标内部爆炸会产生巨大的毁伤效果，这意味着可以采用较少的弹体装药。

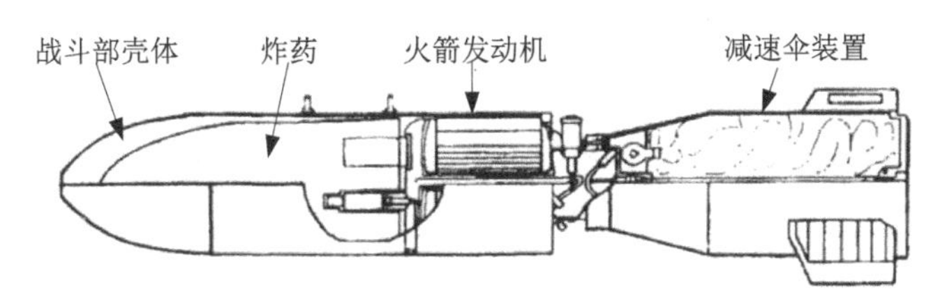

图2-102　BetAB-500ShP结构简图

据报道，单枚BetAB-500ShP的毁伤面积可达150 m^2。另外，BetAB-500ShP不单纯利用势能转化的动能，在低空投掷时也能产生足够的侵彻能力，这样可以提高炸弹的命中精度。BetAB-500ShP攻击地面目标时的场景如图2-103所示。

图2-103　BetAB-500ShP攻击地面目标时的场景

6.GBU-39/B SDB I小直径制导炸弹

为了提高战斗机携带制导弹药的数量，加快对地打击速度，以及降低摧毁目标的综合成本，美军开发了GBU-39/B SDB I制导炸弹，它具有低成本、高精确度和低附带毁伤的优点。GBU-39/B质量为113 kg，直径为0.19 m，长为1.8 m，采用先进的抗干扰全球定位系统辅助惯性制导（AJGPS/INS），圆概率误差为3 m，最大滑翔距离为74 km。该弹药作战载荷为多用途侵彻和高爆/破片战斗部，装填22.7 kg炸药。与908 kg的BLU-109战斗部相比，其长度和直径要小得多，但侵彻能力却相当，对钢筋混凝土的侵彻深度为1.83 m。这种制导炸弹可安装在大多数美军战机上。经过美军F-15E战斗机的测试，原本挂载1枚Mk84 2 000磅低阻炸弹的挂架，可以挂载4枚GBU-39 SDB I。在F-15E战斗机机腹位置的5个外挂点就可挂载20枚弹药，如图2-104所示，因此可极大提高单架次战机的打击效率，加速战争进程。

GBU-39/B SDB I小直径制导炸弹对模拟机库目标的毁伤情况，如图2-105所示。从图中可以发现，GBU-39/B SDB I可穿透钢筋混凝土机库顶部，并采用延迟起爆方式，实现在机库内部爆炸，从而实现对坚固目标的高效毁伤。

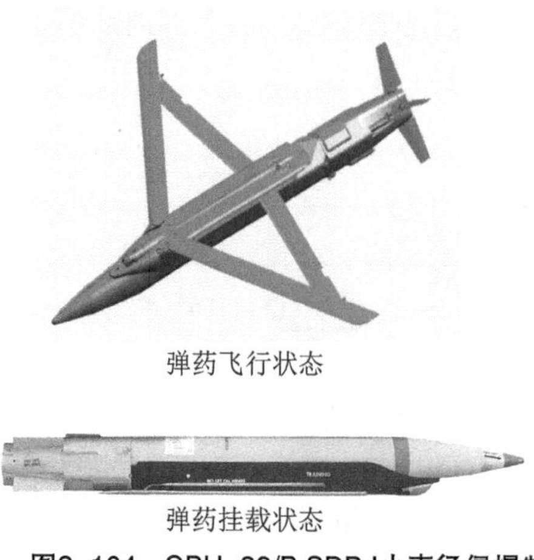

图2-104　GBU-39/B SDB I小直径侵爆制导炸弹各种状态及在F-15战斗机上的挂载

图2-105　GBU-39/B SDB I打击模拟的加固机库

7.AGM-154 JSOW（Joint Standoff Weapon）C制导炸弹

AGM-154 JSOW联合防区外武器是美国雷神公司研制的一种低成本、高杀伤性防区外攻击武器，具有多种型号。JSOW采用模块化设计，长度为4.1 m，其有效载荷舱内可以设置多种战斗部类型，见表2-14。根据弹体结构和任务载荷的不同，弹种的质量在483~681 kg之间变化。JSOW采用可以折叠的高展弦比弹翼，依靠滑翔射程可达130 km。1999年，AGM-154首次在战争中被运用，美国海军的F-18舰载机投射了3枚AGM-154A，对伊拉克的SA-3防空导弹阵地进行了攻击。

表2-14　AGM-154 JSOW弹种类型及相应的任务载荷

弹种类型	AGM-154A	AGM-154B	AGM-154C
任务载荷	154枚BLU-97B综合效应子弹药	6枚BLU-108传感器子弹药	BROACH战斗部

AGM-154C采用BROACH（Bomb Royal Ordnance Augmneted CHarge）两级串联战斗部，其结构如图2-106所示。BROACH战斗部由英国航宇公司研制，包括多种型号：直径450 mm的型号主要装备法国“战利品”导弹和英国“暴风阴影”导弹；直径300 mm的型号装备AGM-154C JSOW；直径127 mm的型号装备155 mm炮弹。AGM-154C前级为成型装药战斗部，质量为100 kg，其中装药量为91 kg，用于在装甲、钢筋混

凝土、土层等目标上开辟通道，后级为常规的随进战斗部，质量为146 kg，其中装药量为55 kg，能够实现爆轰和破片杀伤效果。串联式侵彻战斗部相对于同等质量的定装药战斗部的主要优势是使能量提高1~2倍，其中70%来自聚能战斗部，且占用空间较小。

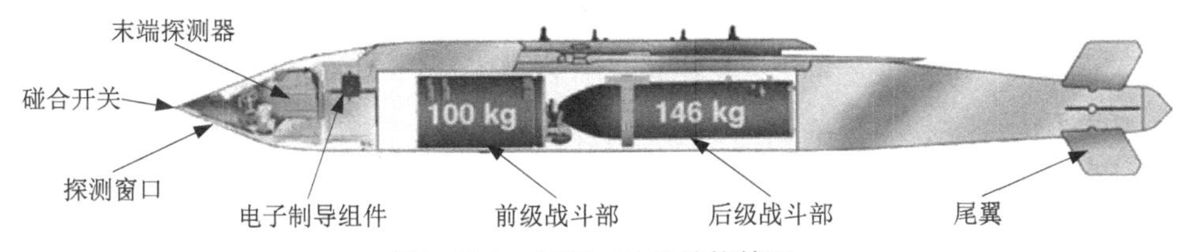

图2-106　AGM-154C结构简图

AGM-154C配用的BROACH战斗部的空爆实验场景如图2-107所示。据称，BROACH战斗部能够贯穿1.5 m的钢筋混凝土。AGM-154C的投射、飞行、命中及对目标的毁伤情况，如图2-108所示。

图2-107　AGM-154C配用的BROACH战斗部进行空爆实验

图2-108　AGM-154C制导弹药的投射、飞行、命中及对目标的毁伤

8.英国Storm shadow导弹

Storm shadow导弹是英国宇航公司于1995年研发的一种先进的防区外空地导弹，称之为“暴风阴影”，如图2-109所示。该导弹1998年进行飞行发射试验，1998—1999年在“美洲豹”直升机上进行末段制导红外成像导引头的载飞试验，还进行战斗部的静态和动态试验。2000年，该导弹进行制导飞行试验，2002年，该导弹开始交付英国皇家空军。Storm shadow导弹全长为5 100 mm，宽为630 mm，高为480 mm，质量为1 350 kg，翼展为3 000 mm，采用TRI 60-30涡喷发动机，最大射程可达250 km。该导弹

图2-109　英国Storm shadow（暴风阴影）导弹

中段制导为INS/GPS+高度修正，末段为红外成像制导，具有发射后不管、自动目标识别和低空地形跟随能力。

根据相关评估，在弹药打击目标列表中，地面目标中多达90%是加固目标或具有中、高度防护的地下目标。因此，各国军队特别重视完善现有的侵彻型战斗部，以及研制新型侵彻型战斗部。英国Storm shadow导弹就是在这种背景下研发的，其基本结构如图2–110所示。该导弹采用模块化舱段结构，分为前、中、后3个舱段，分别是导引头舱、战斗部舱和发动机舱。它的战斗部采用BROACH两级战斗部，前级为大口径EFP战斗部，用于在目标上开孔，后级为侵爆战斗部，这种战斗部的综合攻坚能力非常强大。

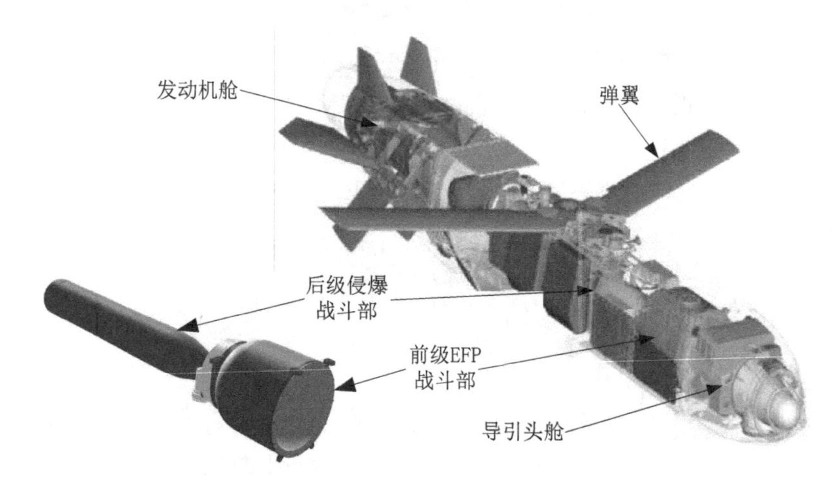

图2–110　英国Storm shadow导弹基本结构

9.德国Taurus KEPD 350导弹

Taurus KEPD 350（金牛座）导弹是德国导弹系统公司与瑞典萨伯博福斯公司共同研制的远程巡航导弹，该导弹采用INS/GPS/IIR三模制导，具有非常高的命中精度。Taurus KEPD 350导弹及其投射过程如图2–111所示。

图2–111　Taurus KEPD 350导弹及其投射过程

金牛座导弹的基本结构如图2–112所示，该弹长度为5 m，宽为630 mm，高为320 mm，翼展为2.04 m，质量为1 400 kg，其采用涡扇发动机，巡航速度为*Ma*=0.6~0.95，射程可达500 km。

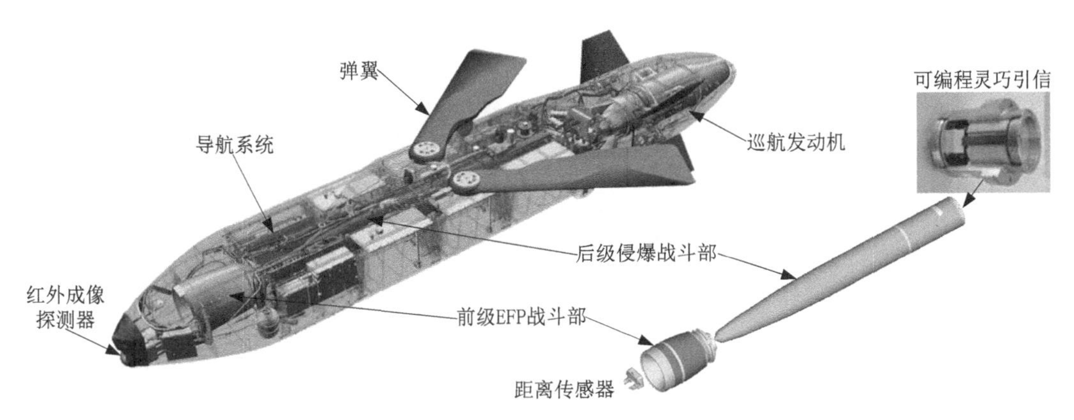

图2-112 金牛座导弹的基本结构

金牛座导弹装配有MEPHISTO（Multi-Effect Penetrator, Highly Sophisticated and Target Optimised）战斗部，即多效应高尖端目标优化贯穿战斗部。这种战斗部分为两级，包括前置的EFP战斗部和后置的侵爆战斗部，如图2-113所示。其中：EFP战斗部长为21 in，直径为14 in，质量为210 lb；侵爆战斗部长为7.5 in，质量为880 lb。金牛座导弹的前置战斗部爆炸后会形成高速的聚能杆式侵彻体，可在目标上高速穿孔，然后侵爆战斗部再依靠自身动能继续侵彻目标。这种战斗部与单纯依靠动能侵彻的战斗部相比，侵彻能力更强，而且发生跳弹的可能性更小。据称，该弹能击穿3.4~6.1 m厚的钢筋混凝土，性能远超采用侵彻型战斗部的战斧巡航导弹。

图2-113 金牛座导弹的串联侵爆战斗部及内部装配结构

金牛座导弹具备多种目标打击方式，包括垂直攻顶、倾斜侵彻、空中爆炸、水平攻击（用于打击山洞口部）等。图2-114展示了金牛座导弹对模拟工事的垂直攻顶式打击实验，以及在工事顶部的穿孔效果；图2-115展示了金牛座导弹对模拟桥梁的倾斜侵彻打击实验，以及对桥梁的破坏效果。

10.AGM-158 JASSM（Joint Air-to-Surface Standoff Missile）导弹

Lockheed Martin公司研制的AGM-158 JASSM导弹是一种防区外发射低可探测性空对面导弹，如图2-116所示。该型导弹是目前最先进的巡航导弹之一，具有精确打击和隐身突防能力，可攻击固定和移动目标。这种导弹的远程、隐身、精确等特性，决定了美军在未来战争中会优先使用，以摧毁敌方的指挥控制系统和防空系统。

图2-114　金牛座导弹垂直攻顶打击模拟工事及毁伤效果

图2-115　金牛座导弹倾斜侵彻打击模拟桥梁及毁伤效果

图2-116　AGM-158 JASSM空对面导弹

AGM–158 JASSM导弹目前发展了两种型号，分别是AGM–158A导弹和AGM–158B导弹，两者均采用侵爆战斗部，AGM–158B导弹主要在AGM–158A导弹的基础上提高了射程和战斗部威力，表2–15列出了各型号AGM–158 JASSM导弹的关键参数。

表2-15　各型号AGM-158 JASSM导弹的关键参数

弹种类型	全长/m	宽度/mm	高度/mm	翼展/m	总质量/kg	射程/km	战斗部质量/kg
AGM–158A	4.267	550	450	2.7	1021	370	432
AGM–158B	4.267	635	450	2.7	~	926	907

其中，AGM-158A JASSM导弹弹体采用复合材料，配用Wyman–Gordon提供的WDU–42/B（J–1000）型侵爆战斗部。这种战斗部长度为1.82 m，直径为295 mm，质量为432 kg，装填103 kg AFX 757型高爆炸药。AGM–158 JASSM导弹垂直命中毁伤钢筋混凝土目标的实验场景如图2–117所示。

图2-117　AGM-158 JASSM导弹垂直命中毁伤钢筋混凝土目标实验场景

11.GBU-57A/B巨型钻地弹药

GBU-57A/B Massive Ordnance Penetrator（MOP）是美国空军精确制导的巨型钻地弹药，号称“掩体克星”。GBU-57A/B的质量为13 600 kg（30 000 lb），长度为6.2 m，直径为0.80 m。战斗部装2 404 kg高爆炸药。GBU-57A/B可以由B-2隐形轰炸机携带，能够贯穿60 m强度为5 000 psi的钢筋混凝土，或8 m强度为10 000 psi的钢筋混凝土，或40 m中等强度的岩石，这比2 300 kg的GBU-28和GBU-37的侵彻能力要大得多。2007年，GBU-57A/B战斗部在美国白沙导弹试验场进行实验准备及首次地下爆炸测试场景，如图2-118所示。

图2-118　美国进行GBU-57A/B战斗部实验测试场景

研制GBU-57A/B主要的是打击敌方深层地下战略目标，其中包括战略导弹基地地下设施、地下指挥中心、地下核设施等。例如，美军可能发起的对伊朗福尔多铀浓缩工厂的打击，福尔多铀浓缩工厂关键设施、设备位于深层地下，有数千台离心机，可以用来制造核弹。以色列曾发出警告称，摧毁伊朗核项目的机会正在迅速关闭，因此美军对侵彻能力更强的钻地炸弹的需求非常迫切。

GBU-57A/B巨型钻地弹药是目前已知侵彻能力最强的弹药，但这并不是钻地弹药发展的终点。2010年6月25日，美国空军Philip中将说，下一代钻地弹应该是Massive Ordnance Penetrator（MOP）的三分之一，从而使普通战机具备携带并进行投射的能力。美军全球打击指挥部（Global Strike Command）已经指出，下一代轰炸机的目标之一是能携带MOP类似毁伤效果的武器。这就要求轰炸机能够具有携带MOP的能力，或者研制更加轻便，但依靠火箭助推能够达到相应侵彻能力的弹药，如火箭助推增速的下一代高速钻地弹药。

2.5.3 典型目标

常规武器除了命中精度的大幅度提高以外，其侵彻爆炸破坏能力也越来越强。例如，在海湾战争中首次使用的“地堡克星”GBU–28型激光制导钻地弹，它能穿透30 m厚的土层或6 m厚的混凝土。过去认为仅面临核武器等战略武器打击的防护结构，其遭受常规武器精确打击的可能性越来越大。高技术常规武器已成为防护结构面临的最现实的威胁。攻坚战斗部打击的目标种类繁多，例如地下指挥所、野战工事、加固机库等。

1.地下指挥所

北美防空司令部就是典型的地下指挥所。在美国科罗拉多州斯普林斯市的西南郊的夏延山（Cheyenne Mountain）山洞里，隐藏着世界上规模最大的现代化设施，就是北美防空司令部和美国航天司令部的夏延山地下指挥监控中心。

夏延山是一座并不太高的山，虽然海拔达到2 400~2 500 m，但当地的相对海拔高度为600~700 m，山体全部由坚硬的花岗岩组成，形成了一道坚固的天然屏障。1963年6月，夏延山指挥中心按照核大战的防护等级设计制造的，开始在大洞穴里建造15座大楼，大楼的结构，包括墙壁、地板、天棚、走廊和楼梯等，全部由20~30 mm厚的钢板拼焊而成。每座大楼底部由弹簧支撑，以防护核爆引起的地震波的强烈震动。夏延山地下指挥监控中心的内部空间被厚度达数百米的坚硬岩石包围，通往外部的隧道安装两道厚达2 m的钢筋混凝土大门，25 t重的北防爆门使整个中心成为坚不可摧的掩体。

2.野战工事

野战工事通常是在战役、战斗准备和实施过程中，利用和改造地形，使用预制构件或就地取材迅速构筑的临时性阵地工程。野战工事执行的是战斗工程保障任务，它主要包括各种指挥工事、机枪工事、观察工事、炮工事、弹药库、掩蔽所和掩壕等。由于野战阵地工程的功能特点，野战工事结构的防护要求相对比较单一，抗力要求也相对较低。有的只要求抵抗子弹和炮、航弹爆炸的破片作用。野战工事的结构类型主要有钢筋混凝土装配式结构、钢丝网水泥结构、波纹钢结构、型钢结构、骨架柔性被覆结构、玻璃钢工事结构、集装箱加固结构以及一些新型的充气工事结构、凯夫拉（Kevlar）复合材料结构等。

目前，各国广泛采用的是简易可拆卸防爆墙（HESCO Bastions），这种防爆墙采用折叠结构，框架采用钢丝编织焊接而成，内部衬有纤维织物，使用时将折叠结构打开（见图2–119），然后按照防护需求，将防爆墙口部朝上排列起来，单元与单元之间由钢丝插接起来，最后向内部填充土石材料即可，如图2–120所示。

防爆墙的快速构筑主要依赖防爆墙单元结构和单元间的螺旋铰链啮合设计，通过模块化组合可以快速实现不同长度、不同厚度和不同高度隔爆墙框架构设，填充材料的广泛适用性使得隔爆墙构筑土方量大幅减少，在各种土质条件下均可以根据现地情况就地取材，较传统形式的工事构筑速度和构筑质量都有很大提升。图2–121为德军在阿富汗马扎里沙里夫附近的马尔马军营，可见在军营外围及帐篷之间均构筑了防爆墙，这样在遭受敌方炮火打击的时候能够极大地减少损失。

图2-119　士兵组装防爆墙

图2-120　伊军工兵使用机械填充防爆墙

图2-121　德军在阿富汗的马尔马军营

在构筑简便的同时，防爆墙的防护能力也非常优秀，图2-122展示了大口径榴弹在距防爆墙（0.8 m厚，填充沙土）3 m处爆炸时的毁伤情况，可见防爆墙整体结构并无严重损伤，在其背面也未发现破片穿孔现象。

（a）

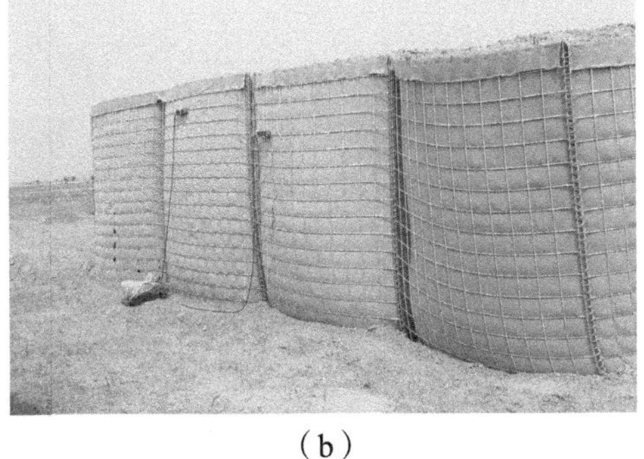

（b）

图2-122　大口径榴弹在距防爆墙3m处爆炸的毁伤情况

（a）防爆墙正面；（b）防爆墙背面

3.加固机库

在第二次世界大战期间及其后的相当长时间内，打击机场暴露停放的飞机的有效方式是俯冲轰炸或扫射。在这种情况下，护堤成为有效、可行的防御手段，这些护堤通常采用泥土、沙袋、岩石或其他可用材料建造成U形结构。1967年，美国空军将F-4D战斗机停泊在泰国乌汶皇家空军基地的护堤中，如图2-123所示。护堤的作用包括：①保护停泊飞机对附近爆炸产生的高速破片和冲击波的伤害；②保护停泊飞机免受俯冲轰炸、低空扫射和火箭攻击，因为护堤的高度能够隐藏飞机；③某些飞机被命中毁伤后，防止其爆炸燃烧作用对其他飞机造成伤害。

图2-123　美国空军F-4D战斗机停泊在泰国乌汶皇家空军基地的护堤中

除U形护堤这种简易防护设施外，大量加固飞机掩体也被各国空军广泛采用。加固飞机掩体是一种强度加固的机库，以保护军用飞机免受敌人的攻击。考虑到成本和实用性，这类防护设施主要用于战斗机大小的军机。在冷战期间，北约和华沙条约国家在欧洲建立了数百个加固飞机掩体，这些掩体主要为保护飞机免受常规武器和核生化武器的打击。北约在欧洲大陆建造的防空掩体，被设计成能承受500 lb（226 kg）炸弹的直接冲击，有些甚至能够承受1 000 lb以上炸弹的打击。1981年，英国皇家空军的加固飞机掩体，如图2-124所示。

图2-124　英国皇家空军的加固飞机掩体

随着精确制导弹药的出现，特别是激光制导炸弹的出现，严重威胁了加固飞机掩体的生存能力。但类似MK–80系列常规炸弹的弹药，由于它们的壳体结构强度较弱，因此难以对钢筋混凝土产生强烈侵彻作用，总体破坏能力有限。

1985年，美国空军研制并装备了2 000磅级的BLU–109/B侵爆战斗部，并在沙漠风暴行动中名声大噪。图2–125展示了1991年沙漠风暴行动中美军使用攻坚弹药摧毁的伊军使用的加固机库。BLU–109/B侵爆战斗部有一个圆柱形的高强度合金钢外壳，据称能穿透6 in的钢筋混凝土，装填550 lb PBNX–109炸药。1991年，BLU–109/B被F–117隐形战术轰炸机广泛使用，通常装配Texas Instruments公司研发的激光制导组件，被称为GBU–27，也就是改进版的GBU–24。事实证明，这种武器对加固飞机掩体的打击非常有效。但是许多加固飞机掩体非常坚固，以至于需要两次打击来实施毁伤，第一枚在混凝土上开坑，第二枚从弹坑中穿透目标，并在掩体内部爆炸。

图2–125　沙漠风暴行动中美军使用攻坚弹药摧毁的伊军加固机库

加固机库的一种特殊形式是地下机库，地下机库通常在山体一侧构筑，它比常见的加固飞机掩体更大、更坚固。地下机库除具有保护军用飞机的功能外，还可能包括燃料储存、武器储存、飞机维护、信息通讯、人员生活、电力供应等功能。许多国家和地区建有地下机库，如阿尔巴尼亚、中国、印度、巴基斯坦、意大利、朝鲜、挪威、南非、瑞典、瑞士、台湾地区、越南、南斯拉夫等。图2–126和图2–127分别为瑞典和中国的地下机库入口。通常，攻坚战斗部也很难贯穿地下机库顶部，而只能采取打击机库出入口的方式，压制敌方飞机的作战能力。

图2–126　瑞典的地下机库入口

图2–127　中国的地下机库入口

2.6 子母战斗部

2.6.1 战斗部基本特征

在战斗部壳体（母弹）内装有若干小战斗部（子弹）的战斗部称为子母战斗部，而子母弹又被称为集束弹药（Cluster Munition），主要用于攻击集群目标。子母弹的毁伤情况，如图2–128所示。子母弹战斗部的作用原理是：其内部装有一定数量的子弹，当母弹飞抵目标区上空时开仓或解爆，将子弹全部或逐次抛撒出来，形成一定的空间分布，然后子弹无控下落，分别爆炸并毁伤目标。由于集束弹药通常在很大范围内释放大量子弹药，受工作可靠性和环境因素的影响，会产生很多未爆弹，因此这会给当地的平民造成生命和财产的威胁。

（a）

（b）

图2–128　子母弹的毁伤情况

（a）毁伤之前；（b）毁伤之后

现代集束弹药通常具有多种毁伤效果，包括反装甲、反人员、反器材装备等。为了实现这种综合效果，多用途子弹药的战斗部可同时包括成型装药、预制（或半预制）破片、燃烧剂等。近年来，随着电子技术的进步，在子弹药上安装上红外传感器、毫米波传感器或主动激光雷达等，使其具备了探测识别目标，并能够自主攻击的能力，这种子弹药称为末敏弹。末敏弹通常采用EFP战斗部，对装甲目标的威胁极大，因为装甲目标的顶部通常防护比较薄弱。

2.6.2 战斗部毁伤能力

按照载具的不同，子母弹主要分为炮弹装载型、导弹装载型和炸弹装载型。通常来讲，炮弹内部空间小于导弹，导弹内部空间小于炸弹。因此，一般炮弹装载的子弹药体积较小，数量较少，炸弹装载的子弹药数量可以很大。

1.炮弹装载型

以M2001型DPICM 155 mm子母弹药为例，其装填42枚M77型具有反装甲和杀伤人员功能的双用途子弹，子弹药能够贯穿120 mmRHA装甲，且具备自毁功能，可降低产生未爆弹的可能性，如图2–129所示。该战斗部采用底凹或底排模块，两者可实现野战条件的互换。此型弹药使用北约标准引信，兼容于39倍和52倍155 mm口径火炮，弹道参数与155 mm火炮弹族兼容。

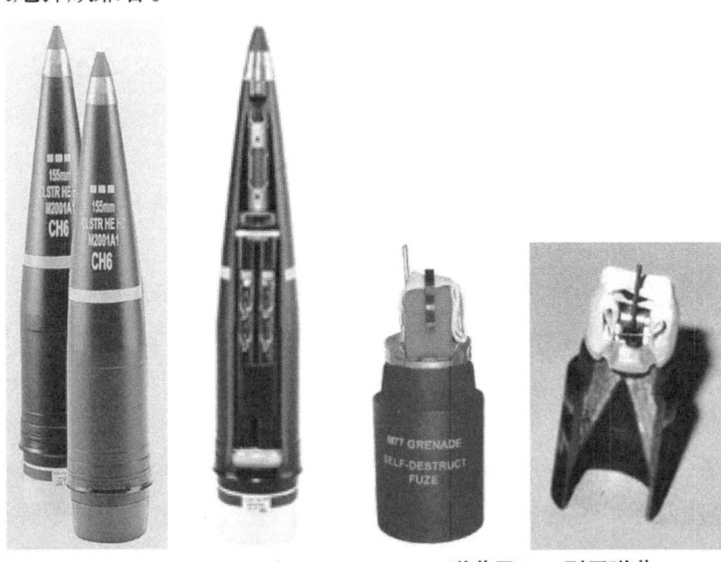

图2–129　M2001型DPICM 155 mm弹药及M77型子弹药

2.导弹装载型

以美国陆军远程精确战术导弹系统（Army Tactical Missile System，ATACMS）为例，图2–130为ATACMS Block IA（M39A1）战术导弹结构简图，及其发射和300枚子弹药的抛散过程。

ATACMS有多个型号导弹，其中ATACMS Block Ⅰ（M39）和ATACMS Block ⅠA（M39A1）为子母战斗部，Block Ⅰ型射程为25~165 km，装载950枚M74型子弹药，Block Ⅱ型射程为70~300 km，装载300枚M74型子弹药。装载M74子弹药的ATACMS Block Ⅰ（M39）的战斗部如图2–131所示。

图2–130　ATACMS战术导弹结构、发射及子弹药抛散过程

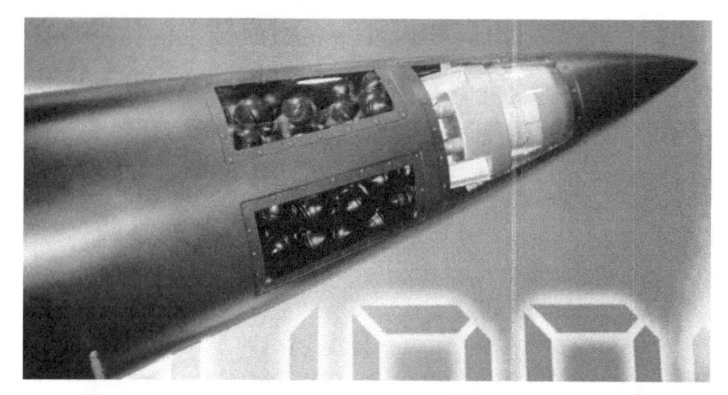

图2-131　装载M74子弹药的ATACMS Block Ⅰ

3.炸弹装载型

以美军的BLU-97/B子弹药为例，它是一种空中抛散的多用途子弹药，爆炸时能够产生高速破片、反装甲射流和燃烧毁伤元。BLU-97/B子弹药及其减速伞展开的状态如图2-132所示。BLU-97/B联合效应子弹药直径为63.5 mm，质量为1.54 kg，装填287 g Cyclotol炸药。BLU-97/B从母弹中释放出来后，BLU-97/B联合效应子弹药在一个锥形减速器下降落，撞击地面或目标后起爆，图2-133为BLU-97/B攻击目标时的场景。BLU-97/B联合效应子弹药是美国军方库存中最重要的通用集束炸弹子弹药，在最近的战争冲突中使用过。

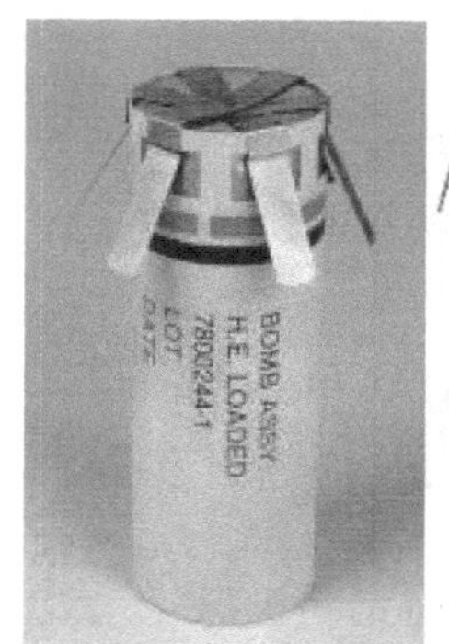

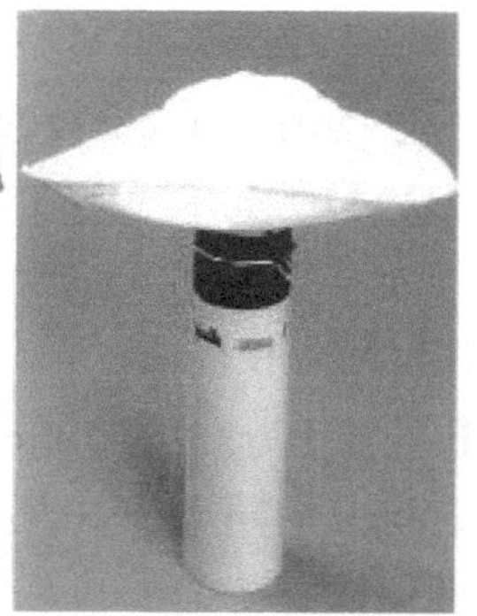

图2-132　BLU-97/B储存及展开状态

图2-133　BLU-97/B攻击目标

BLU-97/B型联合效应子弹药有三种毁伤能力，包括成型装药侵彻装甲，破片杀伤18 m内的人员和车辆目标，锆金属纵火环进行纵火，因此称为联合效应子弹药。成型装药能够侵彻125 mm厚的装甲，非常适合攻击坦克的顶部装甲；爆炸产生的破片能够在11 m距离上贯穿6.4 mm的钢板。联合毁伤效应使该型子弹药杀伤目标范围广泛，其中包括坦克集群、轻型装甲集群、弹药堆码、机场上的飞机等。

BLU-97/B联合效应子弹药可用于多个弹种，其中包括AGM-154A JSOW-A滑翔增程导弹、CBU-87/B炸弹等。图2-134为美空军F-16C战斗机投射AGM-154A JSOW-A弹药，及弹药开仓抛撒145枚BLU-97子弹药的场景。

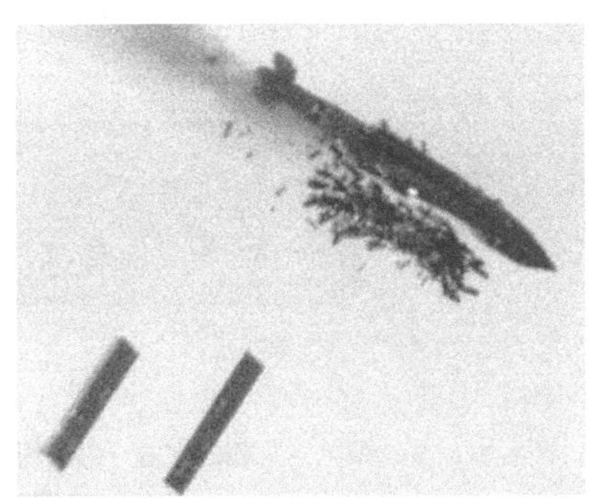

图2-134　战斗机投射AGM-154A导弹及弹药开仓抛撒BLU-97/B子弹药

CBU-87/B联合效应弹药是Orbital ATK公司为美空军研制的，用于打击地面目标的多用途集束炸弹，该弹药装载202枚BLU-97/B型联合效应子弹药。图2-135为F-15E战斗机投射CBU-87/B炸弹及CBU-87/B炸弹的静态展示。

图2-135　战斗机投射CBU-87/B炸弹及其静态展示

4.末敏弹

末敏弹是灵巧弹药的典型代表，具有自主探测、识别目标并实施攻击的功能，它采用多模探测、智能化决策和利用EFP高效战斗部攻击装甲等目标的顶部的作用方式，具备高效毁伤的威力，是真正意义上能做到“打了不用管”的智能型弹药。在诸多型号末敏弹中，比较有代表性的末敏弹为德国的SMART、美国的SADARM和瑞典的BONUS，其中德国的SMART装备量最大，装备或即将装备的国家最多，包括德国、瑞士、希腊、澳大利亚、英国和美国等。世界各国典型末敏弹的关键参数见表2-16。

表2-16　典型末敏弹的关键参数

弹种	SADARM	SMART	BONUS	BLU-108
国别	美国	德国	瑞典	美国
载具	155 mm炮弹	155 mm炮弹	155 mm炮弹	炸弹
数量	2	2	2	10×4枚
直径/mm	147	138	138	133
长度/mm	204	200	200	790
质量/kg	11.77	6.5	6.5	29（Skeet：3.4）

以德国的155 mm SMART末敏弹为例，其内部结构如图2-136所示，主要包括引信、抛射装药、推出装置、子弹药等，每发炮弹可携带两枚末敏子弹药。

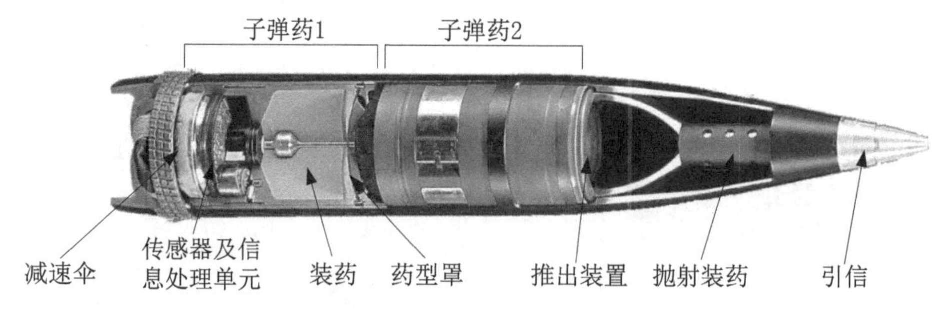

图2-136　德国的155 mm SMART末敏弹内部结构

德国的SMART子弹药配备了94 GHz毫米波雷达和红外探测器，如图2-137所示，能够实现对金属目标和热辐射目标的双模探测，具有较高的抗干扰能力，可以克服诸如雾、烟或降水等不利条件。在一次测试中，阿联酋G6自行榴弹炮发射了此型末敏弹，结果显示其击中了67%的装甲目标。

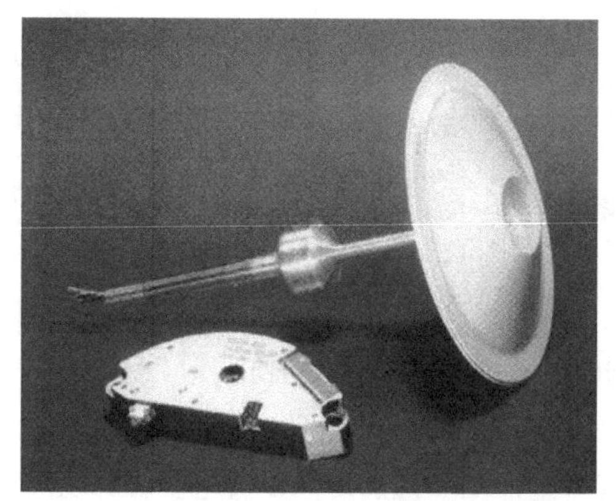

图2-137　SMART末敏弹配备的毫米波雷达和红外探测器

该弹的EFP战斗部采用高密度钽做为材料，具有极强的装甲侵彻能力。图2-138展示了SMART末敏弹的钽药型罩爆炸形成的EFP侵彻体。

图2-138　SMART末敏弹的钽药型罩爆炸形成的EFP侵彻体

2.6.3　典型目标

子母战斗部特别适合毁伤集群目标，其中包括装甲集群、人员集群等。特别是对于空投式子母弹药（集束弹药）而言，由于其子弹药装载量大，毁伤范围广，因此在很多战争中有大量实战运用案例。以英国的BL 755型集束炸弹为例，如图2–139所示，该炸弹的直径为420 mm，长度为2.45 m，质量为277 kg，有效载荷为147枚BL–755型子弹药，能够有效杀伤集群目标。空投式子母弹药在部分战争中的运用见表2–17。

图2–139　英国的BL 755型集束炸弹

表2–17　空投式子母弹药在部分战争中的运用

弹药运用地点	时间	打击任务细节
苏联	1942—1943年	苏联军队从空中投放集束弹药攻击德军装甲目标
英国	1943年	德国飞机投掷超过1 000枚的SD2集束弹药攻击格里姆斯比港
福克兰岛	1982年	英军投掷集束弹药攻击斯坦利港和霍华德港附近的阿根廷部队
乍得共和国	1986年	法国空军使用空投集束弹药打击利比亚的机场
伊拉克、科威特	1991年	以美国为首的联军投掷了多达61 000枚的集束炸弹
苏丹	1996—1999年	苏丹政府军的飞机投射了集束弹药用于打击南苏丹的武装
南斯拉夫	1999年	美军及其联军投掷了多达1 765枚集束炸弹
阿富汗	2001—2002年	美军投掷了多达1 228枚集束炸弹
伊拉克	2003年	美军和英军投掷了多达13 000枚集束炸弹

末敏弹作为子母弹的一种特殊类型，由于它具有探测、识别目标的能力，因此在战争中备受重视。末敏弹把子母弹的面杀伤特点发展到攻击集群装甲目标，使其适用于间瞄射击，能有效攻击远距离的坦克、自行火炮及其他装甲集群目标。通常，末敏弹利用常规火炮射击精度高的优点，把母弹发射到目标区上空，抛出敏感子弹。敏感子弹在一定范围内扫描，搜索装甲目标。在敏感子弹探测并识别目标后，便引爆EFP战斗部，摧毁装甲目标。典型末敏弹的工作过程如图2–140所示。

根据典型末敏弹作用过程，可将其飞行弹道分为4个阶段，分别是末敏弹母弹飞行弹道、末敏弹减速减旋段飞行弹道、末敏弹稳态扫描段弹道、EFP飞行弹道。其中EFP飞行弹道是毁伤目标的关键阶段，它依靠战斗部爆炸形成的高速EFP侵彻体，从上而下攻击装甲目标的薄弱顶部，杀伤效果非常显著。图2–141展示了末敏弹攻击装甲目标的典型场景。

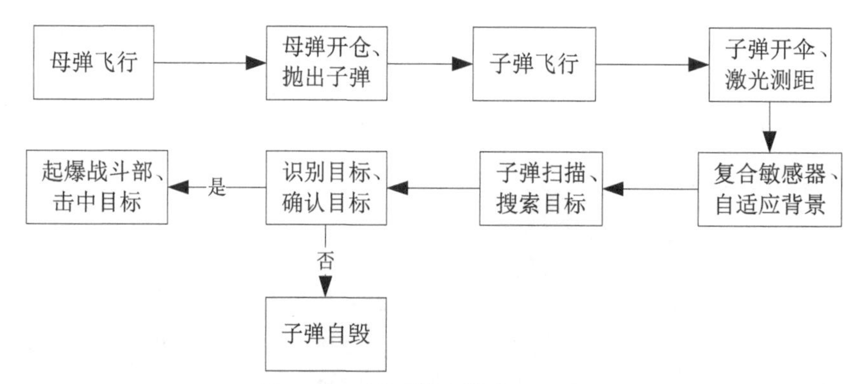

图2–140　典型的末敏弹作用过程

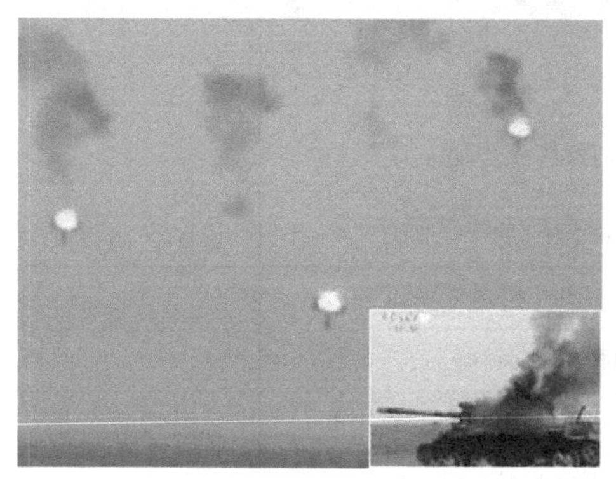

图2–141　末敏弹攻击装甲目标的场景

2.7　云爆战斗部

2.7.1　战斗部基本特征

云爆弹（Fuel Air Explosive，FAE）又称燃料空气弹、油气炸弹等，它主要装填燃料空气炸药。1966年，美军在越南战争中首次投下云爆弹，云爆弹开始步入战场，正式揭开各国竞相发展这类武器的序幕。图2–142为美军空军A–1E飞机携带的BLU–72B燃料炸弹。

图2–142　美国空军A–1E飞机携带的BLU–72B燃料空气炸弹

燃料空气炸药或云爆剂主要由环氧烷烃类有机物（如环氧乙烷、环氧丙烷）构成。环氧烷烃类有机物化学性质非常活跃，在较低温度下呈液态，但温度稍高就极易挥发成气态。这些气体一旦与空气混合，即形成气溶胶混合物，极具爆炸性。且爆燃时将消耗大量氧气，产生有窒息作用的二氧化碳，同时产生强大的冲击波和巨大压力。云爆弹形成的高温、高压持续时间更长，爆炸时产生的闪光强度更大。试验表明，对超压来说，1 kg的环氧乙烷相当于3 kg的TNT爆炸威力。由实验可知，其峰值超压一般不如固体炸药爆炸所形成的峰值超压高，但对应某一超压值，其作用区半径远比固体炸药大。

2.7.2 战斗部毁伤能力

目前，云爆弹的种类有很多，典型的包括BLU–82/B云爆炸弹、MOAB云爆炸弹、俄罗斯的“炸弹之父”等。

1.BLU−82/B云爆炸弹

BLU–82/B炸弹最早的用途是在越南丛林中清理出可供直升机使用的场地，或者快速构建炮兵阵地。该炸弹实际质量达6 750 kg，全弹长5.37 m（含探杆长1.24 m），直径为1.56 m，战斗部装有5 715 kg稠状云爆剂，壳体为厚度为6.35 mm的钢板。云爆剂采用GSX，它是硝酸铵、铝粉和聚苯乙烯的混合物。该弹弹头为圆锥形，前端装有一根探杆，探杆的前端装有M904引信，用于保证炸弹在距地面一定高度上起爆。该炸弹没有尾翼装置，而是采用降落伞系统，以保证炸弹下降时的飞行稳定性。BLU–82燃料空气炸弹及其投掷过程，如图2–143所示。

图2–143 BLU–82燃料空气炸弹及其投掷过程

在飞机投放BLU–82/B后，在距地面30 m处产生第一次爆炸，形成一片雾状云团落向地面，在靠近地面时再次引爆，爆炸产生的峰值超压在距爆炸中心100 m处可达1.32 MPa。爆炸还能产生1 000~2 000℃的高温，持续时间要比常规炸药高5~8倍，可杀伤半径600 m内的人员，同时还可形成直径约为150~200 m的真空杀伤区。在这个区域内，由于缺乏氧气，即使潜伏在洞穴内的人也会窒息而死。该炸弹爆炸所产生的巨响和闪光还能极大地震撼敌军士气，因此其心理战效果也十分明显。

海湾战争期间，美军曾投放过11枚这种炸弹，用于摧毁伊拉克的高炮阵地和布雷区。2001年以来，美军开始在阿富汗战场上使用这种巨型炸弹。由于该炸弹质量太大，因此必须由空军特种作战部队的MC–130运输机实施投放。为防止BLU–82/B的巨大威力伤及载机，飞机投弹时距离地面的高度必须在1 800 m以上，且该弹只能单独投放使用。

2.MOAB云爆炸弹

MOAB云爆炸弹的英文全称为Massive Ordnance Air Blast Bombs，即高威力空中引爆炸弹，俗称“炸弹之母”，它是一种由低点火能量的高能燃料装填的特种常规精确制导炸弹，如图2–144所示。“炸弹之母”采用GPS/INS复合制导，可全天候投放使用，圆概率误差小于13 m。该炸弹采用的气动布局和桨叶状栅格尾翼增强了炸弹的滑翔能力，可使炸弹滑翔飞行69 km，同时使炸弹在飞行过程中的可操纵性得到加强。

图2–144　MOAB云爆炸弹

MOAB云爆炸弹最初采用硝酸铵、铝粉和聚苯乙烯的稠状混合炸药（与BLU–82相同），采用的起爆方式为二次起爆。其作用原理是：当炸药被投放到目标上空时，在距离地面1.8 m的地方进行空中引爆，容器破裂，释放燃料，与空气混合形成一定浓度的气溶胶云雾；再经二次引爆，可产生2 500℃左右的高温火球，并随之产生长历时、高强度的区域冲击波。除此之外，MOAB云爆炸弹爆炸会大量消耗周围空间的氧气，并产生二氧化碳和一氧化碳。据称，爆炸地域的氧气含量仅为正常值的1/3，而一氧化碳浓度却大大增加，会造成人员的严重缺氧和中毒。

MOAB云爆炸弹的装备型GBU–43/B炸弹装填H–6炸药，其成分包括铝粉、黑索金和梯恩梯，起爆方式将这种新型炸药的两个点火过程结合在一次爆炸中完成，因此结构更简单，作用更可靠，受气候条件影响也更小。GBU–43/B炸弹的炸药装药质量为8 200 kg，杀伤半径为150 m，威力相当于11 t TNT当量。MOAB云爆炸弹可由MC–130运输机或B–2隐形轰炸机投放。

3.俄罗斯的“炸弹之父”

2007年，俄罗斯成功试验了世界上威力最大的常规炸弹——“炸弹之父”。据报道，“炸弹之父”装填了一种液态燃料空气炸药，采用了先进的配方和纳米技术，爆炸威力相当于44 t TNT炸药爆炸后的效果，是美国“炸弹之母”的4倍，杀伤半径达到300 m以上，是“炸弹之母”的2倍。“炸弹之父”由图–160战略轰炸机投放。

“炸弹之父”采用二次引爆技术，由触感式引信控制第一次引爆的炸高，第一次引爆用于炸开装有燃料的弹体，燃料抛撒后立即挥发，在空中形成炸药云雾，第二次引爆利用延时起爆方式，引爆空气和可燃液体炸药的混合物，形成爆轰火球，利用高温、高强冲击波来毁伤目标。俄罗斯“炸弹之父”及其爆炸场景如图2–145所示。

图2–145　俄罗斯“炸弹之父”及其爆炸场景

2.7.3　典型目标

根据云爆战斗部的作用特点，其爆炸可产生大体积爆轰、超压衰减缓慢以及大体积高温火球等目标毁伤因素。因此，云爆战斗部毁伤的典型目标主要包括以下三类：

（1）复杂环境和隐蔽条件下的目标，如洞穴、地下设施等；

（2）暴露的面软目标，如人员、停机坪上的飞机、小型船只、无装甲车辆、通信指挥中心等；

（3）易燃易爆物质，如油库、弹药库等。

其中，人员目标是云爆战斗部杀伤的重点。根据国军标《云爆弹定型试验规程》（GJB 5212—2004），其在生物试验研究的基础上，提出了云爆弹超压场对人体的杀伤判据，见表2–18，可作为杀伤伤情判断的依据。

表2–18　超压场对人体杀伤判据

冲击波超压统计值/MPa	杀伤程度
0.03~0.04	轻微杀伤（耳膜破裂等）
0.04~0.06	中等杀伤（听觉、视觉器官严重损伤，内脏轻度出血，骨折等）
0.06~0.1	严重杀伤（内脏破裂、大面积出血）
>0.1	极严重杀伤（可能导致50%死亡率）

需要注意的是，对于暴露人员来说，他们会同时受到爆轰产生的超压作用和窒息作用。超压对人员的杀伤阈值为0.1 MPa，即导致50%死亡率，而云雾爆轰区内的超压可达到10^0MPa量级，远大于人员杀伤条件，且作用时间在ms量级。因此，暴露在云雾爆轰区内的人员首先会因超压作用致死，而来不及受到缺氧产生的窒息毁伤。

第3章　直瞄火力的运用

通常将采用直接瞄准方式射击所产生的火力为直瞄火力。在直瞄火力下，射手可以直接观察到目标，能够迅速校正弹着点，适合打击运动目标和隐显目标。用直瞄火力压制或摧毁敌人是近距离作战取得胜利的基础。直瞄火力是近战和机动过程中的固有要素。在战场上，为了实现直瞄火力的高效运用，必须通过在关键位置与时间上分配和转移火力，才能取得战斗的最终胜利。

3.1　直瞄火力的来源

目前，直瞄火力主要来自枪械类武器、肩射武器、单兵/班组榴弹发射器、反坦克导弹武器系统和其他武器等五大类，如图3–1所示。直瞄火力反应迅速、响应即时，适合打击运动目标和隐显标。

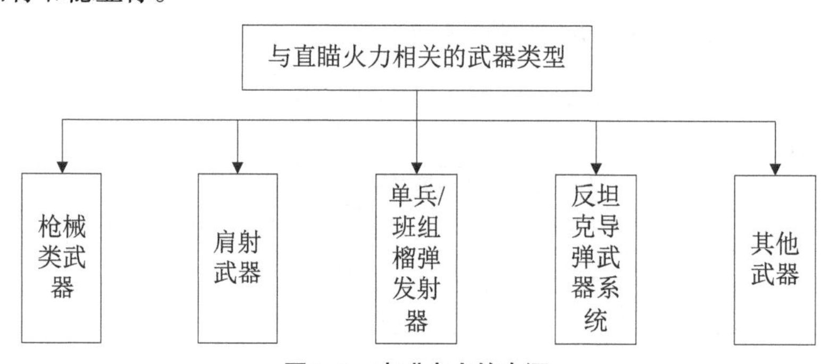

图3–1　直瞄火力的来源

3.1.1　枪械类武器

枪械是军队大量装备的一种武器，包括手枪、步枪、机枪、狙击枪等多种类型。枪械是利用火药燃气的能量发射子弹，主要用于杀伤暴露的有生力量，以及毁伤轻型装甲或技术兵器等目标。枪械类武器的典型型号及其重要参数见表3–1。

表3-1 枪械类武器的典型型号及其重要参数

典型型号	初速/（m·s^{-1}）	有效射程/m	备注
M9型9 mm手枪	381	50	—
M4型5.56 mm突击步枪	920	500	配用M855型枪弹时
M249型5.56 mm班用机枪	—	800（点目标）	采用521 mm枪管时（M855型枪弹）
M240B型7.62 mm通用机枪	—	800（点目标/配三脚架）	目标压制时1800 m
M2型12.7 mm机枪	855	1 800	配用M33型枪弹时
M110型7.62 mm半自动狙击枪	785	800	配用M118 LR型枪弹时
M107型12.7 mm狙击枪	887	射程可达2 000	配用M33型枪弹时

3.1.2 肩射武器

在第二次世界大战期间，坦克和其他装甲车辆的广泛应用引发了步兵对反装甲武器的迫切需求。最初使用的武器包括燃烧瓶、火焰喷射器、炸药包、临时埋设的地雷等。然而，所有这些武器都必须在距离目标几米的范围内使用，使己方作战人员处于非常危险的境地，肩射武器的研制和列装大大缓解了这一问题。肩射武器及其配套弹药既可以采用临时配发方式配备给部队，也可以成为编制内武器。肩射武器的典型型号及其重要参数，见表3–2。

表3-2 肩射武器的典型型号及其重要参数

典型型号	初速/（m·s^{-1}）	有效射程/m	备注/mm
M72A7型轻型反装甲武器	200	220	口径66
M136 AT4型轻型反装甲武器	285	300	口径84（破甲能力>400 RHA）
M141型单兵火箭筒攻坚弹	271	500（固定目标）	口径83
M3型多用途单兵武器系统	—	700（轻型装甲）	口径84，为无坐力炮
RPG–7型火箭弹	最大300	500	口径85

3.1.3 单兵/班组榴弹发射器

第二次世界大战期间，为了弥补手榴弹和迫击炮之间的火力空白，日军最早研制装备了口径为50 mm的发射榴弹的掷弹筒。这种武器的基本结构和操作方法与迫击炮类似。20世纪50年代，美军研制出M79型榴弹发射器。该武器可以单发发射小型榴弹，并在越南战场上大量使用。单兵/班组榴弹发射器使步兵在较远距离上拥有了杀爆型直射持续火力，提高了步兵的火力密度和威力，甚至使其具备了破甲杀伤轻型装甲车辆的能力。单兵/班组榴弹发射器的典型型号及其重要参数见表3–3。

表3-3 单兵/班组榴弹发射器的典型型号及其重要参数

典型型号	初速/（m·s^{-1}）	有效射程/m	备注
M320型40 mm（枪挂）榴弹发射器	76	150（点目标） 350（面目标）	配用M433型榴弹时，最大射程400 m
Mk19型40 mm自动榴弹发射器	241	1 500	配用M430A1型榴弹时

3.1.4 反坦克导弹武器系统

反坦克导弹于20世纪50年代中期由法国率先装备使用，目前已发展到第三代，是当前最为有效的反装甲武器。反坦克导弹武器系统的典型型号及其重要参数见表3–4。

表3-4 反坦克导弹武器系统的典型型号及其重要参数

典型型号	初速	有效射程/m	备注
标枪反坦克导弹武器系统	—	2 500	射程2 000 m时，导弹飞行约14 s
TWO式反坦克导弹武器系统	—	3 750	配用TOW 2A型导弹时

3.1.5 其他武器

除以上介绍的各种武器外，其他武器（如各种类型的车载火炮）也是直瞄火力的重要来源。其他武器的典型型号及其重要参数见表3–5。

表3-5 其他武器的典型型号及其重要参数

典型型号	初速/（$m \cdot s^{-1}$）	有效射程/m	备注
M1A2型主战坦克的主炮	1 555	≈2 000	配M829A3型穿甲弹时
M2A2型步兵战车的主炮	1 100	3 000	配用M792型杀爆燃弹时
M109型155 mm自行榴弹炮	—	22~24（间瞄）	配用M795型杀爆弹时

3.2 直瞄火力的特点

弹丸在空气中飞行时，一面受到重力的作用，飞行高度逐渐下降；一面受到空气阻力的作用，飞行速度越来越慢。因此，飞行弹道呈一条不均等的弧线，如图3–2所示。

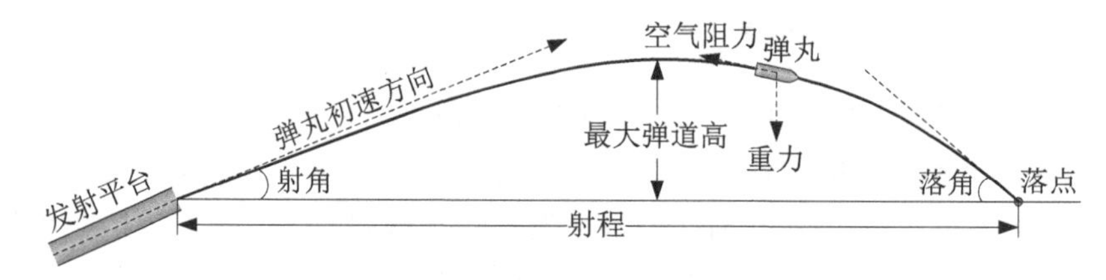

图3–2 典型弹丸的飞行弹道

与直瞄火力密切相关概念包括直射距离、有效/最大射程、命中精度等。

3.2.1 直射距离

除特殊运用场合外，直瞄火力通常采用低伸弹道，即用小于最大射程角（能获得最大射程的角称为最大射程角）的射角射击。直射距离是指最大弹道高等于给定目标高时的射程，如图3–3所示。因此，直射距离的大小取决于目标高度和弹丸飞行弹道。目标越高，弹道越低伸，直射距离就越大；目标越低，弹道越弯曲，直射距离就越小。

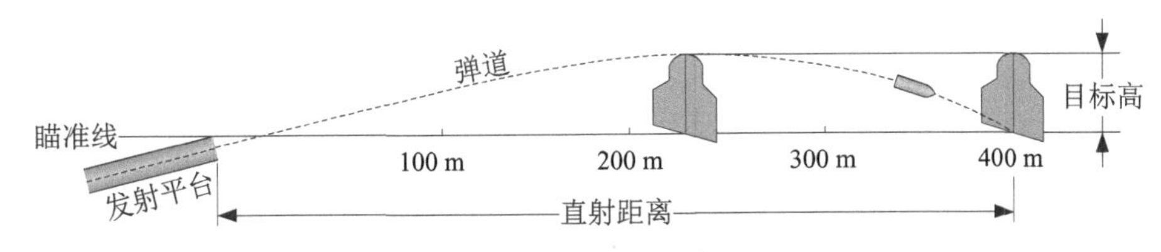

图3–3　直射距离示意图

直射距离的实用意义在于，在直射距离内，射手可以不改变瞄准具上的表尺分划，就可对较大目标进行连续射击，这样就提高了射速，可满足对移动目标射击的即时性。例如，对于某个高度较小的目标，该发射平台的直射距离为400 m，在不改变表尺分划的情况下，只要瞄准目标下沿，就可以在小目标的直射距离内对高度较大的目标直接射击，如图3–4所示。在直射距离内，测距误差对命中精度的影响就很小。

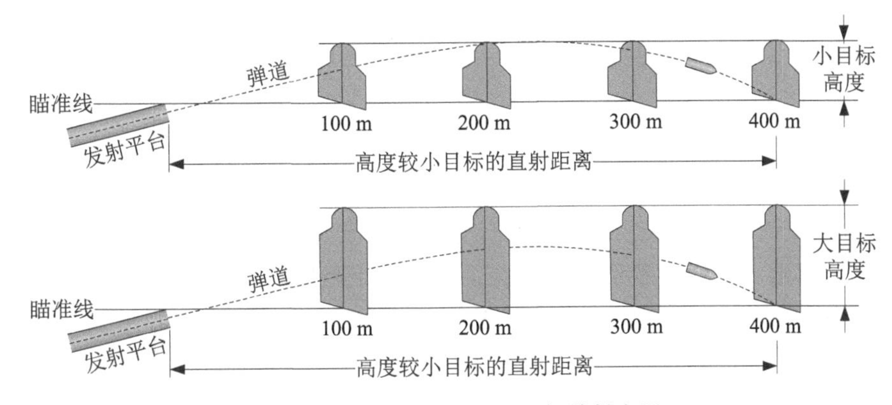

图3–4　在直射距离内对更大目标的射击原理

5.2.2　有效/最大射程

有效射程是指武器满足特定指标（命中率、威力、毁伤概率等）要求的射程。最大射程是指弹丸和初速均一定的条件下射程的最大值。通俗地讲，有效射程是可以大概率命中、毁伤特定目标的距离，而最大射程是弹丸能够飞行的最大水平距离。

近年来，通过增加火控系统或对原有火控进行升级，武器已经能够在直射距离以外精确命中目标，且命中概率很高。另外，受地理环境和天候的影响，即使在直射距离以内，有时仍需对射击诸元进行修正才能命中目标。因此，有用“有效射程”来取代“直射距离”的趋势，也更能反映武器的火力部分和火控部分的作用。

5.2.3　命中精度

射击精度包括射击准确度和射击密集度，其反应系统误差和随机误差的综合影响程度。射击准确度由弹药平均弹着点对靶心的偏离程度，即系统误差来表示，其反应系统误差的影响程度。射击密集度指弹药实际弹着点对平均弹着点的偏离程度，其反应随机误差的影响程度。密集度分为立靶密集度和地面密集度。

1.立靶密集度

直瞄火力的密集度主要是立靶密集度。虽然射弹存在一定的散布，但如果发射无穷多的炮弹，整个散布区域会大致形成一个椭圆形，这个椭圆叫散布椭圆，如图3–5所示。散布椭圆的中心叫做散布中心。对于立靶，通过散布中心的纵轴叫高低散布轴（Y轴），通过散布中心的横轴叫方向散布轴（Z轴）。

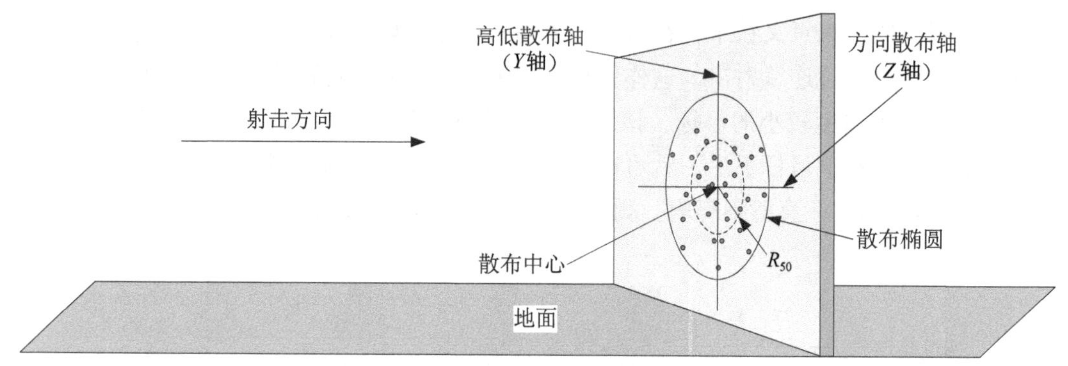

图3–5　立靶密集度

2.中间概率误差

立靶密集度通常用高低、方向的中间概率误差来表示。对于弹着点散布（Y,Z），有50%的弹着点落入对称于散布中心（$\bar{y},\bar{z}$）且垂直于Y轴或Z轴的无限长带状区域内时，将此带状区域宽度的1/2称为中间概率偏差，记为E_y和E_z，如图3–6所示。

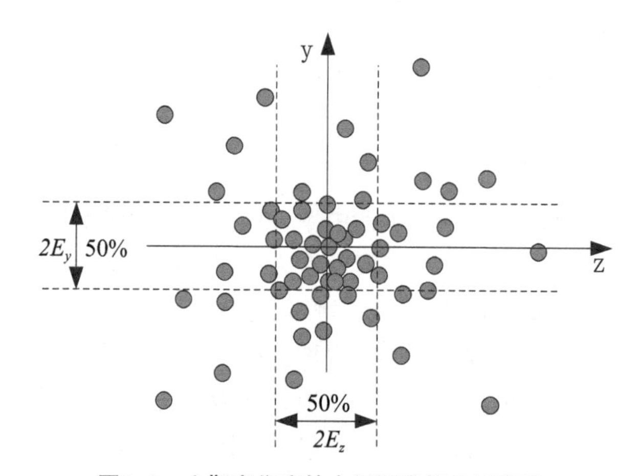

图3–6　立靶密集度的中间概率偏差示意图

中间概率偏差表示了在一个坐标方向上半数射弹的命中范围，其概率定义见式（3-1）。式中Y和Z是弹着点的坐标，$\bar{y}$和$\bar{z}$分别是Y轴和Z轴方向上所有弹着点的均值，则有

$$\left.\begin{aligned}P\{|Y-\bar{y}|\leqslant E_y\}=0.5\\P\{|Z-\bar{z}|\leqslant E_z\}=0.5\end{aligned}\right\}\qquad(3\text{-}1)$$

典型直瞄火力的立靶密集度，如某型火箭筒弹的立靶密集度（靶距300 m）为$Ey\times Ez\leqslant 0.4\ \text{m}\times 0.4\ \text{m}$，在不考虑系统误差时该型弹药对目标的命中概率如图3–7所示。

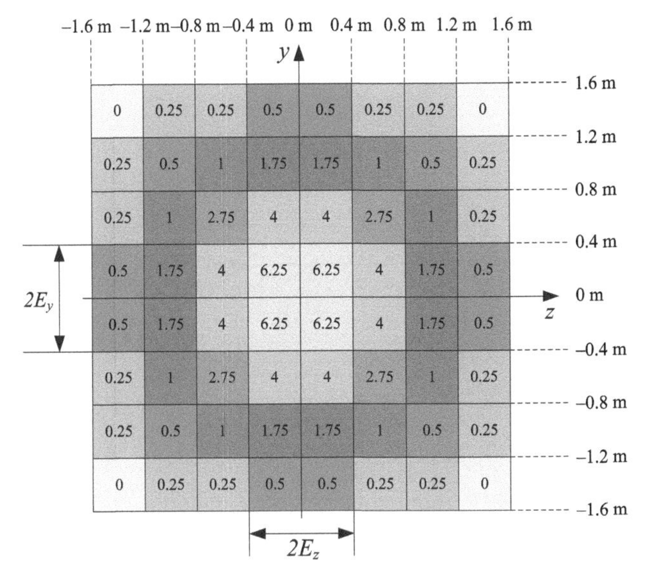

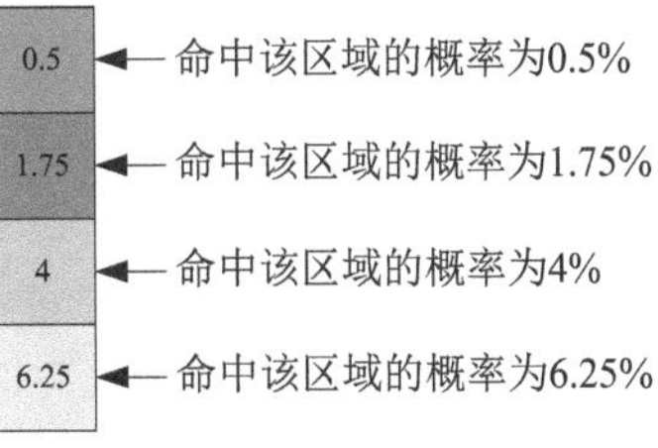

图3–7　某型火箭筒弹的立靶密集度

3.标准偏差

一般而言，如果某一随机变量受到许多相互独立的随机因素的影响，而其中每个因素都不起主导作用，则该随机变量服从正态分布。正态分布$N(\mu, \sigma^2)$中含有均值μ和σ两个参数，参数μ确定正态分布密度函数的位置，参数σ确定正态分布密度函数的形状。σ值越小，密度函数曲线越陡峭，说明分布越集中；σ值越大，密度函数曲线越平缓，说明分布越分散。

弹着点散布律服从正态分布时，可根据标准正态分布确定中间概率偏差E与标准偏差σ的关系。设$x=N(\mu_x,\sigma_x^2)$且$\overline{x}=\mu_x$，根据中间概率偏差定义，则在x轴方向为

$$P\{|x-\mu_x|\leqslant E_x\}=0.5 \tag{3-2}$$

$$P\{-E_x\leqslant x-\mu_x\leqslant E_x\}=0.5 \tag{3-3}$$

$$P\left\{\frac{-E_x}{\sigma_x}\leq\frac{x-\mu_x}{\sigma_x}\leq\frac{E_x}{\sigma_x}\right\}=0.5 \tag{3-4}$$

由于$x=N(\mu_x,\sigma_x^2)$，故$\dfrac{x-\mu_x}{\sigma_x}=N(0,1)$，因此上式由标准正态分布函数表示为

$$\Phi\left(\frac{E_x}{\sigma_x}\right)-\Phi\left(\frac{-E_x}{\sigma_x}\right)=0.5 \tag{3-5}$$

根据标准正态分布函数性质可得

$$\Phi\left(\frac{E_x}{\sigma_x}\right)-\left[1-\Phi\left(\frac{E_x}{\sigma_x}\right)\right]=0.5 \tag{3-6}$$

最终得出$\Phi\left(\dfrac{E_x}{\sigma_x}\right)=0.75$，通过查标准正态分布函数数值表可得，$\dfrac{E_x}{\sigma_x}\approx0.674\ 5$。因此，可用中间概率偏差代替标准偏差来描述弹着点散布的密集程度，两者的关系如图3–8所示。

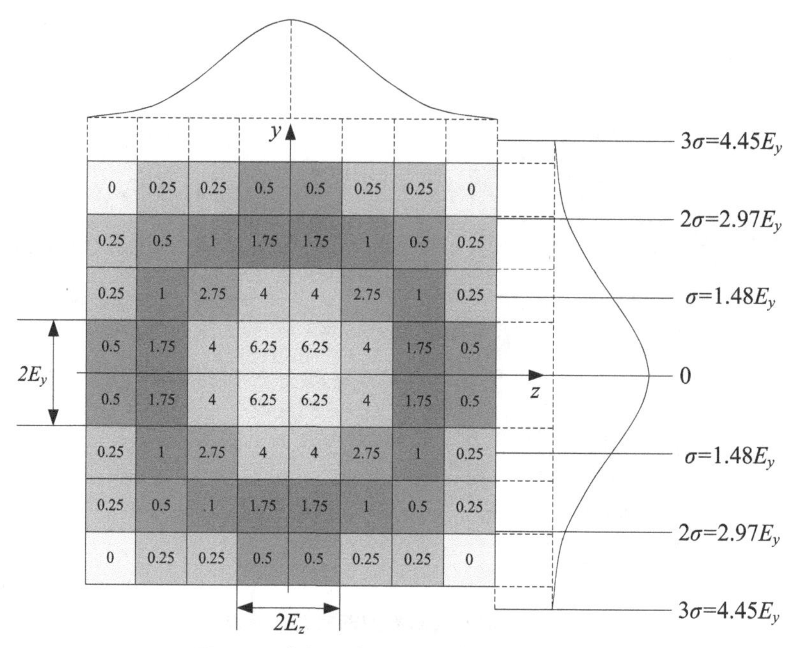

图3–8　中间概率偏差与标准偏差的关系

另外，查标准正态分布表得$\Phi(1)=0.8413$，$\Phi(2)=0.9772$，$\Phi(3)=0.9987$，故

$$P\{|X-\mu|\leqslant\sigma\}=2\Phi(1)-1=0.682\,6$$

$$P\{|X-\mu|\leqslant 2\sigma\}=2\Phi(2)-1=0.954\,4$$

$$P\{|X-\mu|\leqslant 3\sigma\}=2\Phi(3)-1=0.997\,4$$

那么，对于服从正态分布$N(\mu,\sigma^2)$的随机变量的取值几乎全部集中在区间$[\mu-3\sigma,\mu+3\sigma]$上，而在该区间外的取值概率小于（1－0.997 4），即小于0.003。在实际问题中，可以认为是不可能发生的，这在统计学上称为“3σ准则”。

4.圆概率偏差（Circular Error Probable，CEP）

弹着点的散布服从正态分布，且两个方向的中间概率偏差或标准偏差相等时，散布椭圆变为圆形，此时的弹着点散布称为圆散布。

当有50%的弹着点落入以散布中心为圆心的一个散布圆（等概率密度圆）内时，此散布圆的半径称为圆概率偏差，可表示为R_{50}。例如，某型枪械使用某普通弹射击时，它的密集度（靶距300 m）$R_{50}\leqslant 6.6$ cm，如图3–9所示。

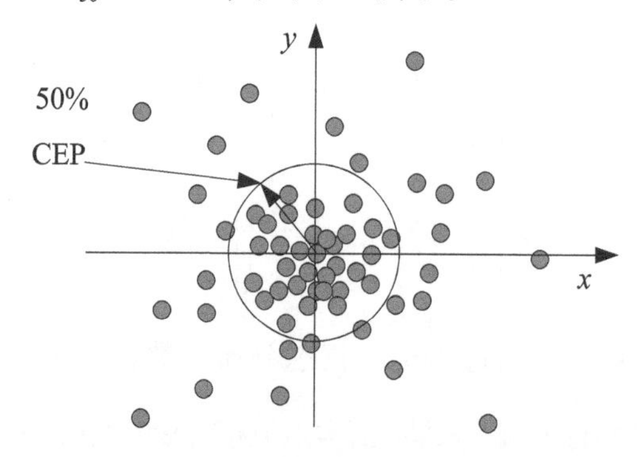

图3–9　圆概率偏差示意图

圆概率偏差的概率定义为

$$P\left\{\left(X-\overline{x}\right)^2+\left(Y-\overline{y}\right)^2\leqslant CEP^2\right\}=0.5 \tag{3-7}$$

根据圆散布的正态分布律可求得圆概率偏差与标准偏差的关系，其推导过程如下。设 $x=N\left(\mu_x,\sigma_x^2\right)$，$y=N\left(\mu_y,\sigma_y^2\right)$，$x$ 和 y 相互独立，因为弹着点散布为圆散布，散布中心与目标质心重合，所以 $\sigma_x=\sigma_y=\sigma$ 且 $\mu_x=\mu_y=0$，那么弹着点散布的概率密度函数可表示为

$$f\left(x,y\right)=\frac{1}{2\pi\sigma^2}\exp\left[-\frac{x^2+y^2}{2\sigma^2}\right] \tag{3-8}$$

将直角坐标系转换为极坐标系，上式可表示为：

$$f\left(x,y\right)=\frac{1}{2\pi\sigma^2}\exp\left[-\frac{r^2}{2\sigma^2}\right] \tag{3-9}$$

其中 $r=\sqrt{x^2+y^2}$ 为脱靶量，如图3–10所示。那么命中微元面积 $\mathrm{d}S$ 的概率 $\mathrm{d}P$ 可表示为

$$\mathrm{d}P=f\left(x,y\right)\mathrm{d}S \tag{3-10}$$

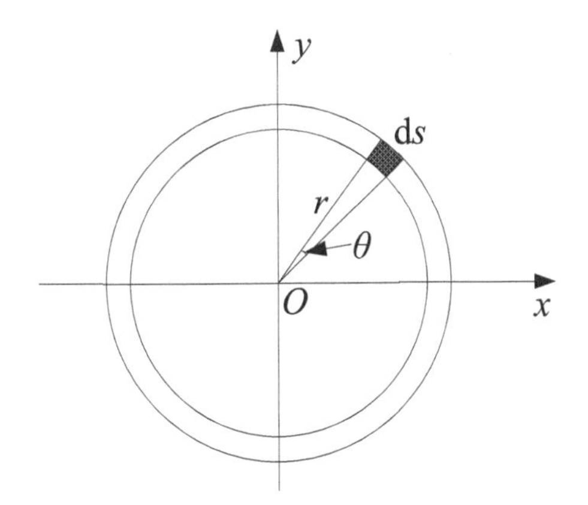

图3–10 圆概率偏差

由于 $\mathrm{d}S=r\mathrm{d}\theta\mathrm{d}r$，因此

$$\mathrm{d}P=\frac{1}{2\pi\sigma}\exp\left[-\frac{r^2}{2\sigma^2}\right]r\mathrm{d}\theta\mathrm{d}r \tag{3-11}$$

对脱靶量方位角 θ 从0到2π积分，则弹药命中以 r 为半径的单位宽度圆环的概率为

$$\begin{aligned}P\left(r<R<r+\mathrm{d}r\right)&=\int_0^{2\pi}\frac{1}{2\pi\sigma^2}\exp\left[-\frac{r^2}{2\sigma^2}\right]r\mathrm{d}\theta\mathrm{d}r\\&=\frac{r}{\sigma^2}\exp\left[-\frac{r^2}{2\sigma^2}\right]\mathrm{d}r\end{aligned} \tag{3-12}$$

对脱靶量 r 从0到 R 积分，得到

$$P\left(r<R\right)=\int_0^R\frac{r}{\sigma^2}\exp\left[-\frac{r^2}{2\sigma^2}\right]\mathrm{d}r \tag{3-13}$$

通过变量替换，令 $t=\dfrac{r^2}{2\sigma^2}$ ，则当 $r=0$ 时 $t=0$ ，当 $r=R$ 时 $t=\dfrac{R^2}{2\sigma^2}$ ， $\mathrm{d}t=\dfrac{r}{\sigma^2}\mathrm{d}r$ ，因此有

$$P\left(r<R\right)=\int_0^{\frac{R^2}{2\sigma^2}}\exp\left[-t\right]\mathrm{d}t=1-\exp\left[-\frac{R^2}{2\sigma^2}\right] \tag{3-14}$$

根据圆概率偏差定义

$$1-\exp\left[-\frac{R^2}{2\sigma^2}\right]=0.5 \tag{3-15}$$

可得 $R=\sqrt{2\ln 2}\sigma$ ，则CEP $\approx 1.1774\sigma$ 。圆概率偏差与标准偏差的关系如图3–11所示。

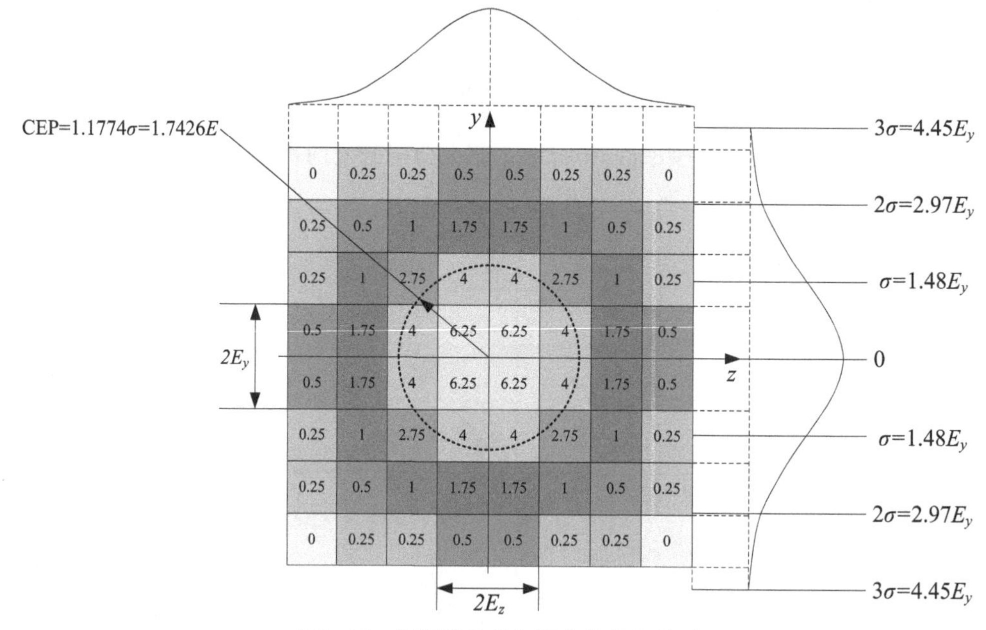

图3–11 圆概率偏差与标准偏差的关系

3.3 直瞄火力控制原则与过程

火力控制要求部队能够迅速地获取敌人并集中火力效果，以在近距离战斗中取得决定性的胜利。

3.3.1 火力控制原则

在筹划和执行直瞄射击任务时，部队应熟悉直瞄火力控制原则，但是制定直瞄火力控制原则的目的不是为了限制己方部队的行动。正确地运用这些基本原则，可以帮助部队在直瞄火力运用方面顺利实现其主要的行动目标。直瞄火力控制原则包括杀伤敌人和保护自己两大类，其中在杀伤敌人方面包括聚集并合理分配火力、武器弹药与目标相匹

配、避免过度杀伤目标，在保护自己方面包括优先摧毁最具威胁的目标、减少部队暴露提高生存能力、避免误伤己方和中立目标，见表3–6。

表3-6 直瞄火力控制原则

杀伤敌人	聚集并合理分配火力
	武器弹药与目标相匹配
	避免过度杀伤目标
保护自己	优先摧毁最具威胁的目标
	减少部队暴露提高生存能力
	避免误伤己方和中立目标

1.聚集并合理分配火力

为了取得决定性胜利，作战行动必须在关键点上聚集并合理分配火力效果，因为随机地运用火力不太可能达成决定性效果。例如将火力都集中在一个目标上，虽然可以确保将其毁灭或压制，但是这种火力控制方式可能不会对敌人的队形或阵地产生决定性的影响。

2.武器弹药与目标相匹配

使用恰当的武器打击敌人，会增加迅速摧毁或压制敌军的可能性，同时也能够节省弹药。与敌交战时，部队通常会编配多种武器。目标的类型、距离和暴露程度是决定使用何种武器与弹药的重要因素，同时也应根据所装备的武器与弹药，以及所期望达到的目标摧毁效果来确定。此外，在决定如何运用武器时，还应考虑每名战士或每个班组的具体能力。指挥员应根据地形、敌人和所期望的火力效果来部署所属部队。例如，当预料到敌人会在限制性地形条件下下车突击时，指挥员可利用步兵班或武器班的火力，来杀伤敌军快速移动的大量有生力量。

3.避免过度杀伤目标

在作战中，仅应使用必要数量的火力来达到所需的效果。对目标过度杀伤不仅会浪费弹药，也限制了将这些武器用于获取和攻击其他目标的机会。当然，首先应将目标定为摧毁敌军最具威胁的目标，再为每件武器分配各自不同的目标。

4.优先摧毁最具威胁的目标

部队打击敌人的顺序与其所呈现的威胁程度直接相关。敌人构成的威胁取决于其装备的武器、射程和位置。几乎在所有情况下，部队都会同时面对多个敌军目标，这就要求首先集中火力消灭最具威胁的目标，然后再将火力分配给其余的敌军。

5.减少部队暴露提高生存能力

当部队与敌发生接触时，只有更少地将自身暴露给对方，才能提高战场生存能力。自然的或人为的遮蔽能够为致命的直瞄火力提供最好的掩护。徒步步兵应通过不断寻找掩护，从侧面攻击敌人，保持人员队形分散，以及从多个位置射击并缩短射击时间，来最大限度地减少自身的暴露程度。

6.避免误伤己方和中立目标

作战时，部队必须积极主动地设法避免误伤。可以通过多种手段来协助完成这些工作，例如战斗车辆与飞机的识别训练、武器控制状态，标记的识别，以及包括射距卡、作战区域草图和战斗演练等。交战规则的相关知识及其运用是防止误伤非战斗人员的主要手段。需要注意的是，因为在地面战场上很难区分友军与敌军的徒步步兵，所以指挥员应派人持续监视友军的位置。

3.3.2 火力控制过程

为了运用直瞄火力对敌攻击，指挥员必须不断地执行火力控制程序的各个步骤。为达成对目标的决定性效果，该过程通常包括两个关键性动作：快速准确地获取目标和集中火力。获取目标是指对目标的探测、识别和定位，以满足实施攻击的条件。集中火力是指在关键的点上聚集火力，并合理分配火力以获得最佳效果。

获取目标和集中火力所涉及的火力控制过程包括四个方面：

（1）敌人从哪里来？即确定可能的敌人位置及其机动计划；

（2）在哪消灭敌人？即确定在哪里以及如何集中火力；

（3）确定兵力兵器指向？即确定兵力指向以提高目标获取速度；

（4）如何进行火力转移？即为重新聚集和分配火力而进行火力转移。

1.确定可能的敌人位置及其机动计划

指挥员根据任务情况分析来筹划和执行直瞄火力任务。该计划的重要部分是对地形和敌军的分析，这有助于指挥员直观地理解敌人将如何攻击或防御特定的地形。防御之敌的防御阵地或进攻之敌的支援阵地通常是由互见性来确定的。通常，在一块地形上只有有限的一些位置，既可以提供良好的射界，也能够为防御方提供足够的掩护。同样，进攻方通常只能获得有限的几条同时实现掩护和隐蔽的接近路。

指挥员应结合可用的情报，了解具体地形对机动的影响。通过详细分析，指挥员就可在战前和战斗期间确定敌军的可能位置和可能的接近路。

2.确定集中火力的位置以及如何集中火力

为了取得决定性的效果，部队必须集中火力。集中火力要求指挥员既要聚集所属部队的火力，又要合理分配火力效果。根据任务分析结果和作战理念，指挥员应确定他预想或必须集中火力的地点。最常见的是指挥员确定为敌人可能的位置，或者是部队能够集中火力的可能的接近路上的点。同时，指挥员必须使用直瞄火力控制措施来分配所属部队的火力，以避免火力集中在同一点上。

3.确定兵力指向以提高目标获取速度

为了使用直瞄火力打击敌人，部队必须迅速准确地获取敌方目标。在敌人可能的位置和可能的接近路上确定兵力指向，将有助于提高获取目标的速度。与之相反，如果对兵力的指向不能正确判定，将降低对目标的获取速度，这也将导致敌军先发制人的可能性大大增加。美军大多数部队的标准战斗程序中都规定了时钟方向定向方法，该方法有利于实现全方位的安全警戒。但是，这还不能确保部队能够最有效地探测到敌人。为了实现兵力正确定向，指挥员通常会在可能的敌军位置和接近路上（或附近）指定目标参考点。指挥员可以使用射击方向或射击地段来为所属部队定向。通常，使用班组武器的主射手扫描指定的方向、地段或区域，而其他班组成员则观察其它地段或区域，以提供全方位的安全警戒。

4.为重新聚集和分配火力而进行火力转移

随着交战的进行，指挥员必须根据不断发展的任务分析来转移火力，以重新聚集和分配火力效果。此时，态势感知成为火力控制过程的重要组成部分。火力转移的时机包括：

（1）在目标区域发现敌军新出现的部队时；

（2）敌军被大量摧毁，可能出现目标过度杀伤时；

（3）与敌军交战的己方部队出现消耗时；

（4）与敌军交战的己方部队的弹药状态发生变化时；

（5）因敌军或己方部队的机动而形成地形遮蔽时；

（6）当己方部队接近敌军，误伤的风险增大时。

3.4　直瞄火力控制措施

为了确保部队能够迅速、可预测地采取行动，应制定直瞄火力控制措施。在控制措施的规范下，部队所属力量可根据预先赋予的职责自动执行相关任务。当预期的与实际的任务变量发生明显差异时，指挥员应对直瞄火力控制措施的相关要素做出调整。如果指挥员不再发布其他指示，则所属部队将使用标准化程序进行战斗。

根据功能不同，直瞄火力控制措施可分为聚集火力、火力分配、防止误伤等三个方面。

5.4.1　聚集火力

聚集火力是指将直瞄火力集中在某些点、线和面（区域）上。为了聚集火力，可采用多种方法和手段，其中包括目标参考点、歼击地域、射击地段、射击方向等，如图3-12所示。

1.目标参考点

目标参考点是聚集火力的常用手段。目标参考点是人为建立的标准相对位置，是地面部队指挥员用来确定兵力指向，集中和控制直瞄火力的可辨识的点。通常将地形上的具体地点根据与友军的相对位置关系进行顺序编号，例如对部队前方的数个地点从左到右进行编号，如图3–13所示。这种方法可以使指挥员与所属部队之间实现快速地沟通。

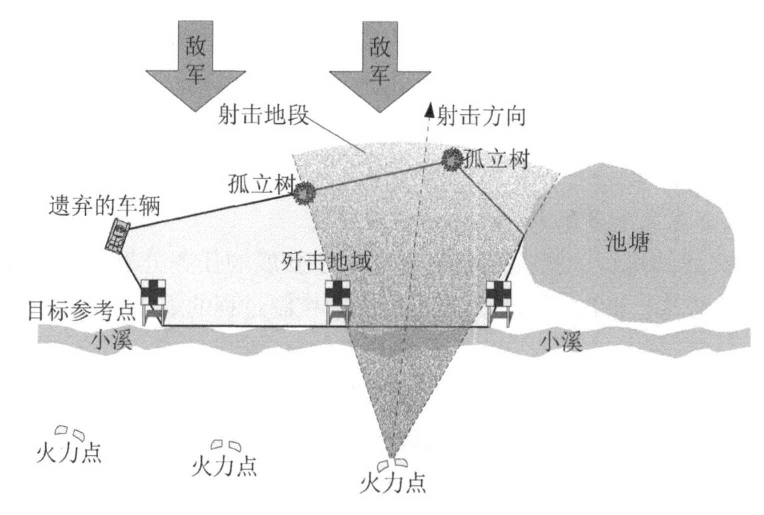

图3-12　与聚集火力相关的直瞄火力控制措施

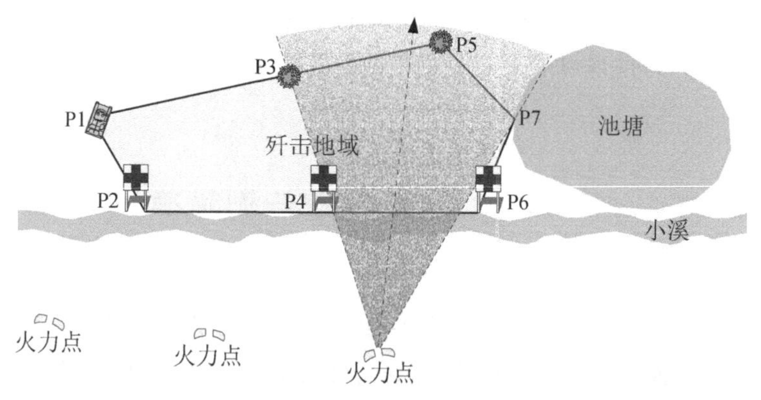

图3-13　对目标参考点依次编号

指挥员可以在敌人的可能位置或可能的接近路上指定目标参考点，这些点可以是天然存在的，也可以是人为构设的。例如，可以将小山或建筑物或临时的特征（正在燃烧的敌方车辆或由炮弹爆炸产生的烟尘）指定为目标参考点。部队还可以构建特殊标记，来做为目标参考点。在理想情况下，目标参考点应同时具备三种观察模式（裸眼、被动红外和热成像）发现的能力，以便所有部队都能够看到它们。典型的目标参考点包括：突出的山体、独特或孤立的建筑、可观察到的敌军阵地、被毁的车辆、地面引爆的照明弹、人为构设的目标参考点标示牌等。需要注意的是，发烟弹也可以作为目标参考点，但它不是推荐的方法。

2.歼击地域

歼击地域是指在敌接近路上或附近选定的，用于集中现有武器火力来歼灭敌军的区域。歼击地域的大小和形状取决于部队装备的武器系统在其射击阵地可获得的无障碍或通视的相对程度，以及这些武器的最大射程。通常，排长通过为每个班分配特定的射击地段或射击方向，来划定各自的责任区域。

3.射击地段

射击地段是指被指定的由直瞄火力覆盖的区域。指挥员将射击地段分配给所属部队、班组武器和单个士兵，以确保覆盖整个责任区域；他们也可能会限制部队或武器的射击地段，以防止毗邻部队的意外交火。在分配射击地段时，排长及所属班长需考虑可用武器的数量和类型。此外，在确定射击地段范围时必须考虑目标获取系统的类型和视野。例如，尽管裸眼观察具有广阔的视野，但是其在远距离和视觉受限条件下发现和识别目标的能力会受到限制。相反，大多数火力控制与目标获取系统具有比肉眼更大的发现和识别距离，但是它们的视野通常比较狭窄。射击地段的分配方法包括：目标参考点、时钟方向、方位角或基本方向等。

4.射击方向

射击方向是指在控制直瞄火力时用于分配任务的方向或地点。指挥员应为所属部队、班组武器和单个士兵进行目标获取和与敌交战指定射击方向。当由于时间有限或参考点不足而难以或不可能分配射击地段时，经常采用指定射击方向的方法。指定射击方向的方法包括：最近的目标参考点、时钟方向、方位角或基本方向、向目标发射曳光弹、使用红外激光光束、向目标发射发烟弹等。

3.4.2　火力分配

火力分配是指将直瞄火力合理分配到目标上。火力分配可采用多种手段，其中包括三种重要方法，即确定交战优先级、根据地形划分象限、根据目标队形分区。

1.确定交战优先级

确定交战优先级是指为己方部队各种武器规定打击敌军各种类型目标的先后顺序，又称为目标打击顺序。交战优先级要求对拟打击的目标进行排序，它可以为其他火力控制功能提供帮助。

优先考虑高回报目标。根据作战理念，指挥员应确定哪种目标类型能够获得最大收益，然后将这些目标设置为优先交战目标。例如，他可以将敌人的工程机械做为优先目标，因为这样可以阻止敌军使用这些装备实施破障行动。

运用最适合的武器打击目标。为部队所装备的武器分别指定交战优先级，可以提高部队武器的运用效率。例如，反坦克导弹的交战优先级首先应是敌方坦克，然后是敌军的步兵运输车，因为这样可以避免其他轻型武器系统将不得不面对打击敌军装甲车辆的尴尬情况。

合理分配火力。为己方类似的武器系统建立不同的交战优先级有助于防止过度杀伤，并实现火力的合理分配。例如，指挥员可以将敌人的坦克指定为武器班（配备反坦克导弹武器系统）的首要打击目标，而将敌方的步兵运输车做为步兵班的优先交战目标。这样可以减少多套反坦克导弹武器系统同时打击同一辆敌军坦克的概率，同时也可避免将己方暴露给敌军的步兵战车。

2.根据地形划分象限

象限是通过相互垂直的轴线在地形上将某块面积划分而成的四个单独区域。在建立象限区域时，通常基于地形上的突出特征来建立，以便于射手能够清晰地区分各自的责任区域。

在进攻战斗中，指挥员可使用现有特征或创建参考点来指定象限的中心。例如，使照明弹落地炸产生目标参考点，发射发烟弹产生目标参考点，或使用燃烧弹或曳光弹引燃其他易燃物进而产生目标参考点。在防御作战中，指挥员也可使用现有或构设的目标参考点来指定象限的中心。需要注意的是，描绘象限的轴应平行或垂直于部队运动方向。在部队的标准战斗程序中应建立象限的编号方法。在图3–14所示的示例中，使用字母“Q”和数字来标记各个象限，例如Q1~Q4。

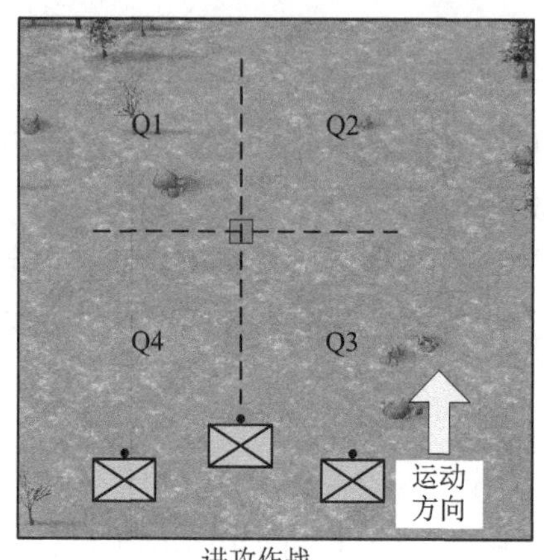

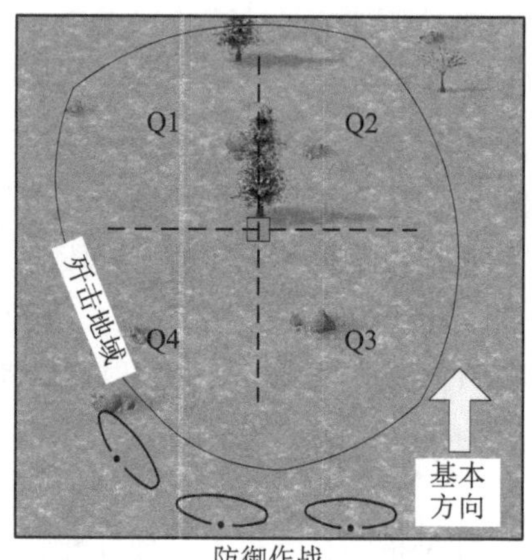

进攻作战　　防御作战

图3–14　根据地形划分象限的示例

3.根据目标队形分区

当敌军集中且快速运动时，就不宜根据地形划分象限来分配火力。在这种情况下，可以将区域创建在敌军的运动队形上，整个区域跟随敌军队形一起运动，各个矩形区域的边平行或垂直于敌军的运动方向。

根据目标队形分区来进行火力控制，可以有效地防御具有良好组织结构的敌军。但是，当敌军编队组织不明显或没有严格遵循规定战术时，这种方式的效果就比较一般。根据目标队形分区如图3–15所示。

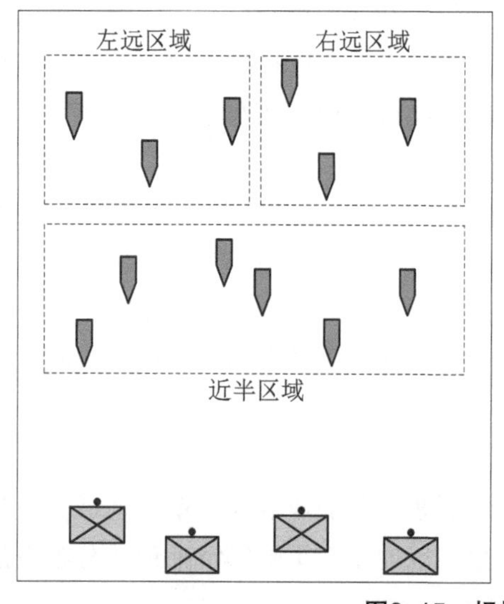

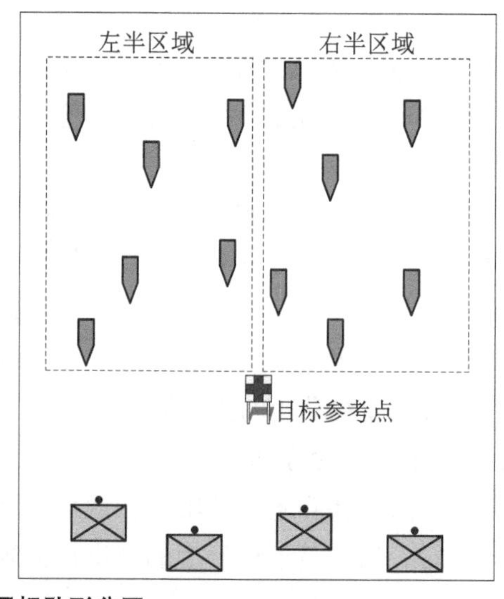

图3–15　根据目标队形分区

2.4.3 防止误伤

当前，武器的远程性和精确性能够实现“发现即摧毁”，这就要求作战人员、车辆、工事等尽可能地降低自身信号特征，其中包括可见光、红外、电磁等特征，以防被敌军探测和消灭。因此，作战双方的信号特征已呈趋同的方向发展，即与作战环境背景接近或一致。例如，双方的作战人员均穿着迷彩服，佩戴低可视化的标识符号。在战场上，作战双方区分敌我的难度越来越大，很难避免误伤友军。

1.武器控制状态

最大限度地防止误伤的主要方法是建立武器控制状态，这需要在交战之前对敌方进行积极的识别。武器控制状态用于根据目标识别标准确定部队交战的条件。指挥员根据敌我部署和态势清晰度，来设置和调整武器控制状态。一般而言，误伤己方人员的可能性越高，武器控制状态就应越严格。

按照限制性进行降序排列，武器控制状态可分为三个层次，即严禁状态、限制状态、自由状态。严禁状态是指仅在被攻击或接到命令时交战；限制状态是指只与被确认为敌人的目标交战；自由状态是指与未确定为己方部队的目标交战。

举例来说，当己方步兵穿越火线时，指挥员可以将武器控制状态设置为“严禁状态”。但是，通过持续跟踪所属部队和友邻部队的态势，他也能够降低武器控制状态。在这种情况下，当指挥员知道在交战地域附近没有其他己方部队时，便可以设置为“自由状态”。这种设置方式可以使所属部队在更大范围内作战，即使在战场条件下很难准确地区分和识别超过2 000 m的目标。另一个考虑因素是武器控制状态对于装备战斗识别系统的部队极为重要。将武器控制状态设置为“自由状态”，可以使指挥员在未能得到对方正确回应时打击未知目标。

2.火力限制线

火力限制线是一种线性的火力控制措施，在未经协调时，禁止对超过该范围的区域进行射击，如图3-16所示。在进攻行动中，指挥员可以指定火力限制线来防止支援火力向正在实施机动的突击分队的行动区域射击。当装甲车辆支援徒步步兵的机动时，这项技术尤其重要。在防御行动中，指挥员可能会建立火力限制线，以防止防御部队打击与位于线外受限地形中的友军部队。

3.其他方法

指挥员必须解决防止误伤的需求与保持态势感知之间的矛盾冲突。每当己方部队移动或准备移动时，所属分队指挥员必须向上级报告，并告知毗邻部队和下属部队。防止误伤包括在适当的时候使用臂章、闪光带、红外光源，或在适当的时候发射指定颜色的发烟弹。当然，随着军事科技的进步，可以通过作战指挥/部队跟踪系统（如果有配备）来最大程度地减少己方部队发生误伤的风险，但是这并不能代替指挥员筹划防止误伤的职责。

以美国陆军装备的“21世纪部队旅及旅以下作战指挥/蓝军跟踪系统”（Force XXI Battle Command Brigade and Below & Blue Force Tracking， FBCB2/BFT）为例，该系统是一种新型的数字化作战指挥控制信息系统，能够提供实时或近实时的作战指挥信息、

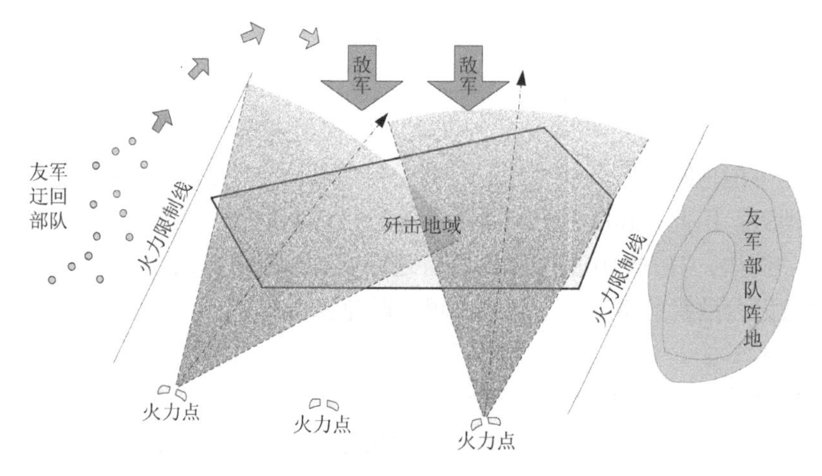

图3–16　运用火力限制线的示例

态势感知信息和友军位置信息，可以三维方式查看战场地形和态势，如图3–17所示。其中，该系统的一项重要功能是实时跟踪显示己方部队的位置。之所以称为蓝军跟踪系统，是因为美军喜欢将己方称为蓝军，而将假想敌称为红军。FBCB2/BFT通过GPS系统对单兵或单个武器/平台、指挥所及其他作战设备进行地理定位，并通过加密通信将位置信息显示在信息终端上。指挥员可以通过随时更新的图像分辨出敌友部队。该系统大大增强了美军的敌我识别与跟踪能力，有效解决了困扰多年的误伤问题。据统计，海湾战争中美军的误伤率为23.6%，伊拉克战争主要作战阶段为11%，而安装了该系统的部队几乎没有出现过误伤。

图3–17　21世纪部队旅及旅以下作战指挥/蓝军跟踪系统

3.5　武器弹药的运用

3.5.1　武器准备状态

武器准备状态是指部队为武器选定的弹药和射程。这是指挥员根据任务分析结果来具体指定最可能的预期交战的弹药和射程的一种方法。虽然弹药的选择取决于目标的类型，但指挥员可以根据交战优先级、期望的效果和有效射程来进行调整。射程的选择取决于预期的交战距离，它受地形通视性、天气、光照等条件的影响。例如：如果要求枪挂榴弹发射器覆盖距其发射阵地200 m的区域，那么该榴弹发射器就应装填杀爆破甲双用途弹药，并将其表尺调整为200 m；又如，为了准备在交战距离极近的丛林地域作战，下车作战的反装甲士兵应该携带火箭筒弹或便携式无坐力炮，而不是反坦克导弹武器系统。

3.5.2 射击触发

射击触发是指确定开火的具体条件。射击触发通常也被称为交战准则，它指定了所属部队实施交战的具体条件，即满足什么条件就开始射击。这些情况可以基于己方或敌方的事件。例如，己方排级部队的开火条件可能是三辆或三辆以上的敌方战车通过或越过给定的点或线。这条线可以是自然的，也可以是人造的线性特征，例如道路、山脊线或溪流等，还可以是一条垂直于部队运动方向的由一个或多个参考点划定的线。

在实战中，设定最远射击线是射击触发的常用手段，这样可以使对敌射击时间最大化。最远射击线是对武器或单位的最远有效火力限制的线性描述，这条线是由武器的最大有效射程及地形的影响因素所决定的。例如，斜坡、植被、建筑和其他特征会产生覆盖和遮蔽，以阻止武器实现在最大有效射程内的全部覆盖。在作战中，最远射击线有多种用途。指挥员可以使用最远射击线来防止己方人员超出最大有效射程与敌交战，以建立行动触发的标准，并在作战草图上划定最大的交战范围。

对于射击触发而言，另一条重要的线是最后拦阻线。最后拦阻线是一条火力线，当敌人通过该线时，部队所有武器都应对敌进行最猛烈地射击，以防敌军突破该线。通常，部队会运用防护性障碍和最后拦阻火力来加强这条线。敌军触发最后拦阻火力后，己方所有部队均应立即向预先布置的各自的最后拦阻线区段进行射击。他们应不遗余力地抵抗敌人的攻击，无需考虑弹药消耗，这对于通用机枪和其他自动武器尤为重要。最远射击线和最后拦阻线示意图，如图3-18所示。

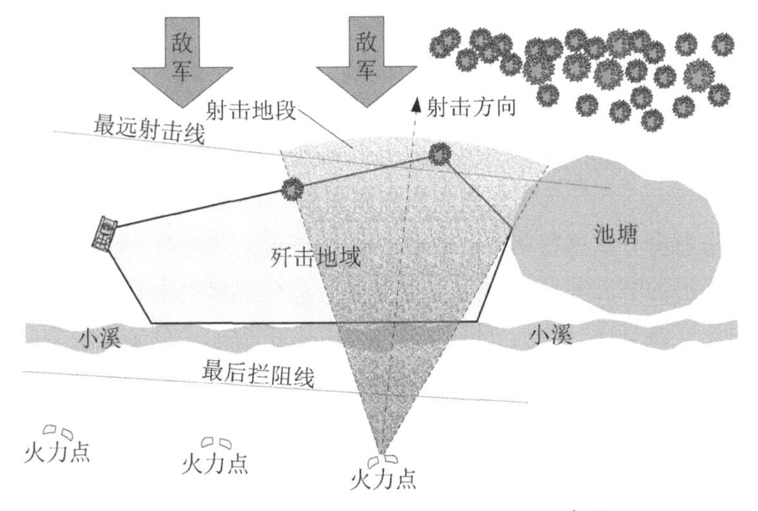

图3-18　最远射击线和最后拦阻线示意图

3.5.3 射击方法

射击方法主要包括点目标射击、面目标射击、齐射、交替射击、观察射击、顺序射击、压制射击、火力侦察等。

1.点目标射击

点目标射击是指将部队的火力集中在已识别的特定目标上，例如敌军指挥官、车辆、机枪掩体或反坦克导弹阵地。指挥员指挥点目标射击时，部队的所有武器都应向该目标射击，直至目标被摧毁或达到所需的压制时间为止。从多个分散的阵地进行点目标射击时更为有效，因为这样可以从多个方向打击目标。部队可采用点目标射击方式打击最具威胁的目标，然后再采用面目标射击方式来攻击其他威胁较小的点目标。需要注意的是，在实战中使用点目标射击方式的时机非常少，因为部队很少会遇到已明确识别的单个敌军目标。

2.面目标射击

面目标射击又称为区域射击，它是指向敌军所在的区域进行射击。它适合的时机是：在某区域内有大量敌军或某区域内敌军的具体位置尚不明确时。如果区域很大，指挥员可使用象限将地形分区，并将各个区域分配给所属的各部队。通常，面目标射击的主要目的是压制敌军。需要注意的是，持续压制需要合理地控制射击速度。

3.齐射

为了快速集中火力效果或获得火力优势，应采用齐射的方式。例如，部队可以采用齐射方式来开始火力支援，然后转换为交替射击或顺序射击以维持对敌压制效果。齐射也可以用来弥补某些反装甲武器较低的命中与毁伤概率。例如，步枪班可能会同时使用多具火箭筒破甲弹进行射击，以确保迅速消灭正向己方阵地进攻的某辆敌军步兵战车。

4.交替射击

交替射击是指两组火力轮流向同一点目标或面目标进行射击。例如，步兵连可以使两个排进行交替火力射击；步兵排可以使所属班进行交替火力射击或使所属的两挺通用机枪交替射击。相比齐射，交替射击可以使部队保持更长的火力压制时间，而且使敌军更难发现我方位置，提高了部队的战场生存能力。因为，交替射击方式会迫使敌人分别获取各个火力点的具体位置，并分别进行回击。

5.观察射击

观察射击是指射击分队进行射击，观察分队进行火力观察的射击方式。观察射击通常在部队处于受保护的防御阵地时采用。排属分队进行观察射击时，可以指示一个步兵班进行观察，而让武器班执行交战任务，也可以由排长指挥一个步兵班交战，而其余的班进行火力的观察，并准备在交战部队始终未击中目标、发生故障或弹药不足时投入战斗。观察射击允许分队间的相互观察和协助，同时能够保护观察分队的位置。

6.顺序射击

顺序射击是指部队的所属单元按照安排好的顺序依次对同一点目标或面目标进行射

击。顺序射击可以防止弹药的浪费，例如部队在发射下一枚反坦克导弹时要首先看到前一枚导弹的毁伤效果。此外，顺序射击还可以使部队从上次射击中获得一些战斗信息。例如，某个士兵的火箭筒破甲弹未摧毁通过其责任区域的步兵战车，该信息会直接引导另一名士兵用火箭筒弹来继续打击该目标。

7.压制射击

压制射击是指在指挥员指定的时间内对敌军部队或阵地进行压制，使其暂时失效。压制时间通常取决于受援部队进行机动所需的时间。通常，部队的自动武器采用短点射的射击方式进行持续射击。在筹划压制射击时，指挥员必须考虑压制的预估时间、压制区域的大小、被压制敌军的类型、目标的射程、武器的射速和可用的弹药数量等因素。

8.火力侦察

火力侦察是指向敌军可能的位置进行射击，以引起敌方战术反应（例如回击或转移）的过程。敌军的战术反应可以使己方部队获取目标，并集中火力来打击敌军部队。通常，由排长指挥所属分队进行火力侦察。例如，在跃进分队开始移动之前，排长可以指示侦察分队对可能的敌军阵地进行火力侦察。

3.5.4　射击样式

射击样式是一种基于威胁的火力控制措施，旨在针对多个类似的目标分配部队的火力。指挥员可以根据地形和敌军的预期队形来指定和变换射击样式。排级分队最常用的是针对敌军队形来选择不同的射击样式。基本的射击样式包括正面射击、交叉射击和纵深射击，如图3–19所示。

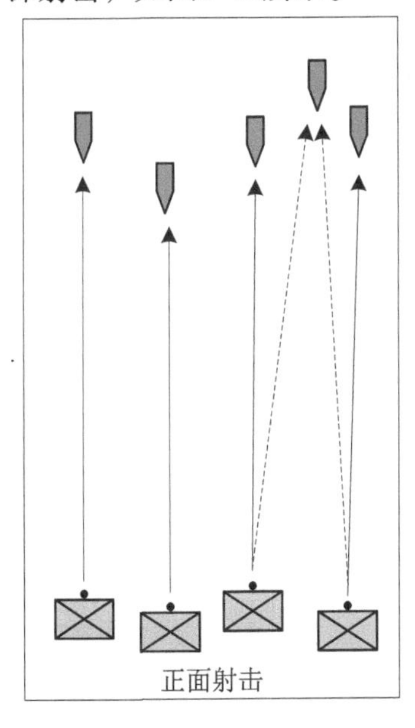

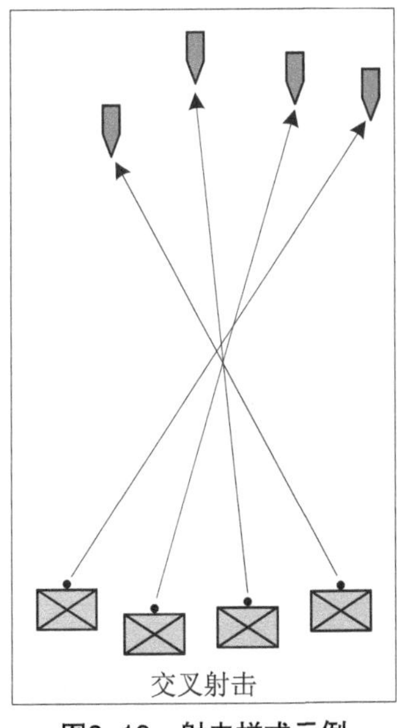

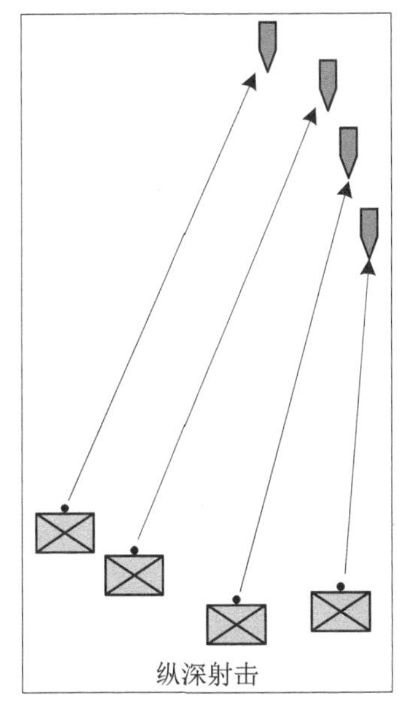

图3–19　射击样式示例

1.正面射击

当目标以横向排列队形出现在部队前方时，指挥员可以采用正面射击样式。采用正面射击样式时，所属武器分别向各自正面的目标进行射击。例如，左翼的武器首先打击最左侧的目标；右翼的武器首先打击最右侧的目标。当目标被摧毁后，武器将由近及远地从敌军队形的两侧向中心转移火力。

2.交叉射击

当目标以横向排列队形出现在部队前方，但由于障碍物的阻挡而不能进行正面射击时，通常采用交叉射击样式。在交叉射击时，右翼的武器打击最左侧的目标；左翼的武器打击最右侧的目标。交叉射击可以在交战区域形成更多的侧向射击情况，从而增加了对敌军的杀伤概率。如果敌人继续前进，它也可以减少敌人发现己方部队的可能性。当杀伤目标后，部队将朝着敌军队形的中心转移火力。

3.纵深射击

当敌人的分散队形垂直于己方部队时，将采用纵深射击样式。正中间的武器打击最接近的目标，侧翼的武器打击纵深的目标。当杀伤目标后，部队将朝着敌军队形的中心转移火力。

3.5.5 注意事项

1.肩射武器

肩射武器增加了步兵的杀伤力和战场生存能力，使其具备近距离对抗装甲车辆的能力。其配备的攻坚弹还可以摧毁敌军的野战工事、碉堡、掩体、砖石建筑物，并杀伤内部的人员目标。

根据发射方式，可将肩射武器分为火箭弹式、无坐力炮式、平衡抛射式，其中以火箭弹式和无坐力炮式为主。根据当前弹药装备情况，很难从单兵肩射武器的外观分辨它具体采用哪种发射方式。例如，常见的一次性使用的单兵火箭筒弹既可以采用火箭弹式，也可以采用无坐力炮式，如图3–20所示。当然，可重复使用的肩射武器也都存在火箭弹式和无坐力炮式，如图3–21所示。

从弹药运用的角度分析，发射时肩射武器通常会向后侧喷射大量高温高压气体，形成很大的危险区域，如图3–22所示。这种现象的存在不仅会暴露射手的位置，而且会对后侧的己方人员造成危害，因此在运用过程中也受到了限制。

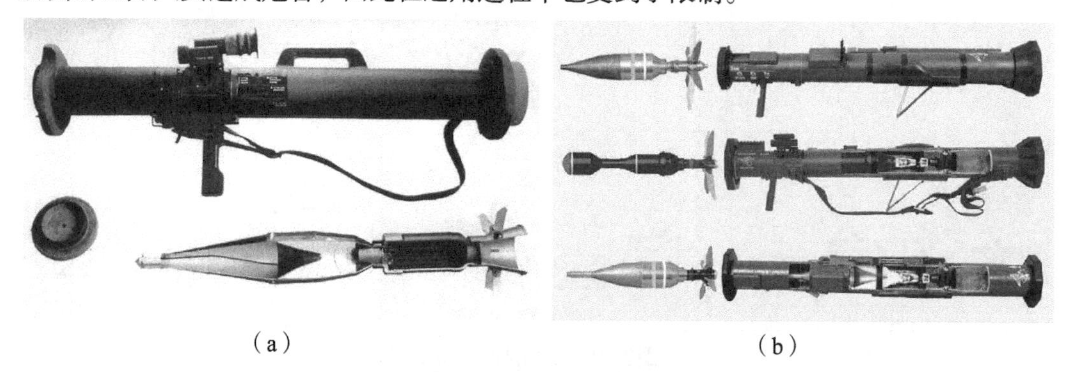

（a）　　　　（b）

图3–20　一次性使用的单兵火箭筒弹

（a）PF89式80 mm火箭筒弹（火箭弹式）；（b）M136 AT4型轻型反装甲武器（无坐力炮式）

（a）

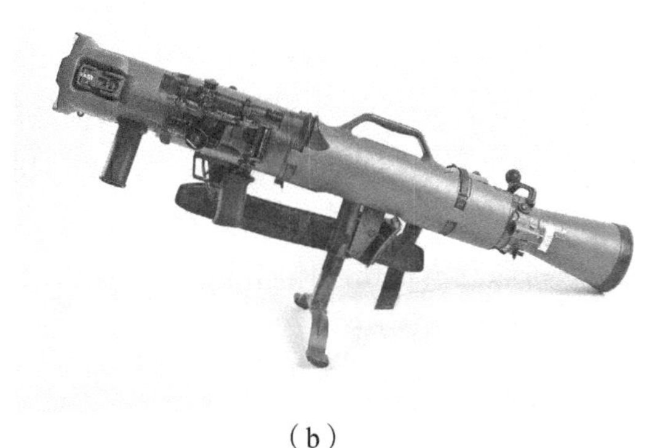

（b）

图3-21　可重复使用的肩射武器

（a）PF98式120 mm火箭筒及配套弹药（火箭弹式）；（b）M3型多用途单兵武器系统（无坐力炮式）

（a）

（b）

图3-22　普通肩射武器发射时的场景

（a）PF89式80 mm火箭筒弹；（b）M3型多用途单兵武器系统

为了减少肩射武器的后侧危害效应，且达到发射时武器整体的动量平衡，实现发射筒体的无后坐力，可以采用向后抛射惰性物质的方式。具体做法包括向后抛射固体惰性物质、向后抛射液体惰性物质两种方式。能够有效降低后向危险区域的肩射武器的发射场景，如图3-23所示。

（a）

（b）

图3-23　能够有效降低后向危险区域的肩射武器的发射场景

（a）DZJ08式80 mm火箭筒攻坚弹；（b）M136 AT4型轻型反装甲武器（CS型）

以DZJ08式80毫米火箭筒攻坚弹为例，该型弹药既未采用火箭弹式，也未采用无坐力炮式，而是采用了特殊的平衡抛射式。DZJ08式80 mm火箭筒攻坚弹的基本结构，如图3–24所示。该型弹药的发射筒内包含弹体、平衡体、活塞（一对）、发射药。发射时，发射药燃烧产生高温高压燃气，推动两个活塞分别向发射筒的两端运动，在活塞的推动下弹体和平衡体分别从发射筒的前方和后方飞出，最后活塞被限制在发射筒的两端，并将燃气密封在筒体内部，实现发射过程的无烟、无光，对外界环境的影响较小。

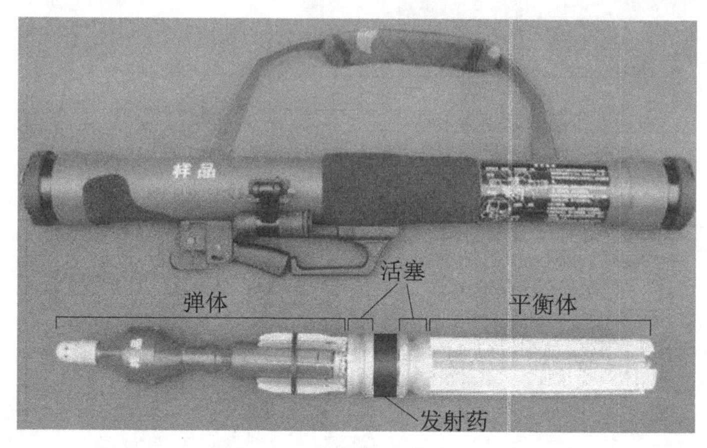

图3–24　DZJ08式80毫米火箭筒攻坚弹的基本结构

M136 AT4型轻型反装甲武器是美国陆军主要的轻型反坦克武器，大量装备于步兵作战部队，用来打击敌方轻型装甲车辆，该武器采用弹筒合一形式，即在发射器内装有一枚弹药，发射器兼具储存弹药的功能，发射后即可将发射器丢弃。M136 AT4型轻型反装甲武器如图3–25所示。

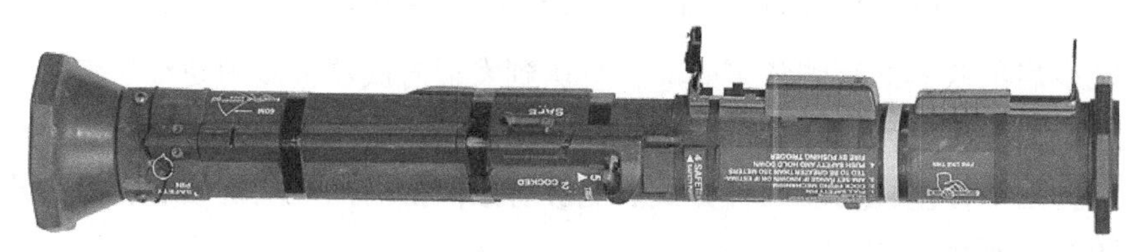

图3–25　美军装备的M136 AT4型轻型反装甲武器

该型武器配用的弹药及其发射场景，如图3–26所示。该型弹药采用尾翼稳定方式，在弹丸尾部安装有曳光管，用于指示飞行弹道。战斗部采用成型装药形式，它的引信具有弹头激发/弹底起爆功能。AT4最初只有一个型号，随着时间的推移，又研制了多个改进型号。AT4的普通型号发射时后方会产生高温危险区域，从而限制了在有限空间内发射。

为了减少发射时的后效危害，美军研制装备了M136 AT4型轻型反装甲武器的有限空间发射（Confined Space，CS），型号它具备在有限空间内（室内）发射的能力，非常适合城市作战。这种型号的AT4武器也采用了平衡体的发射方式。通常，CS型的重量会稍大一些，并且价格也会更高。M136 AT4型轻型反装甲武器的普通型与CS型的后向危险区域对比，如图3–27所示。对于普通型，其后向危险区域分为危险区域和警告区域两部分。在危险区域内，可致命或引起严重杀伤，其中包括严重烧伤、视觉损伤或永久性失聪。其毁伤元包括各种破片、高温气体产物、冲击波超压和高分贝噪声等。警告区域是危险区域的延伸。在该区域，受各种毁伤元的影响，也可能会造成人员的严重损伤。对于CS型，其后向危险区域分为A区域和B区域两部分：在A区域内，禁止有大型垂直物体，否则其反射作用会危害射手的安全；在B区域内，禁止有人。从技术参数上分析，CS型的后向危险区域要比普通型要小得多。

图3–26　M136 AT4型轻型反装甲武器配用的弹药及其发射场景

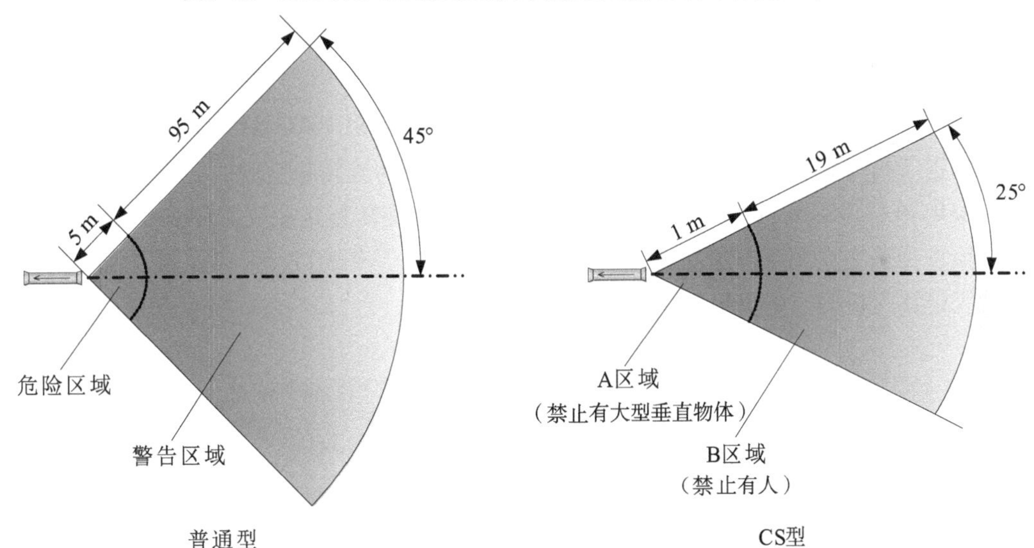

图3–27　M136 AT4型轻型反装甲武器的普通型与CS型的后向危险区域对比

需要注意的是，虽然采用特殊的结构样式，可以有效降低后向危险区域范围，但是发射时肩射武器在后方或多或少地还是会存在一定的危险区域。

2.穿甲类弹药

穿甲弹的突出特点是着靶速度高、穿甲能力强，主要用于打击敌方装甲、土木工事等目标。为了获得更大的穿甲能力，当前几乎除枪弹外的所有穿甲弹都采用“脱壳”的方式。“脱壳”方式既可以降低弹丸的整体发射重量，提高炮口初速，又可以减少飞行体截面，降低空气阻力，提高着靶时的比动能（比动能是指着靶时作用在单位面积装甲上的动能，比动能越大穿甲能力越强），增强穿甲能力。

在进攻作战中，为了掩护突击分队的行动，需要对敌实施火力压制。直瞄火力压制通常采用间隙射击、翼后射击或超越射击方式，如图3–28所示。间隙射击是射弹从己方分队的间隙穿过的直射武器射击方式；翼后射击是射弹从己方分队的翼侧穿过的直射武器射击方式；超越射击是直射武器利用地形或弹道高，使射弹越过己方战斗分队上空的射击方式。

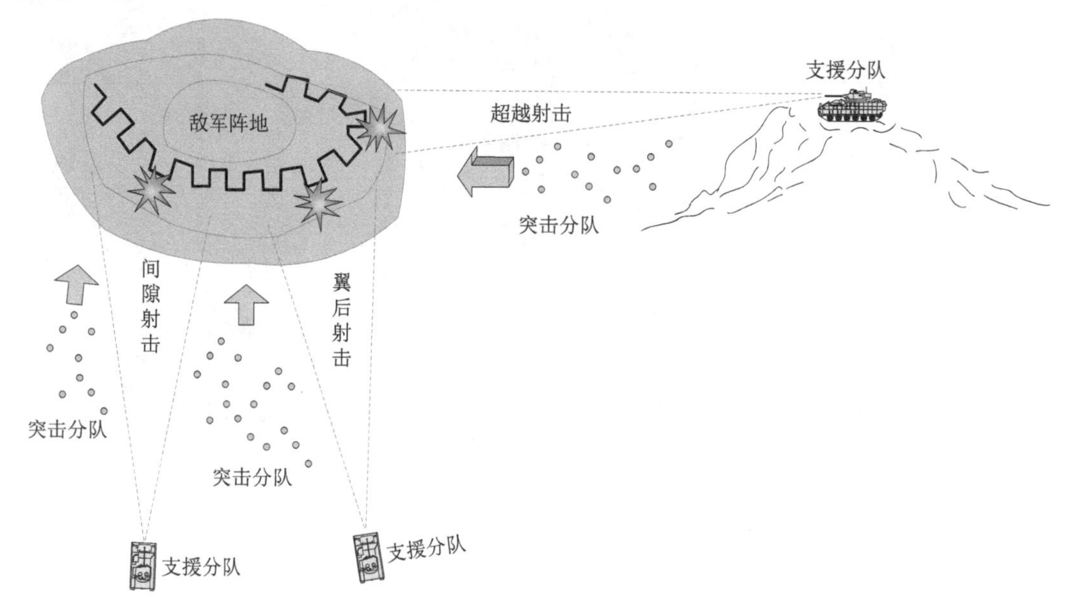

图3–28　直瞄火力压制时采用的间隙射击、翼后射击和超越射击方式

根据飞行稳定方式的不同，当前的穿甲弹主要分为旋转稳定脱壳穿甲弹和尾翼稳定脱壳穿甲弹。美军装备的M791型25 mm穿甲弹属于旋转稳定脱壳穿甲弹，如图3–29所示。该型弹药主要用于打击敌方轻型装甲、自行火炮等车辆目标，以及直升机、低速飞行的固定翼飞机等空中目标。

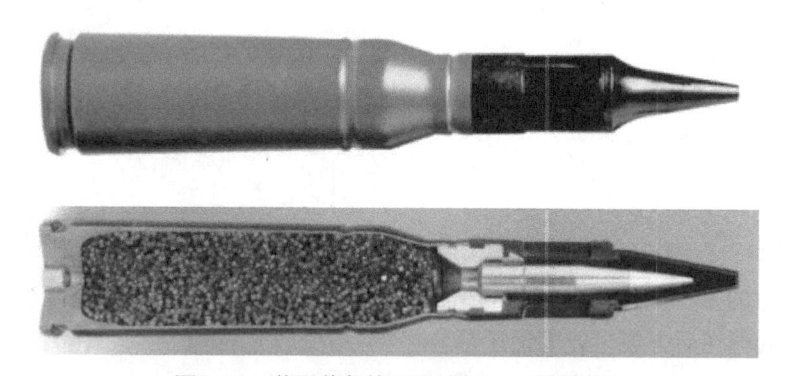

图3–29　美军装备的M791型25 mm穿甲弹

M791型25 mm穿甲弹的基本结构，如图3–30所示。该型弹药主要包括弹丸、药筒、发射装药、底火等组件。弹丸由钨合金弹芯、铝质风帽、曳光管、尼龙弹托、铝质弹丸底座、尼龙鼻锥等组成。

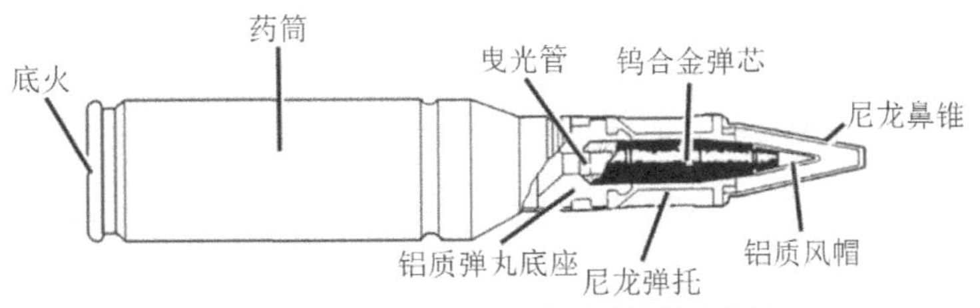

图3–30　M791型25mm穿甲弹的基本结构

当底火被击发后，将点燃药筒内的发射药，进而产生高温高压的火药燃气，推动弹丸在炮膛内加速运动，同时引燃弹丸后部的曳光管。弹丸的炮口速度为1 345 ± 20 m/s。弹丸出炮口后，依靠在炮膛内获得转速产生的离心力和空气阻力的综合作用，瞬间将尼龙鼻锥、尼龙弹托、弹丸底座沿各自的断裂槽撕裂，同时在惯性力和气动力的作用下飞行的弹芯（弹芯包括铝质风帽、钨合金弹芯、曳光管）迅速脱离底座，并以极高的速度和转速稳定地飞向目标。

在发射该型弹药时，由于脱落的弹托、底座等会影响射击方向上己方暴露步兵的安全，因此需要特别注意。这些脱落的碎片可能会造成人员的伤亡，其飞散区域为射击线左右各30° 、距离为100 m的范围内，如图3–31所示。

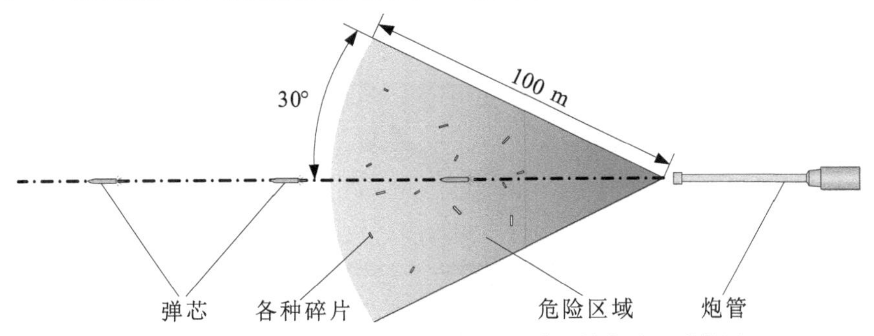

图3–31　发射M791型25 mm穿甲弹时产生的危险区域范围

美军装备的M829系列120 mm穿甲弹属于尾翼稳定脱壳穿甲弹，如图3-32所示。该系列弹药有M829基本型、A1型、A2型、A3型共四个型号，配用于美军M1A2型坦克的120 mm主炮，主要用于摧毁敌军坦克、装甲车辆、防御工事等坚固目标。

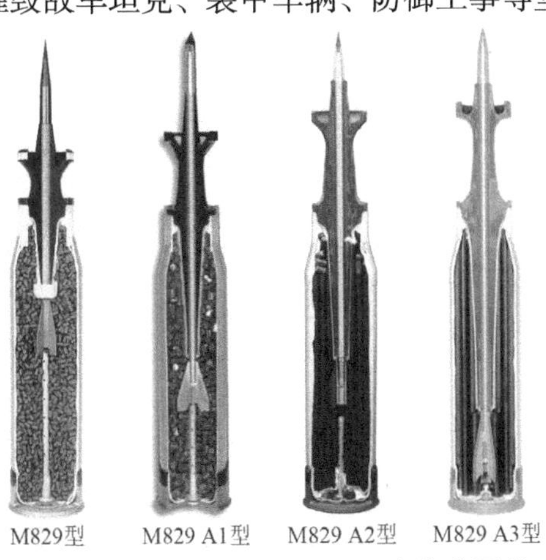

图3–32　M829系列120 mm坦克炮穿甲弹

M829系列穿甲弹的基本结构非常类似，如图3–33所示。其基本结构包括尾翼稳定脱壳穿甲弹弹丸、可燃药筒、发射装药等。M829 A1型穿甲弹曾在1991年的沙漠风暴行动中大放异彩，该型弹药采用贫铀侵彻体、3瓣式铝质弹托、6片式铝质尾翼，并具有曳光管。

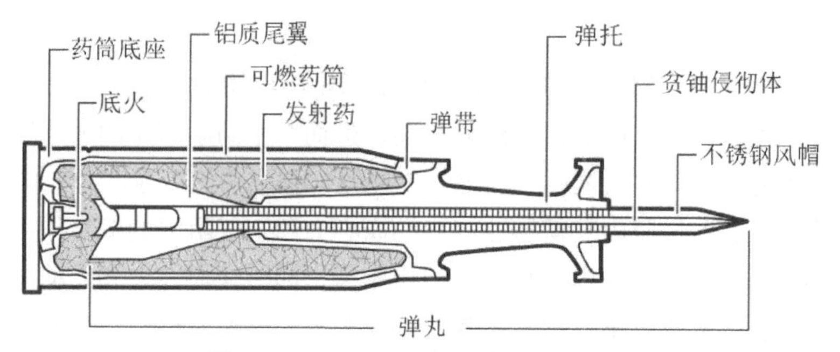

图3–33　M829系列穿甲弹的基本结构

典型尾翼稳定脱壳穿甲弹脱壳时的飞行状态，如图3–34所示。该类型的穿甲弹通常采用铝质弹托，弹托的重量和动能都很大，与侵彻体分离后能够继续向前飞行很远的距离，且其飞行轨迹具有一定的随机性，射击时很难进行控制，极易杀伤射击方向上的己方人员和装备。

图3–34　典型尾翼稳定脱壳穿甲弹脱壳时的飞行状态

综上所述，在使用穿甲弹进行间隙射击、翼后射击、超越射击时，必须为己方突击分队留出比其他弹药更大的安全角，以防出现误伤。当突击分队进入安全角度界限时，应立即停止射击。

第4章　间瞄火力的运用

采用间接瞄准方式射击所产生的火力被称为间瞄火力。在间瞄火力下，射手不能直接观察到目标，需要第三方传递的信息来确定目标位置，反应速度较慢，但适合打击在发射点处不能直接看到的目标。

4.1　间瞄火力简介

目前，间瞄火力主要来自于重型迫击炮、榴弹炮（或加榴炮）、火箭炮、空对地火力等。间瞄火力的运用方式决定了其武器系统的构成。

4.1.1　间瞄火力系统构成

整个间瞄火力系统通常由前方观察员、射击指挥中心和射击分队共同构成，为了使这三方协同工作，需要用通信与计算机网络将其连接起来。整个系统密切协调积极工作，不断为缩短射击响应时间而努力，才能实现更好的射击效果。为了实现首轮射击即达成效果，需要满足五个条件，即精确的目标位置和大小、精确的射击分队位置、精确的武器和弹药信息、精确的气象信息以及精确的计算程序。

1.前方观察员

前方观察员负责确定目标位置和大小。无法提供目标的准确位置和大小，就可能需要进行火力校正，从而导致弹药消耗的增加，降低对目标的作用，并增加被对手确定己方射击阵地的风险。

前方观察员相当于间瞄火力系统的眼睛，他可以观测和定位观察区内的敌军目标。为了获得所要打击的目标的精确位置，前方观察员必须采用力所能及的最精确的目标定位方法。为了打击敌军目标，前方观察员需要发出火力呼唤请求，并在必要时进行火力校正。前方观察员还应提供与火力有关的监视数据。

2.射击指挥中心

射击指挥中心相当于间瞄火力系统的大脑，它接收来自前方观察员的火力呼唤请求，并向射击分队发送射击命令。射击指挥中心具有确定如何攻击目标（即战术性射击指挥），以及确定射击参数并将此数据转换为射击命令（即技术性射击指挥）的能力。

3.射击分队

射击分队相当于间瞄火力系统的拳头。射击分队接收射击指挥中心发送的指令，将其装定在火炮和弹药上，并将弹药投射到预定的位置，从而实现对目标的毁伤或其他特殊效果。对于榴弹炮营或火箭炮营而言，火力排是基本的射击要素。随着武器装备的进步，射击分队也可由单炮或双炮来构成。

4.1.2 典型间瞄武器

典型的间瞄武器包括迫击炮、榴弹炮、火箭炮、空对地火力平台等。

1.迫击炮

迫击炮可提供独特的间瞄火力，来即时响应地面机动部队指挥员的需求。典型的迫击炮如图4–1所示。迫击炮能够提供高射速、高射角的火力，可以有效打击无顶部遮蔽掩体内和遮蔽物后面的敌军，而这些位置的敌人是不容易被直瞄火力所毁伤的。迫击炮可使机动部队指挥员迅速向敌军投射间瞄火力。所有迫击炮分队和迫击炮排都可以提供即时的响应火力，以适应战场上战术态势的快速变化。

图4–1 典型的迫击炮

2.榴弹炮

榴弹炮是一种典型的火力支援武器，它具有射击精度高、火力持续、全天候运用的特点，如图4–2所示。榴弹炮通常是各国炮兵部队的基本武器装备，其配备的弹药种类也较为广泛，可以执行各种类型的作战任务，在火力支援作战中具有重要的地位。

图4–2 典型的榴弹炮

3.火箭炮

火箭炮具有全天时、全天候的作战能力，能够快速、密集投射远程打击火力，可以弥补榴弹炮的火力不足。典型火箭炮的发射场景如图4–3所示。

图4–3　典型火箭炮的发射场景

根据弹药储存、运输、发射方式的不同，可将火箭炮分为多管火箭炮和箱式火箭炮两种。多管火箭炮安装有多根定向发射管，发射前需要将弹药装填到发射管内，然后才能进行射击，如图4–4所示。箱式火箭炮采用弹药储运发一体式箱体，每个箱体内预装填多发火箭弹，如图4–5所示。这种箱体既是弹药的储存箱，也是弹药的运输箱，发射时又成为发射架，故简称储运发射箱。箱式火箭炮可以提高弹药重装效率、节省装填时间、节约人力资源。但是，由于储运发射箱多为一次性发射使用的产品，因此相比多管火箭炮而言，箱式火箭炮配用的弹药的成本较高。

图4–4　典型多管火箭炮重新装弹场

图4–5　典型箱式火箭炮重新装弹的场景

火箭炮的配套弹药包括非制导火箭弹、制导火箭弹和地对地战术导弹等，它们具有很高的命中固定目标的能力。但是，对于地对地战术导弹而言，这种类型弹药的弹道高度（导弹的飞行轨迹顶点）很高，运用时必须与空域管制人员进行密切协调，以确保在弹药飞行空域内不存在己方的任何航空器。

4.空对地火力平台

由于武器效果和投射条件的多样性，空对面火力的投射比地对地火力更加复杂。按照作战平台的不同，空对地火力可分为固定翼飞机、旋翼飞机和无人机。典型的空对地火力发射平台如图4–6所示。固定翼飞机为指挥员提供了灵活性、远射程、大威力、精确性，以及在所需的时间和地点投射大规模火力的能力。固定翼飞机可以为联合火力任务提供战略性打击、防空反导（包括压制敌防空和进攻性防空）、近距空中支援，以及空中封锁的能力。旋翼飞机可用于支援与敌近距接触的友军部队，或打击与友军部队脱离接触的敌军。这些任务能够以仓促攻击方式或预有准备的攻击方式进行，通常作为一体化联合支援火力的一部分。无人机可以支援或进行近战攻击、近距空中支援、打击协调和战场侦察、空中封锁，以及其他联合火力任务。无人机的具体任务可能包括目标获取与标记、弹药末段制导，以及为精确制导弹药提供准确的标记。

图4–6　典型的空对地火力发射平台

4.1.3　火力支援的效果

在现代作战中，间瞄火力的主要用途是进行火力支援。火力支援是指用于直接支援陆地、海上、两栖和特种作战部队，以打击敌军部队和设施，从而实现战术和战役目标的火力。

作战的最终目的是击败敌军，可以通过使用武力或以武力相威胁来实现。击败敌军表现为某种形式的物理行为，例如大规模投降、放弃阵地、丢弃物资装备或整体退却等。火力支援可以杀伤敌军人员，摧毁敌军装备，同样猛烈的火力也可能造成敌军失去继续战斗的意愿和信心。具体而言，火力支援可以产生误导敌军判断、削弱敌军力量、阻止敌军行动和降低敌军效力四种效果，每种效果又可进一步细分，如图4–7所示。

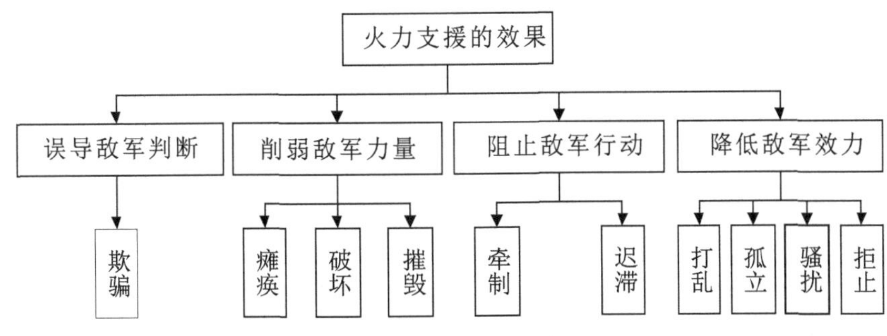

图4–7　火力支援的效果

1.误导敌军判断

欺骗是指故意误导敌方指挥员，使其采取有利于对方的行动或不实施任何行动。例如，在某个区域实施火力准备，可以使敌方误认为友军可能在该地区实施进攻，而友军实际的进攻地点是在另一个地方。最好采用欺骗性射击来强化敌军指挥员的先入为主的观念。

2.削弱敌军力量

削弱敌军力量就是降低敌军的有效性或效率，它包括瘫痪、破坏和摧毁三种不同程度的效果。

（1）瘫痪是指使目标在短时间内无效，并造成10%的人员伤亡或装备损坏。瘫痪的目的是使敌军人员或装备无法干预对方的特定行动。

（2）破坏是指使目标永久失灵，或长时间无效，并造成30%的人员伤亡或装备损坏。

（3）摧毁是指在物理上使敌军彻底失效，除非完全重建。

3.阻止敌军行动

当敌军打算进攻或有进攻的可能时，可采用牵制或迟滞的方式阻碍或阻止敌军的行动，以掩护我军的特定行动或争取作战准备时间。

（1）牵制是指吸引敌军注意力或力量，从而使其忽视对手的主要行动方向。突击、佯攻、警告等都可以起到牵制敌军的作用。

（2）迟滞是指放慢敌军的进攻势头，以空间换取时间。当被迟滞的敌军在受损路段后方聚集时，目标会更加集中，从而为大量杀伤敌军创造条件，同时也避免了与敌决战。

4.降低敌军效力

使敌军欲得而不能，通常会产生降低敌军效力的效果，具体可分为打乱、孤立、骚扰和拒止四种形式。

（1）打乱是指通过整合火力、地形和障碍物，来搅乱敌军队形或节奏，打断敌军的时间表，使敌军过早地发起攻击，或以零碎的方式进攻。

（2）孤立是指将敌军部队与其保障资源隔离开，以降低它的作战效力，增加其脆弱性。

（3）骚扰是指使敌军时刻保持警惕，从而造成人员极度疲惫、物资过度消耗。

（4）拒止是指阻碍或阻止敌军利用地形、空间、物资、设施、电磁或网络等。例如，摧毁敌国的电力设施，可阻碍其大量生产武器装备。

4.1.4 支援效果的弹药实现

弹药做为火力支援的重要手段和物质基础，在运用过程中可以产生物理作用、心理作用和综合作用。物理作用是指在物理上强加给敌军部队的各种作用，例如爆炸毁伤敌军目标、烟雾遮蔽敌军观察、照亮敌军阵地等。心理作用是指在敌军指挥员和战斗员的心理上产生的各种作用，例如使其情势误判、恐惧绝望、失去信心等。综合作用是综合了物理效果和心理效果的各种作用。

在物理作用方面，弹药对目标的毁伤是核心部分。弹药毁伤目标涉及弹药命中精度、战斗部威力、目标易损性和弹目交汇等多个方面。

在心理作用方面，是通过弹药产生的各种视觉（含各种成像式传感器）、听觉、震动等效果来影响敌军的。因此，当利用弹药对敌产生心理作用时，对敌的直接杀伤效果就成为考虑的次要因素了。

在综合作用方面，弹药的效果应兼具物理作用和心理作用。

4.2 火力呼唤

为了获得火力支援，前方观察员需要向射击指挥中心呼唤火力，然后射击指挥中心将计算好的射击诸元发送给射击分队，最后由射击分队投射弹药。在这一过程中，前方观察员发送的信息内容直接影响着火力支援的效果和任务的成败。前方观察员火力呼唤的方式包括有线/无线电台语音呼叫、数字化网络系统等。无论采用哪种火力呼唤方式，其中包含的信息内容都是类似的。

4.2.1 呼唤的信息内容

火力呼唤的信息内容包括观察员身份、任务类型、目标位置、目标描述、攻击方法和火力控制方法。

（1）表明观察员身份的目的是告诉射击指挥中心是谁在呼唤火力。

（2）任务类型是向射击指挥中心明确运用火力的方式方法。间瞄火力的任务类型包括有校射、效力射、压制、立即压制等。校射是在不确定目标精确位置时使用的火力打击方式；效力射击是在不进行试射而直接对目标实施较精确射击的火力打击方式；压制是为了尽快获得火力支援时的一种火力打击方式；立即压制是在已经受到威胁时迅速实施射击的一种火力打击方式。

（3）目标位置是指目标的绝对位置或相对位置，具体内容与目标定位方法有关。目标定位方法包括网格坐标法、极坐标法、已知点转移法。

（4）目标描述是对目标所作的简要说明。通常需要说明目标的规模或形状、性质或名称、活动状况、防护或态势等。

（5）攻击方法包括高/低弹道、弹药种类、发射数量等。

（6）火力控制方法包括准备好就发射（默认）、根据观察员命令发射、按要求的弹药爆炸时间发射等。

4.2.2 目标定位方法

前方观察员能否为部队提供有效的火力支援，在很大程度上取决于其快速准确定位目标的能力。

地形/地图分析是目标定位的关键。这种分析的结果（即方向、距离和海拔）为确定目标的位置提供了基本数据。选择目标定位方法的基础是射击指挥中心/射击分队是否知道前方观察员的位置，战场上是否有已知的参考点，以及有哪些目标定位工具。目标定位有网格坐标法、极坐标法、已知点转移法三种。

1.网格坐标法

前方观察员可以利用军用地图上的坐标网格确定目标的位置。如果前方观察员进行了全面的地形/地图分析，应优先使用坐标网格法来确定目标位置。这种方法不要求射击指挥中心/射击分队知晓前方观察员的位置，呼唤的信息中也不含前方观察员的位置信息，可以提高前方观察员的战场生存能力。通常，坐标网格法定位目标的精度为100 m，例如美军的“Grid 452 673.”（网格坐标452 673），其对应6位坐标。当需要更高的目标精度时，例如为精确制导弹药确定命中点，前方观察员应将目标精确定位到10 m，即8位坐标（按美军标准）。

采用网格坐标法定位目标时的火力呼唤样例，见表4–1。该表为非制式格式，各国的呼叫格式并不统一，但内容基本类似。

表4–1　采用网格坐标法定位目标时的火力呼唤样例（非制式格式，仅示意）

<table>
<tr><th>阶段</th><th>相关人员</th><th>火力呼唤的信息</th><th>备注</th></tr>
<tr><td rowspan="6">初始射击请求</td><td>前方观察员</td><td>乌江、乌江，我是鹰眼，校正射击，收到请回答</td><td rowspan="6">前方观察员代号鹰眼；
射击指挥中心代号乌江；
射击指挥中心将分配一个目标号，后序无需报告目标方位和特征</td></tr>
<tr><td>射击指挥中心</td><td>鹰眼、鹰眼，我是乌江，校正射击，完毕</td></tr>
<tr><td>前方观察员</td><td>网格坐标452 673，海拔345，完毕</td></tr>
<tr><td>射击指挥中心</td><td>网格坐标452 673，海拔345，完毕</td></tr>
<tr><td>前方观察员</td><td>敌军步兵，位于开阔地，近炸引信，完毕</td></tr>
<tr><td>射击指挥中心</td><td>敌军步兵，位于开阔地，近炸引信，完毕</td></tr>
<tr><td rowspan="2">射击信息</td><td>射击指挥中心</td><td>鹰眼注意，长臂，1发，目标AF2036，完毕</td><td rowspan="2">射击分队代号“长臂”；
AF2036为目标代号</td></tr>
<tr><td>前方观察员</td><td>鹰眼收到，长臂，1发，目标AF2036，完毕</td></tr>
<tr><td>射击</td><td colspan="3">射击分队根据射击指挥中心发来的射击诸元进行射击</td></tr>
<tr><td rowspan="2">观察警告信息</td><td>射击指挥中心</td><td>即将着靶，完毕</td><td>该信息在炮弹落地前5 s发出</td></tr>
<tr><td>前方观察员</td><td>即将着靶，完毕</td><td>前方观察员准备观察落点</td></tr>
</table>

2.极坐标法

利用极坐标确定目标位置时，前方观察员需要描述目标位置与他所在位置的关系。极坐标法的主要优点是速度快，不需要地图就可以完成。这种方法的主要缺点是敌人可能通过拦截呼叫和反向计算目标的方位角来确定前方观察员的位置。另外，射击指挥中心/射击分队必须知道前方观察员的位置，这就要求观察员在火力呼唤时通报其具体位置；当然也可以预先约定好观察点的位置，但在实战中很难做到。用极坐标法确定目标的位置，如图4–8所示，对应该图前方观察员应呼叫“方向0850，距离3200，向下45，完毕”。

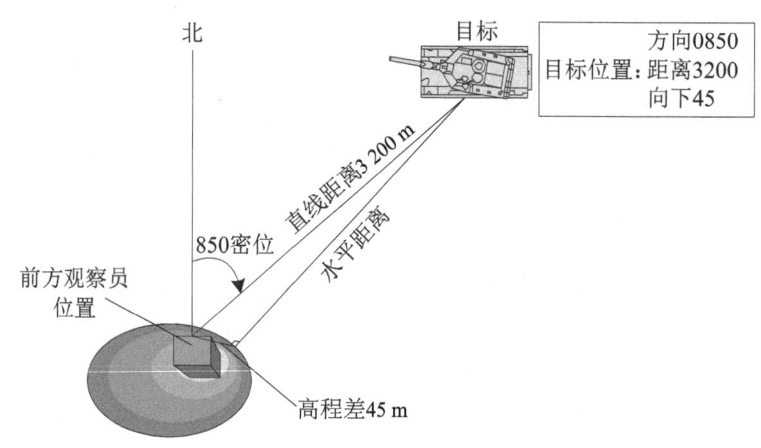

图4–8 用极坐标法确定目标的位置

利用极坐标确定目标位置的步骤为：

（1）确定观目线方向。观目线是从观察点到目标的一条假想的直线。这是定位目标和进行校正时最常使用的方向。在操作过程中，应尽可能准确地确定观目线的方向，传送的数值精确到10密位（以度为单位时精确到个位）。其中，观目线的标准计量单位（默认单位）是密位（mil）。密位是一种在军事上广泛使用的角度单位。不同国家采用的密位与度的换算不尽相同，俄军规定360° =6 000 mil，而美军规定360° =6 400 mil。在军事学术上，我军与苏联存在一定的传承关系，故我军采用的密位制为360° =6 000 mil。在军事上，采用密位制的意义在于方便测量和计算。因为，当角度很小时，可以近似地认为弧长等于弦长，那么在1 000 m距离上，1密位角度所对应的长度就约等于1 m。这样就极大地方便了角度与距离之间的换算。

（2）确定前方观察员到目标的距离，精确到100 m。使用激光测距仪测量距离时，精确到10 m。

（3）确定前方观察员位置与目标的高程差。如果两者的高程差超过35 m，则在火力呼唤中应特别指出。高程差数据应精确到5 m。高程差可以增加目标位置的准确性，应尽量给出。

采用极坐标法定位目标时的火力呼唤样例，见表4–2。该表为非制式格式，各国的呼叫格式并不统一，但内容基本类似。

表4-2　采用极坐标法定位目标时的火力呼唤样例（非制式格式，仅示意）

<table>
<tr><th>阶段</th><th>相关人员</th><th>火力呼唤的信息</th><th>备注</th></tr>
<tr><td rowspan="6">初始射击请求</td><td>前方观察员</td><td>乌江、乌江，我是鹰眼，效力射，极坐标法，收到请回答</td><td rowspan="6">前方观察员代号鹰眼；
射击指挥中心代号乌江；
射击指挥中心将分配一个目标号，后序无需报告目标方位和特征</td></tr>
<tr><td>射击指挥中心</td><td>鹰眼、鹰眼，乌江，效力射，极坐标法，完毕</td></tr>
<tr><td>前方观察员</td><td>方向0850，距离3200，向下45，完毕</td></tr>
<tr><td>射击指挥中心</td><td>方向0850，距离3200，向下45，完毕</td></tr>
<tr><td>前方观察员</td><td>敌军装甲集群，位于开阔地，子母弹有效，完毕</td></tr>
<tr><td>射击指挥中心</td><td>敌军装甲集群，位于开阔地，子母弹有效，完毕</td></tr>
<tr><td rowspan="2">射击信息</td><td>射击指挥中心</td><td>鹰眼注意，长臂，2发，目标AF2036，完毕</td><td rowspan="2">射击分队代号“长臂”；
AF2036为目标代号</td></tr>
<tr><td>前方观察员</td><td>鹰眼收到，长臂，2发，目标AF2036，完毕</td></tr>
<tr><td>射击</td><td colspan="3">射击分队根据射击指挥中心发来的射击诸元进行射击</td></tr>
<tr><td rowspan="2">观察警告信息</td><td>射击指挥中心</td><td>即将着靶，完毕</td><td>该信息在炮弹落地前5s发出</td></tr>
<tr><td>前方观察员</td><td>即将着靶，完毕</td><td>前方观察员准备观察落点</td></tr>
</table>

3.已知点转移法

采用已知点转移法时，前方观察员根据已知点来定位目标位置。这种方法具有很多优点：定位精度比较高，不需要使用地图，射击分队无需知道观察员的位置。但是，采用这种方法时射击分队必须知道已知点的位置和海拔。已知点可能是先前报告的地形参考点，或是先前被射击和记录的目标。已知点转移法的操作步骤为：

（1）在火力呼唤的预令中应就采用已知点转移法而进行说明。

（2）确定观目线方向（在这里特指前方观察员位置到已知点的射线），精确到10 mil，例如“方向0900”，如图4–9所示。

（3）确定已知点与目标之间的横向偏移，精确到10 m。该过程可细分为两步：首先，观察员确定两者之间的角偏差θ。然后，通过密位关系式，将角偏差（单位为mil）乘以观察员到已知点的距离值R（单位为km，精确到100 m，该距离值称为转移系数），以确定横向偏移W（单位为m）。如果目标位于观目线（在这里特指前方观察员位置到已知点的射线）的左侧，则在火力呼唤中发送“向左”，反之则发送“向右”，例如“向右1 090 m”。该转移系数仅用来确定目标的横向偏移，所有后续的修正均使用观目系数。

（4）确定已知点与目标之间的距离偏移，精确到100m。如果目标距离观察员的距离比已知点更远，距离偏移将在火力呼唤中发送“加”；如果目标距离观察员的距离比已知点更近，距离偏移将在火力呼唤中发送“减”。距离偏移的单位是m，在火力呼唤中不需要再指定，例如“加500 m”。

（5）确定已知点与目标之间的高度偏移。如果目标的海拔比已知点高，则在火力呼唤中发送“向上”；如果目标的海拔比已知点低，则在火力呼唤中发送“向下”。需要指出的是，仅当已知点与目标之间的高度偏移大于等于35 m时，才需要具体指出来。

另外，任何的高度偏移精确到5 m，例如“向上35 m”。

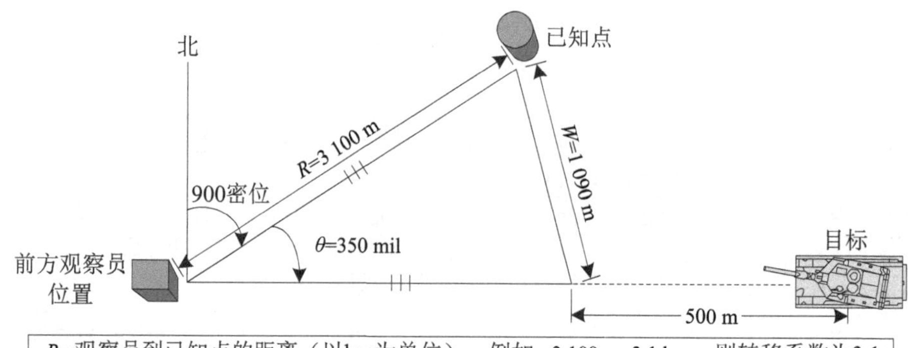

R=观察员到已知点的距离（以km为单位），例如：3 100 m=3.1 km，则转移系数为3.1；
θ=角偏差，例如：350 mil
W=横向偏移，例如：W=3.1×350=1 085，精确到10 m为1 090 m。

图4-9　用已知点转移法确定目标的位置

采用已知点转移法定位目标时的火力呼唤样例，见表4-3。该表为非制式格式，各国的呼叫格式并不统一，但内容基本类似。

表4-3　采用已知点转移法定位目标时的火力呼唤样例（非制式格式，仅示意）

阶段	相关人员	火力呼唤的信息	备注
初始射击请求	前方观察员	乌江、乌江，我是鹰眼，校正射击，从已知点AA7733转移，收到请回答	前方观察员代号鹰眼；射击指挥中心代号乌江；射击指挥中心将分配一个目标号，后序无需报告目标方位和特征
	射击指挥中心	鹰眼、鹰眼，我是乌江，校正射击，从已知点AA7733转移，完毕	
	前方观察员	方向0900，向右1090，加500，向上65，完毕	
	射击指挥中心	方向0900，向右1090，加500，向上65，完毕	
	前方观察员	敌军装甲集群，位于开阔地，子母弹有效，完毕	
	射击指挥中心	敌军装甲集群，位于开阔地，子母弹有效，完毕	
射击信息	射击指挥中心	鹰眼注意，长臂，1发，目标AF2036，完毕	射击分队代号“长臂”；AF2036为目标代号
	前方观察员	鹰眼收到，长臂，1发，目标AF2036，完毕	
射击	射击分队根据射击指挥中心发来的射击诸元进行射击		
观察警告信息	射击指挥中心	即将着靶，完毕	该信息在炮弹落地前5s发出
	前方观察员	即将着靶，完毕	前方观察员准备观察落点

需要注意的是，采用已知点转移法定位目标时，当角偏差θ超过600 mil，横向偏移的计算精度将会降低，因此就不能再使用已知点转移法了。这是因为针对相同的火力呼唤信息内容，观察员视角与射击分队视角所获得的目标位置是有差别的，并且两者的位置偏离随着角偏差θ的增大而增大，如图4-10所示。

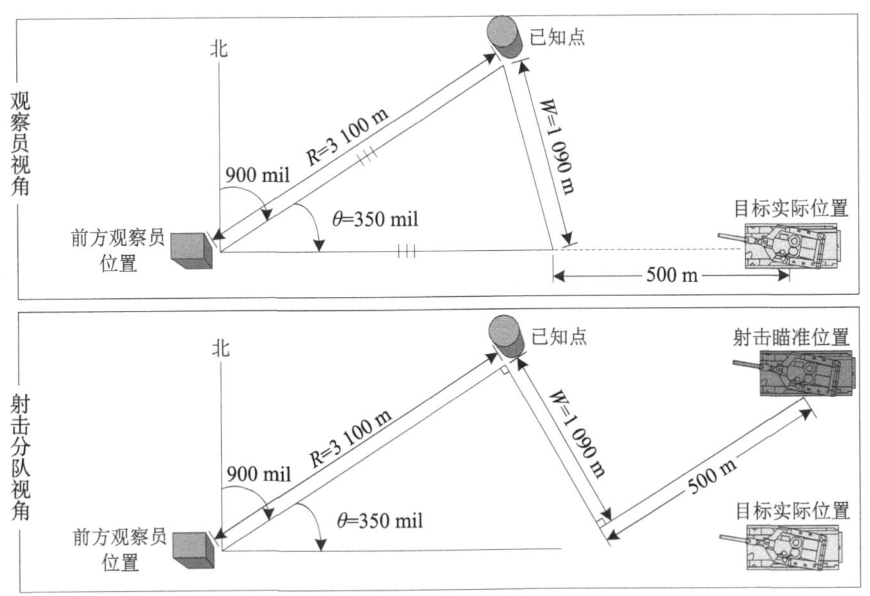

图4-10　已知点转移法计算精度降低的原因

4.3　弹药作战运用

针对间瞄火力，所涉及的弹药主要包括杀伤爆破型弹药（杀爆弹）、发烟弹、照明弹等。

4.3.1　杀爆弹的运用

在战场上，弹药的杀伤爆破作用要远大于枪械直接射击的杀伤作用。例如，在阿富汗战争中，美军受到爆炸伤和枪击伤的占比分别为76.9%和21%；而在伊拉克战争中美军受到爆炸伤和枪击伤的占比分别为77.9%和17%。

杀爆弹既可以起杀伤作用，又可以起爆破作用，是陆军专用弹药中最常见的一种类型。为了实现战斗部与目标更好地匹配，杀爆弹通常配用具有瞬发、短延期（惯性）、延期、近炸作用的引信。通常情况下，瞬发引信的发火时间在1 ms以内，短延期引信的发火时间为1~5 ms，延期引信的发火时间大于5 ms。射击时，根据目标性质选择不同的引信装定，可以获得以杀伤或爆破为主的作用。

1.爆破作用

引信装定为延期作用时，战斗部钻入目标一定深度后发生爆炸。如果侵彻深度适当，当战斗部爆炸时，可将目标表面的土壤掀开，形成爆破漏斗坑，在这种情况下，爆炸形成的破片多数都会钻入土中，只有少数向上飞散，因此杀伤效果欠佳，主要起到爆破作用。爆破坑的深度和直径越大，爆破效果越好。

若引信的作用时间太长或目标土质松软，战斗部穿深将会过大，以至于爆炸时并不能将目标表面的土壤掀开，这种现象称为盲炸，如图4–11所示。盲炸一般达不到对目标爆破的目的，因此当目标土质松软且需要爆破作用时，应为引信装定短延期，甚至装定瞬发方式。

图4–11　杀爆弹盲炸

2.杀伤作用

杀爆弹爆炸可以产生大量高速破片，能够对有生力量和轻型装甲目标造成杀伤。杀爆弹的杀伤作用效果与弹药性能、射击参数、弹目交汇、目标易损性等因素有关。其中，在弹药、目标、射击参数确定的情况下，就仅与弹目交汇有关，即与引信的起爆位置相关。为了获得较好的杀伤效果，根据战场情况，杀爆弹可选用瞬发、空炸和延期跳弹作用方式。

当采用瞬发作用方式时，引信装定为瞬发模式。命中目标时，引信能够在极短的时间内引爆弹丸，通常整个过程在1 ms以内弹丸就完全起爆，弹丸几乎全部暴露在空气中，能够有效杀伤地面上暴露的有生力量。

当采用空炸作用方式时，通常使用近炸引信。近炸引信通过感知与目标的距离，进而根据预先设定的高度值来起爆弹丸。因此，为了杀伤站立状态的敌军暴露人员，引信最好采用瞬发作用方式或近炸作用方式。这种情况下，弹丸会在地面或近地面爆炸，其产生的有效破片命中目标的概率会更大，如图4–12所示。

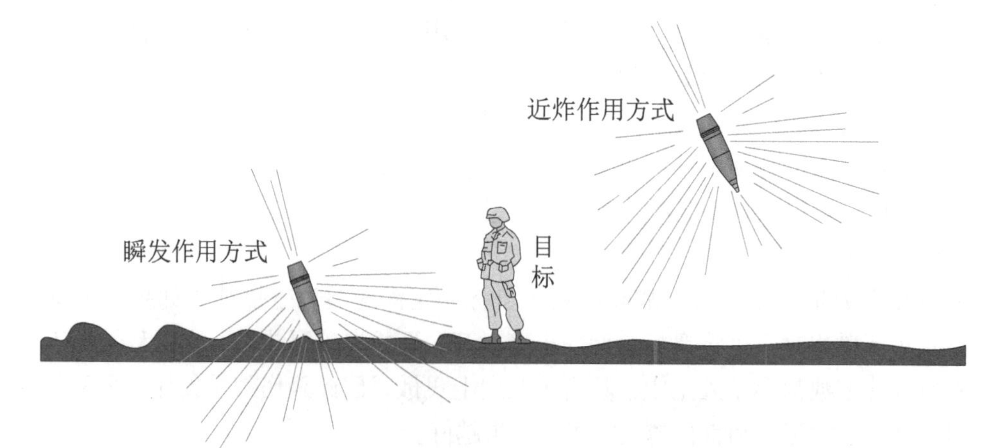

图4–12　杀伤处于站立状态的敌军暴露人员

对于处于卧姿状态的敌军暴露人员，弹药采用近炸引信作用方式时最为有效。在这种情况下，弹丸在目标的上方空域爆炸，受炮弹余速的影响会在地面上产生密集的有效破片，能够对暴露的有生力量产生很大的杀伤能力，如图4–13所示。

图4–13　杀伤处于卧姿状态的敌军暴露人员

弹丸爆炸产生破片的速度是由静爆时的速度与弹丸的飞行速度以及弹丸的转速共同确定，其中弹丸转速的影响作用很小，通常可以忽略。总体而言，杀爆弹空炸时，绝大多数破片呈辐射状向下飞散，如图4–14所示，因此对地面暴露的有生力量杀伤很大。

图4–14　某型杀爆弹空炸时在地面形成的破片分布

当有生力量位于没有遮盖的射击阵地或壕沟内时，弹药也可以使用近炸引信。但是，如果射击阵地或壕沟的深度很大，则近炸引信的杀伤效果也很差，如图4–15所示。

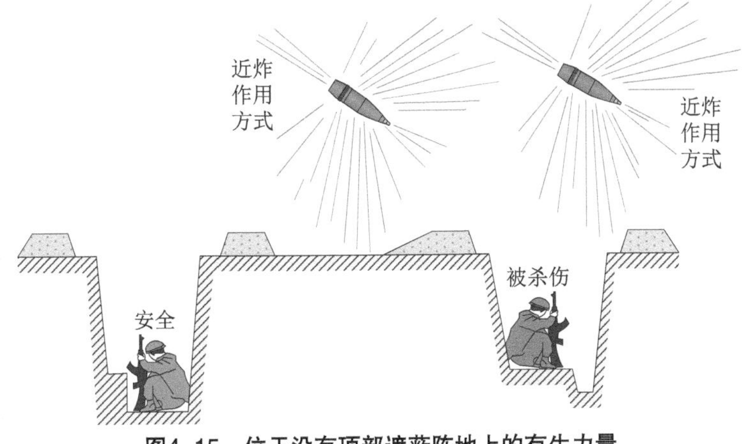

图4–15　位于没有顶部遮蔽阵地上的有生力量

当采用延期跳弹作用方式时，引信装定为延期模式，并进行小落角射击，这样弹丸会产生跳弹，进而实现空炸效果，如图4–16所示。产生跳弹的原因是因为弹丸头部碰击地面时，地面会给弹丸一个反作用力，使弹丸改变运动方向，从而跳飞并在空中爆炸。如果炸高选择适当，会产生很好的杀伤效果。当跳弹射击时，弹丸落角对软土地应控制在6° ~18° ；对硬土地应控制在6° ~22° 。需要注意的是，当地面非常坚硬，引信体强度不足时，如果采用延期作用方式，很可能出现引信被碰碎而无法起爆弹丸的情况。

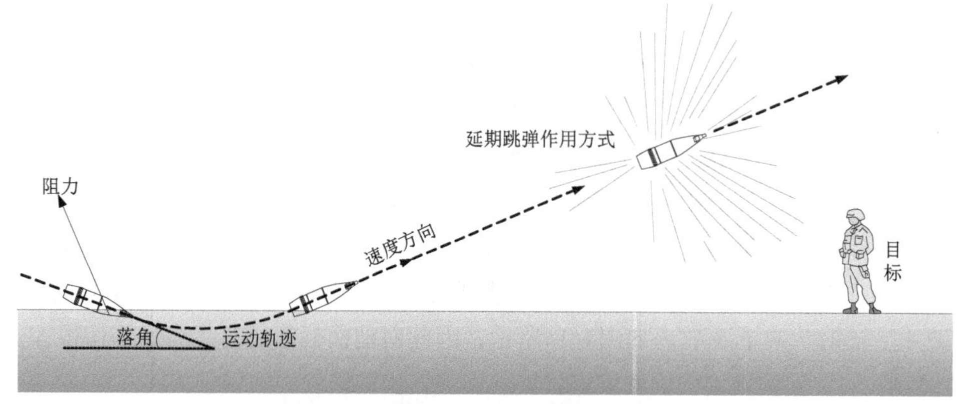

图4–16　杀爆弹的延期跳弹作用方式

当敌人处于茂密树冠的下方或具有顶部遮蔽的掩体内时，弹药应使用具有延期作用方式的引信，而近炸作用方式和瞬发作用方式的效果均不理想，如图4–17所示。轻型迫击炮的炮弹对掩体顶部遮蔽的毁伤作用很小，甚至中型迫击炮炮弹的毁伤效果也很有限。只有重型迫击炮和榴弹炮的炮弹才能在命中或附近爆炸时，杀伤具有顶部遮蔽的掩体内的敌军。

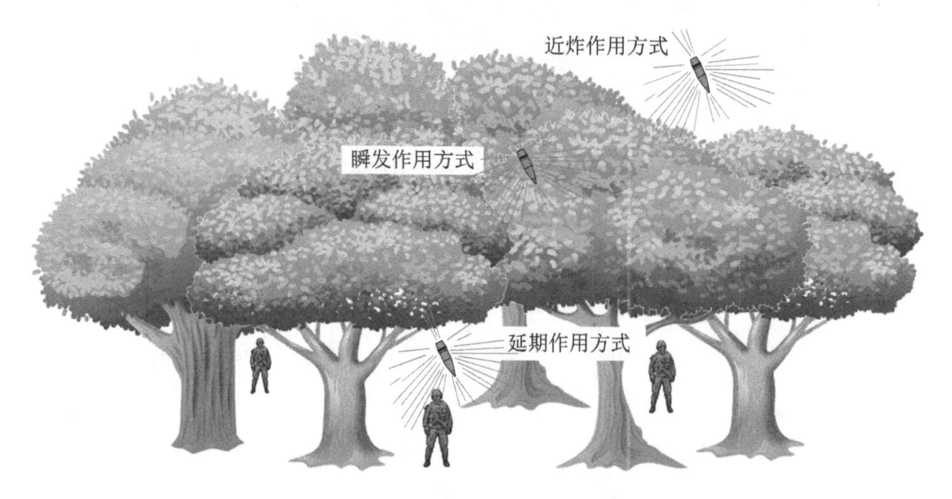

图4–17　处于茂密树冠下方的敌军人员

3.战场运用情况

相比被警告并寻求到掩护的敌人，火力突袭造成的杀伤效果会更加明显。美军研究表明，两发迫击炮弹就能够对排级规模的处于站立状态的暴露人员造成严重杀伤。如果首先进行校正射击，敌军受到警告后会迅速地寻找掩体，那么为了达到同样的杀伤效果，则需要10~15发迫击炮弹。通常认为，迫击炮弹对处于站姿的有生力量的杀伤效果是卧姿的两倍。

对于处于暴露状态的目标，使用近炸引信的弹药通常比用触发引信的更加高效。通常认为，对于处于卧姿状态的暴露有生力量，配用近炸引信的迫击炮弹相比使用触发引信的迫弹，其杀伤效率提高约40%。

如果有生力量处于没有顶部遮蔽的掩体内，配用近炸引信的迫击炮弹的杀伤效率大约是配用触发引信的弹药的5倍。然而，对于配用近炸引信的迫击炮弹，它对处于没有顶部遮蔽的掩体内的有生力量的杀伤效率，仅是位于暴露状态的有生力量的10%。为了提高对无顶部遮蔽掩体内的有生力量的杀伤能力，应该选择更大的弹丸落角（指弹丸质心在落点的速度方向与膛口水平面的夹角）。

如果处于具有顶部遮蔽的掩体内，则只有采用触发引信的弹药才能产生较好的毁伤效果。虽然配用近炸引信的弹药可以限制人员在阵地间的运动能力，但只会造成很少的人员伤亡。采用触发引信的弹药能够产生爆破和压制效果。在直接命中目标的情况下，配用触发延迟作用引信的弹药能够穿透并摧毁具有顶部遮蔽的掩体。但是，美军认为只有配用触发延迟引信的120 mm重型迫击炮弹才能破坏苏式的防御支撑点，而轻型或中型的迫击炮弹难以摧毁这种类型的掩体。

除了对目标的杀伤作用外，杀爆弹对目标也有很强的压制作用，即对敌军产生强烈的心理震撼效应，使其难以履行自身职责。与经验丰富的士兵相比，经验不足或受到惊吓的士兵更容易受到火力压制的影响。同样，处于暴露位置的士兵相比位于遮蔽阵地的士兵更容易受到火力压制影响。当炮弹首次落下时，火力压制的作用最为有效，随着射弹的继续下落，其压制作用逐渐减弱。虽然杀爆弹有很强的火力压制作用，但如果将杀爆弹与白磷弹混合使用的话，将对敌人产生更大的心理震撼效果。美军认为：如果60 mm迫击炮弹落在距目标20 m的范围内，则该目标会被压制，即使未命中也是如此。如果60 mm迫击炮弹落在目标35 m以内，则该目标有50%的概率被压制。超过50 m时，几乎没有压制效果。如果81 mm迫击炮弹落在距目标30 m的范围内，则该目标会被压制，即使未命中也是如此；如果81 mm迫击炮弹落在距目标75 m的范围内，则目标被压制的概率为50%；超过125 m，几乎没有任何压制效果；如果一枚重型迫击炮弹（配用近炸引信）落在距目标65 m的范围内，即使未击中目标，目标也会被压制；如果一枚重型迫击炮弹（配用近炸引信）落在距目标125 m的范围内，则目标被压制的概率为50%。超过200 m，则几乎没有压制效果。

4.3.2　发烟弹的运用

烟幕是用于妨碍敌军监视、观测及行动，以及欺骗敌人的有效手段。发烟的手段包括：发烟弹、发烟罐、发烟机，以及一切可能就地取得的发烟器材，如图4–18所示。发烟弹又称烟幕弹，可配用于迫击炮、榴弹炮、火箭炮等，是现代战争中的一种重要的战术手段。

图4–18　车载发烟机构成烟幕的场景

1.烟幕构成样式

根据构成样式的不同，烟幕可分为地域烟幕、遮蔽烟幕和迷盲烟幕，如图4–19所示。

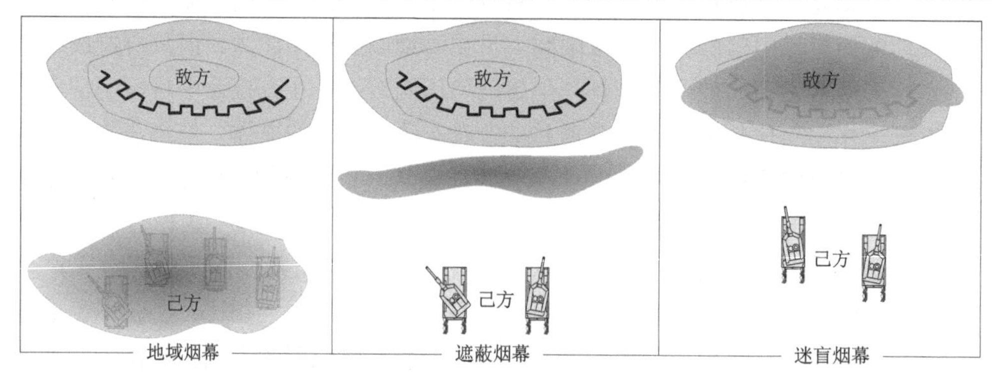

图4–19　烟幕的三种构成样式

地域烟幕是指掩蔽己方部队及设施而对陆空之敌构成的用以覆盖这些地域的烟幕。地域烟幕隐蔽地域大，可妨碍敌军陆空观察和监视，且己方部队也受到烟幕的影响。地域烟幕的成烟需求量通常较大，因此一般用发烟机或发烟罐来产生。另外，由于发烟弹会对目标区域产生一定的危害效应，因此不宜在生成地域烟幕时使用。

遮蔽烟幕是指主要对地面之敌使用的，用以掩蔽己方行动，而在敌我之间构成的屏幕状烟幕。遮蔽烟幕成烟需求量较小，可由发烟弹、发烟手榴弹、发烟罐等生成。但是，遮蔽烟幕无法妨碍敌军从空中观察和监视。步兵分队在发烟弹的掩护下进行突击作战时的场景，如图4–20所示。

图4–20　步兵分队在发烟弹的掩护下进行突击作战时的场景

迷盲烟幕是指为妨碍地面上的敌军的观察、监视和行动，而构成的用以包围敌军的烟幕。迷盲烟幕是在敌军附近生成的，难以使用发烟机或发烟罐来实现，而主要以发烟弹构成，情况允许也可用发烟手榴弹生成。

2.烟幕作用效果

烟是由空气中漂浮的固体或液体微粒构成的，其中黄磷和六氯乙烷的烟由固体微粒构成，四氯化钛和发烟油的烟由液体微粒构成。微粒的直径一般在0.1~1 μm范围内。烟幕能够有效吸收或漫射紫外线、可见光以及红外线的一部分，因此烟幕仅对该波段的电磁波有效。烟幕的有效作用波段，如图4–21所示。

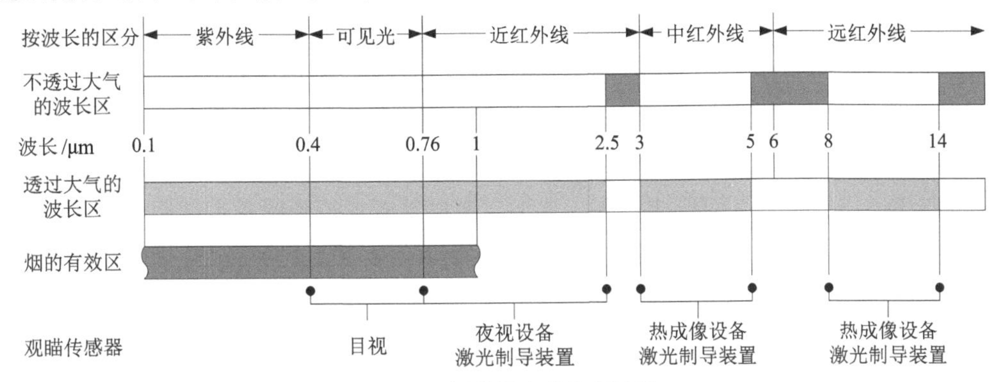

图4–21　烟幕的有效作用波段

3.弹药基本结构

根据作用方式的不同，发烟弹分为着发爆炸式和空爆抛射式两种。

（1）着发爆炸式发烟弹通常配用碰炸引信，当弹丸碰击目标后炸开弹体，将发烟剂抛撒出来，进而形成烟幕。典型着发爆炸式发烟弹的基本结构如图4–22所示。

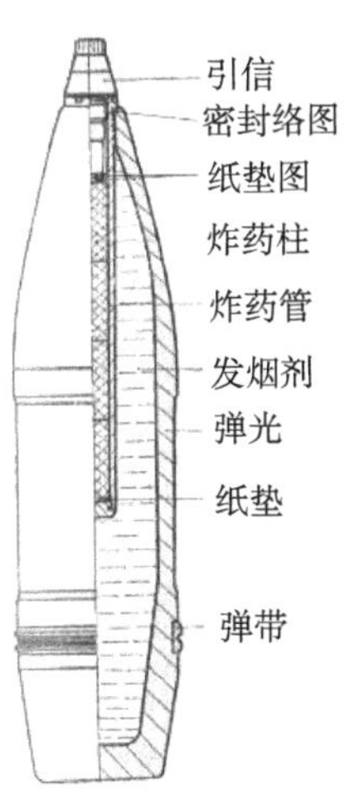

图4–22　典型着发爆炸式发烟弹的基本结构

着发爆炸式发烟弹具有射击精度高、形成烟幕快的优点，但是它生成的热量大，烟云上升快，而且爆炸会使部分发烟剂钻入地下或土壤缝隙中，造成的一定的损失。为了减少发烟剂的损失，着发爆炸式发烟弹的引信宜装定瞬发作用方式。典型着发爆炸式发烟弹爆炸及其成烟的场景，如图4–23所示。另外，着发爆炸式白磷发烟弹还能够提供标记、燃烧效果，并且会对暴露的人员产生危害。

图4-23 典型着发爆炸式发烟弹爆炸及其成烟的场景

（2）空爆抛射式发烟弹通常配用时间引信。根据射表装定引信作用时间，在预定的时刻引信发生作用，点燃抛射药将发烟剂抛出弹体，发烟元件（发烟毡片或发烟盒）落地后继续燃烧发烟，进而形成烟幕。典型空爆抛射式发烟弹的基本结构，如图4-24所示。相比着发式发烟弹，空爆抛射式发烟弹的结构较为复杂，同等战技指标下其生产采购成本也更高。

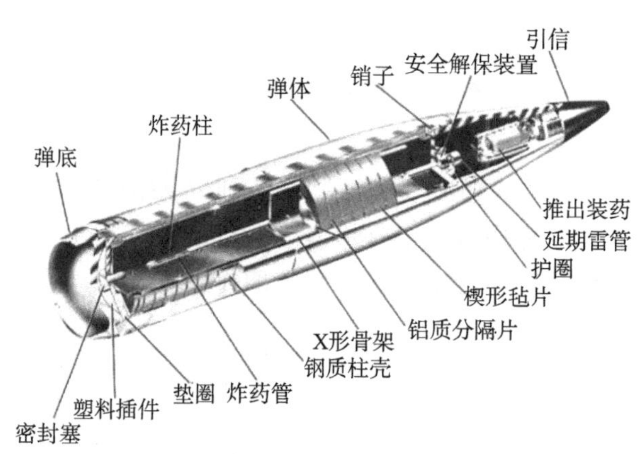

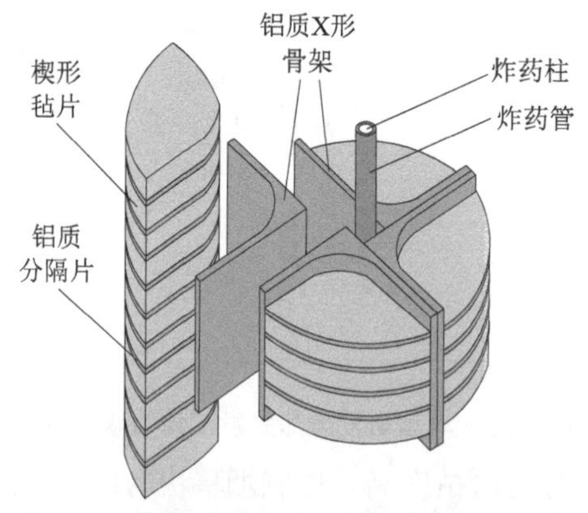

图4-24 典型空爆抛射式发烟弹的基本结构

空爆抛射式发烟弹具有发烟时间较长的优点，但其成烟速度慢，烟幕浓度低，易受气象条件影响。另外，受引信作用时间精度的影响，空爆抛射式发烟弹的空间散布较大。典型空爆抛射式发烟弹的作用效果，如图4–25所示。

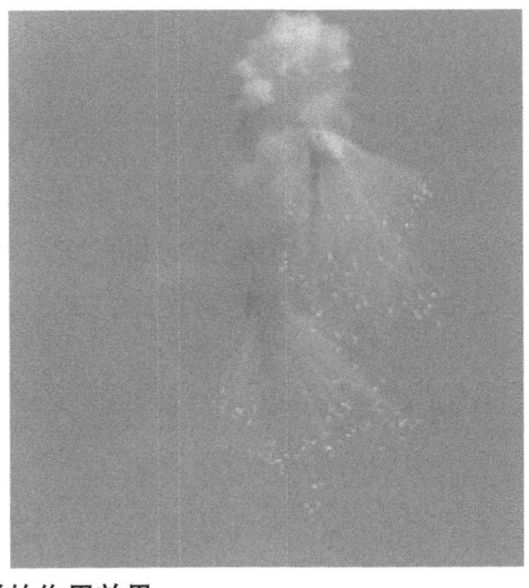

图4–25　典型空爆抛射式发烟弹的作用效果

4.发烟效果的运用

针对发烟弹而言，大气的风速和风向是影响目标作用效果的最重要因素。同时，目标区域的地形也会影响迷盲和遮蔽的效果。白磷发烟弹主要用于在特定的地点产生即时的迷盲烟雾，它可以用来短期迷茫敌军的射击视线，从而保障己方部队的机动安全。小口径的迫击炮发烟弹不足以产生持久的大面积烟雾遮障，而重型迫击炮发烟弹就可以满足这种战场需要。在战场上，着发式白磷发烟弹可用于标记目标，尤其是标记飞机对地攻击时的目标。与之相比，空爆抛射式发烟弹产生的烟幕比较分散，通常对于标记目标来说过于模糊。

发烟弹的发烟效果受到气象、地形等因素的影响，其中影响最大的气象因素是风和大气稳定度。

风向决定着烟的流动方向，风速对烟幕的构成速度、形状、持久度均有影响。通常无风或微风时，烟幕易形成柱状烟幕，遮蔽效果较差，但有利于直接覆盖目标。在风速4~9 m/s时，黄磷的烟幕通常是有效的；在风速2~7 m/s时，六氯乙烷的烟幕通常是有效的。

根据低层气温和高层气温的差异，大气垂直稳定度可分为逆温、等温和对流，如图4–26所示。通常情况下，逆温最有利于烟幕的构成，等温次之，对流最差。逆温是指地表面的气温低于高层的情况；等温是指地表面的气温与高层气温大致相等的情况；对流是指地表面的气温高于高层的情况。

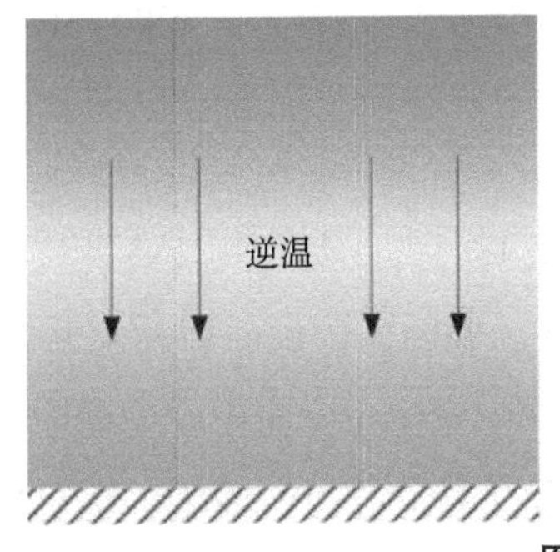

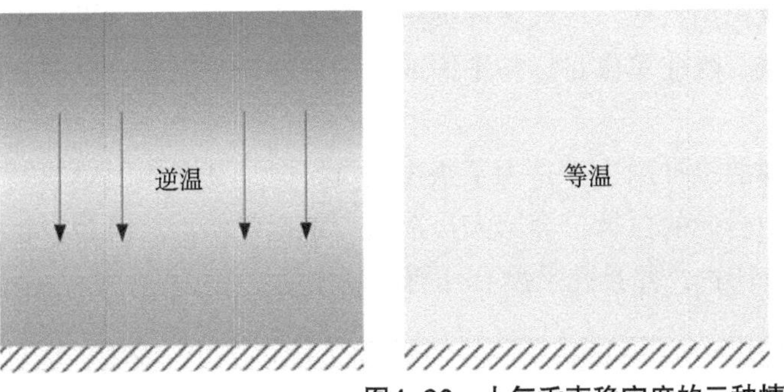

图4–26　大气垂直稳定度的三种情况

逆温通常发生在无风、微风的晴朗夜晚或日出后一小时以内的早晨。在逆温状态下，烟接近地面流动，并较低地滞留在地面上，还往往形成明显的层状或呈浓雾状。等温通常发生在阴天，或早晨向中午、下午向傍晚的过渡时期。另外，在雨天也往往呈现等温状态，在等温状态下，烟的流动状况比较稳定，但仍不及逆温时稳定。对流通常发生在晴朗的白天，特别是万里无云的晴朗天气。在对流状态下，大气非常不稳定，在无风或微风时会产生柱烟，即时风很弱，烟也会急速上升。在中度不稳定的大气条件下，空爆抛射式发烟弹比着发爆炸式发烟弹的效果更好。

在稳定的大气条件下，红磷发烟弹和白磷发烟弹均有很好的作用效果，且空气的湿度越高，发烟弹的迷盲效果越好。当地的风速越高，所需的发烟弹的数量就会越多，并且弹药的引燃效果也会越差。如果目标区域的地面被水或深雪覆盖，则红磷发烟弹会失去高达35%的迷盲效果。在极端寒冷和干燥的大雪天气下，要达到足够的迷盲效果，发烟弹的消耗数量最多可能是预期的四倍。对于红磷发烟燃烧弹而言，如果目标区域的地面上比较潮湿，或被雨水、大雪所覆盖，则这种类型的弹药可能失效。这是因为这种弹药是通过喷射出的浸有红磷的毡球而产生迷盲效果。这些毡球可以在地面上燃烧，同时产生浓密、持久的云雾。如果这些红磷毡球落入潮湿的泥土、积水或积雪中，它们可能会熄灭，从而失去作用效果。通常认为，浅水可以使这些弹药产生的迷盲效果降低多达50%。但是对于着发爆炸式白磷发烟弹，目标区域的地面情况对它的作用效果影响较小，只有深雪和低温才能够使其产生的烟雾减少约25%。

另外，烟幕的存在可以妨碍肉眼、夜视设备、红外设备的监视、观察和瞄准，并能够干扰导弹的制导。在心理方面，烟幕可以给予己方部队安全感，造成敌方不安和恐惧感。烟幕还会对人体产生一定的危害。发烟弹用的黄磷、六氯乙烷等发烟剂所发的烟会对人的呼吸道产生刺激作用，如果人们要在高浓度烟幕中行动，应佩戴防毒面具。黄磷对人的皮肤具有很强的灼烧作用，且伤口难以愈合。

5.杀伤效果的运用

受战争法的限制，白磷发烟弹一般不应单独用于杀伤敌方的人员因为白磷会灼伤人员的皮肤，并且会在伤口上持续地燃烧，从而引起难以想象的痛苦。另外，从对人员的杀伤角度看，杀爆弹的杀伤威力会更大，它能够有效杀伤更大面积区域内的人员目标。在使用杀爆弹进行火力压制时，适当发射几枚白磷弹可以提高火力的压制效果，因为白磷弹对人员皮肤的灼烧作用能够产生巨大的心理震撼。当利用白磷发烟弹产生燃烧和杀伤效果时，不应将其用于平民或民用目标。《武装冲突法》中还禁止对位于“平民集中区”的军事目标使用燃烧性武器，除非军事目标与平民或民用目标充分隔离，以防止附带损害的发生。

需要注意的是，尽管白磷弹的设计用途不是为了杀伤人员，但是其壳体因爆炸撕裂而产生的破片以及能够在空气中自燃的白磷仍会给人员造成一定程度伤亡。但是，正在燃烧的发烟弹通常不会造成人员伤亡，并且几乎没有任何压制作用。

4.3.3　照明弹的运用

在夜间战斗时，照明弹可以照亮敌军阵地，便于我军观察敌军部署和行动，检查我军射击效果或照亮目标区域。在现代作战中，照明弹是不可或缺的弹种之一，特别是红外照明弹。

1.照明弹的基本结构

照明弹通常为伞式结构的照明弹，其结构简图如图4–27所示。这种类型的照明弹采用时间型引信，根据预先设定的开仓时间，引信点燃抛射药，进而将吊伞照明炬系统推出，同时引燃照明炬内的引燃药。照明炬由吊伞悬挂，缓慢下落并照亮目标区域。这种照明弹具有照明时间长、发光强度稳定、作用可靠等优点。

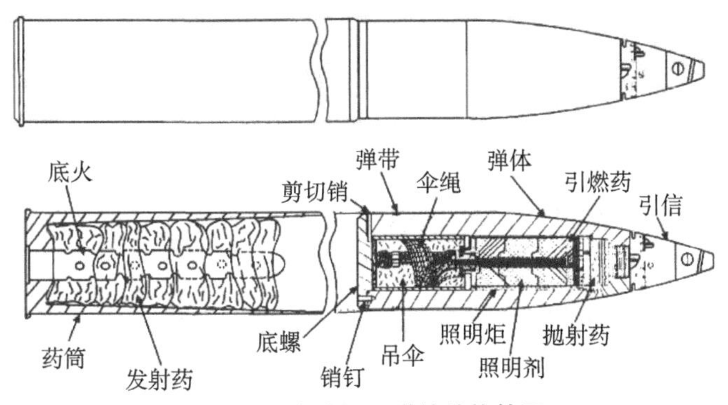

图4–27　伞式照明弹的结构简图

2.照明弹的作用效果

照明弹的有效载荷是照明具，照明具中装填有照明剂，照明剂是产生照明的材料。照明剂在燃烧时产生的高温火焰可达2 500~3 000℃，根据斯特藩玻尔兹曼定律和维恩位移定律，辐射能量与温度的四次方成正比。温度越高，最大辐射能波长将向短波长的方向移动。对于普通照明弹，照明剂火焰温度在3 000 K左右，其辐射光谱分布接近黄光部分。普通照明弹的作用效果，如图4–28所示。

图4–28　普通照明弹的作用效果

为了增强微光夜视设备的运用效果，取得对落后对手的技术优势，红外照明弹应运而生。红外照明弹装填的是红外照明剂。红外照明剂是一种在近红外区（0.76~1.5 μm）辐射强度大，而在可见光区发光强度小的光效应烟火药剂，可提高微光夜视仪的视距。

为了达到隐身目的，红外照明剂主要发出红外光，仅产生微弱的或不产生可见光。红外照明弹的作用效果如图4–29所示。

图4–29　红外照明弹的作用效果

红外照明剂主要包括可燃剂、氧化剂和少量黏合剂。典型红外照明剂是由70%KNO_3、10%硅粉、16%六次甲基四胺和4%黏合剂组成的。

红外照明剂的可燃剂通常为Si、B、Ti、Zr和六次甲基四胺，Si和六次甲基四胺燃烧时可见光输出低，隐身指数好，即可见光强度与红外光强度的比值较小，而硼化钛、硼化锆等在1 700~2 000℃时在近红外具有辐射峰值。

红外照明剂的氧化剂通常为KNO_3、$CsNO_3$等。KNO_3作氧化剂时仅产生很低的可见光输出，具有较好的隐身指数，其缺点是燃速过慢，因此可加入$CsNO_3$。$CsNO_3$不仅可以提高燃速，而且能够拓展红外输出光谱，显著增强红外辐射强度。因此，红外照明剂通常同时采用KNO_3和$CsNO_3$作为氧化剂。另外，为避免燃烧温度过高，红外照明剂通常不选用Mg、Al等能够产生强烈可见光的金属粉体。

3.照明效果的运用

（1）提高对目标的观测能力。向目标区域上方很高的位置发射普通照明弹，可以提高裸眼和夜视设备的观测能力。红外照明弹仅可以提高夜视设备的目标观察能力，而对裸眼观察几乎没有增强效果。因为一些夜视设备是采用像增强原理来工作的，例如美军装备的AN/PVS-14夜视仪。

（2）阻碍裸眼和微光夜视仪的观测。在己方部队与敌军之间的地面上发射照明弹，照明弹燃烧所发出的亮光不仅会阻碍裸眼的观察，也会在夜视设备上产生耀眼的大片光斑，特别是对于微光夜视设备的观测影响很大。通过这种方式可以阻止敌军对己方部队的观察，从而确保部队机动的安全。普通照明弹的照明具落地燃烧和即将落地时的场景如图4–30所示。从图中可以看出，位于照明具后方的目标是无法被分辨的，完全被亮光所掩盖。

（3）标记敌军目标的位置。无论白昼还是夜晚，将照明弹发射到地面上，均可用于标记敌军目标，这是照明弹的另一种用途。在强风条件下，将照明弹用于目标标记比用白磷发烟弹更有优势。因为强风可以迅速将白磷弹产生的烟雾吹离目标区域。相比之下，无论风力多大，照明弹都能够在落点处进行燃烧，以标记目标的位置。

图4–30　普通照明弹的照明具落地燃烧和即将落地时的场景

（4）小型照明弹的运用优势。一般而言，照明弹的尺寸越大，其发光强度越大，持续时间越长。例如，美军装备的重型120 mm迫击炮照明弹可提供高达100万烛光的照明，其发光持续时间超过60 s，可以在宽广的区域内提供更好的战场照明。轻型60 mm迫击炮照明弹的照明能力无法与重型迫击炮配用的照明弹相比，但是对于局部区域内的点目标照明也足够了。当需要对某个区域进行照明，而不想让与该区域毗邻的己方部队被敌方发现时，这种小口径照明弹就具备了运用优势。同时，使用60 mm口径的照明弹，也不会降低毗邻区域内己方部队所使用的夜视设备的性能。

（5）对热成像仪基本无效。照明弹的使用虽然可以提高基于图像增强技术（采用像增强器）的夜视仪的目标观测能力，但却不能增强热成像仪的观测能力。这是因为热成像仪是基于目标与背景的热辐射差异，即温度差异而实现目标成像的。

（6）对地面人员和装备的危害。照明弹的有效载荷是照明具，但是伞式结构照明弹的开舱作用过程会产生底螺、瓦形板、弹丸壳体等无效元部件。这些元部件会以很高的速度沿弹道方向飞落下来，由于它们具有很大的质量和很高的速度，对地面人员、甚至轻型车辆有很大威胁，如图4–31所示。因此，在作战运用过程中，应避免己方部队处于照明弹元部件掉落的危险区内。当然，这种情况在向前进攻过程中不易产生，但对敌军的围歼过程可能会出现。

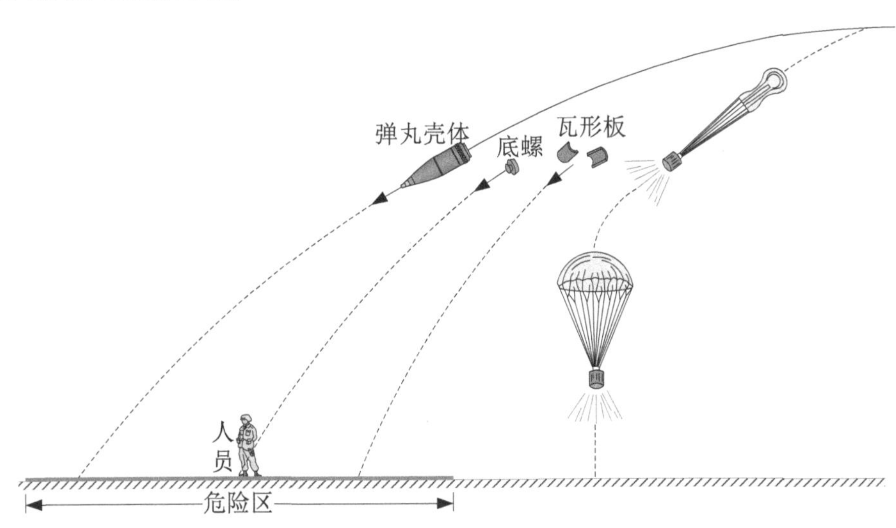

图4–31　运用照明弹时的危险区域

第5章　障碍的战场运用

障碍是战场上保护己方部队，阻碍敌方部队机动的有效手段。尽管在进攻行动中部队的机动性通常是最优先的，但是反机动行动有助于隔离战场，并保护进攻部队免受敌人的反击。当步兵深入敌方防御纵深时，障碍的运用能够为步兵分队提供安全保障。

5.1　障碍概述

障碍是用来扰乱、固定、诱逼或阻挡敌军机动的阻碍物，但障碍可能会给己方人员、装备和时间造成更大的损失。战场指挥员应熟悉各种障碍，做到不仅能够运用它们，而且在敌军运用时能够消除各种障碍。

5.1.1　障碍的运用目的

按照运用目的的不同，障碍可分为防护性障碍、战术性障碍、骚扰性障碍和虚假性障碍等四种类型。具体运用哪种类型的障碍与特定的战场目的和整体行动概念相关。

（1）防护性障碍用来保护士兵、装备、补给和设施免受敌人的攻击或其他威胁。

（2）战术性障碍可以以某种方式直接影响对手的机动，从而使防御部队获得位置优势。

（3）骚扰性障碍可迫使敌方部队时刻保持警惕，这将打乱、迟滞，有时甚至唤醒或摧毁敌军后续梯队。

（4）虚假性障碍可以欺骗攻击部队有关真实障碍物的确切位置，它们可使攻击部队质疑自身的破障决心，并可能使其浪费破障资源。虚假雷场可用于削弱敌人的行动能力，同时能够保持友军的行动自由。当因时间、人员或物资不足而无法使用真实雷场时，可以运用虚假雷场来欺骗敌人。虚假雷场还可以用作弥补真实雷场的空白区域。需要注意的是，虚假雷场必须看起来像是真实雷场，因此必须掩埋一些金属物体或使地面看起来好像有掩埋过物品的痕迹。

5.1.2　障碍的存在状态

敌军和友军都可以运用障碍。按照存在状态，障碍可大致分为现有障碍和加强障碍。

1.现有障碍

现有障碍通常是天然的或人工的，能够对运动造成限制的地形的一部分。现有障碍可以增强为更多的障碍，它们通常因被遮蔽而不被敌军所观察到，且难以被绕开；另外，由于在对手的观察和火力控制之下，使得敌军难以将其破除。现有障碍包括天然障碍和人工障碍两种类型。天然障碍包括沼泽、河流、溪流、茂密的森林、深而陡峭的山沟、坡度很大的丘陵或山脉等；人工障碍包括城市区域、铁路床基、高架道路、采石场等。

2.加强障碍

加强障碍是对现有障碍的绑扎、锚定、加强和扩展。为了最大程度地运用加固障碍，需要仔细评估地形，以确定其现有的阻塞或疏导效果。构设时间和人力、物力需求通常是两个最重要的因素。加强障碍包括地雷、建造性障碍、破毁性障碍、即时性障碍。

（1）地雷。地雷是一种在地面或其他表面区域上或附近布设的弹药。地雷可通过感知人员或车辆的存在、接近或接触，而发生爆炸或产生其他效应。可以在特定区域内大量使用地雷来形成雷场，也可以单独使用地雷来加强非爆炸性障碍。地雷分为持久性地雷和非持久性地雷两大类。持久性意味着地雷无法自动销毁或自动失效；非持久性意味着地雷能够自动销毁或自动失效。

（2）建造性障碍。构设建造性障碍时，部队不需要使用炸药等爆炸物，只需要人力或相关装备即可。建造性障碍包括挖掘的沟渠、砍倒的树木、构设的铁丝网等。

（3）破毁性障碍。部队可以通过引爆炸药来构设破毁性障碍。爆炸拆毁有很多用途，其中路坑和鹿砦就是典型的例子。如果在依傍悬崖、陡坡的道路上，或在雷场的侧翼构设路坑，就能够迫使敌方不得不使用推土、铲斗、机械桥等装备。需要注意的是，只有当树木或其他类似物体（如电线杆）足够大时，其构设的鹿砦才能迫使敌军停止运动。常用的鹿砦是通过砍倒树木，使道路两侧的树木顶部交叉，并指向预期的敌军方向而创建的障碍物。在森林或狭窄运动路线上构设鹿砦，是一种很有效的方法。此外，可以用美军的Claymore地雷或非持久性地雷来加强这种障碍。

（4）即时性障碍。指挥员和士兵在使用可用物资和其他资源时，可以凭借想象力和独创性构设即时性障碍。城市地形中即时性障碍的示例，如图5–1所示。即时性障碍包括：①瓦砾。在聚集区域中，砖石结构和建筑物的瓦砾能够限制部队的运动，同时可提供坚固的战斗位置。②战损装备。损坏的车辆或其他杂物可被用作路障。③洪水。通过打开水闸或爆破堤防，可以创建水灾地区。在实战中，通常使用地雷来消除即时性障碍。

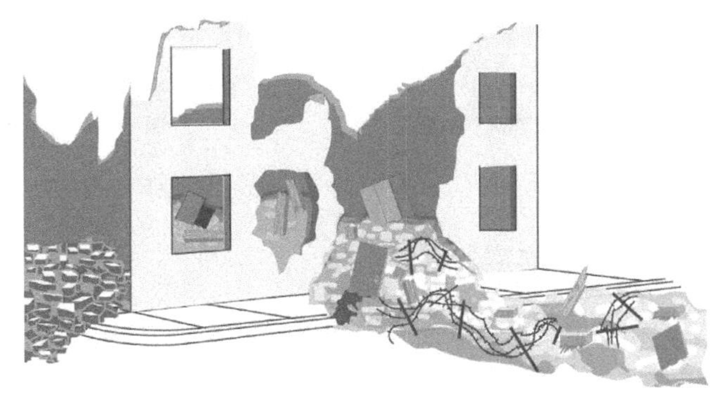

图5–1　城市地形中的即时性障碍

5.2 地雷概述

5.2.1 地雷的结构性能

地雷是一种爆炸装置，旨在摧毁或损坏敌方人员和装备。装备目标包括车辆、飞机和船只。地雷因目标的活动、时间的推移或控制手段而引爆。地雷一般由激发装置、雷管或点火药、传爆药、主装药、外壳等组成，如图5–2所示。

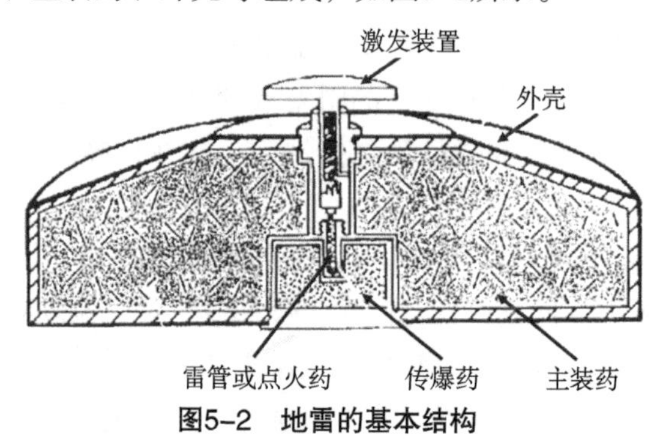

图5–2 地雷的基本结构

不同地雷的结构性能不同。地雷一旦解除保险，可因施加压力、释放压力、绊线拉力、释放张力或切断绊线、时间流逝、各种类型脉冲的作用而发生爆炸。其中脉冲包括电脉冲、机械振动、磁感应、电磁频率、红外传感、声响等。地雷的引爆方式如图5–3所示。

图5–3 地雷的引爆方式

5.2.2 典型的地雷引信

相比炮弹用引信而言，地雷配用的引信的结构通常比较简单。压发是地雷引爆的典型方式，也是最常用的作用方式之一。以某型地雷用压发引信为例，该型压发引信主要由引信体、保险夹、压帽、触角、压发杆、击针、击针簧、火帽、保险销等组成，如图5–4所示。

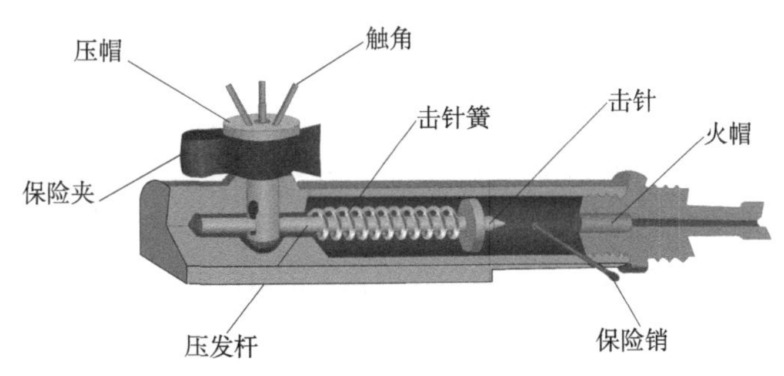

图5-4 某型地雷用压发引信的基本结构

当布设地雷时，抽出压帽下的保险夹和引信体上的保险销，此时地雷解除了保险。当击针上的细部被压发杆的卡槽卡住时，击针簧被压缩，此时地雷处于战斗状态。当压帽或压帽上的触角受到压力时，压发杆下降，圆孔对正击针杆，击针失去控制，在击针簧伸张力作用下撞击火帽而发火，进而引爆地雷。

5.2.3 地雷的分类

地雷可以通过人工埋设、远程投放、空中投放等多种方式布设。人工埋设的地雷需要手动解除保险装置，而且需要人力、资源和运输等。远程和空中投放地雷需要的时间和人力较少，但它们不像人工埋设的地雷那样位置精确。

按用途可将地雷分为防步兵地雷、防坦克地雷和特种地雷。防步兵地雷主要用于杀伤人员；防坦克地雷主要用来攻击坦克、步兵战车、技术兵器等；特种地雷具有特殊的用途，主要包括反直升机地雷、信号地雷、照明地雷等。

按控制方式可将地雷分为操纵地雷和非操纵地雷两种。操纵地雷可分为有线电操纵地雷、无线电操纵地雷和绳索操纵地雷三种类型。非操纵地雷可分为触发地雷和非触发地雷。触发地雷可分为压发地雷、绊发地雷、松发地雷、断发地雷、触杆地雷和微动触发地雷。非触发地雷可分为磁感应地雷、震动效应地雷、声电效应地雷、光电效应地雷和复合效应地雷。

按布设方式可将地雷分为撒布地雷和非撒布地雷。

按引信发火时间可将地雷分为瞬发地雷和定时地雷。

按抗爆炸冲击波的能力可将地雷分为耐爆地雷和非耐爆地雷。

按制造方式可将地雷分为制式地雷和应用地雷。

5.2.4 防坦克地雷

防坦克地雷的用途是摧毁或瘫痪敌军车辆，并杀伤车内的人员。

1.引爆方式

根据引爆方式的不同，防坦克地雷主要分为车辙宽度（Track-width）方式、目标宽度（Full-width）方式和路边布设（Off-route）方式。

（1）车辙宽度方式。在车辙宽度方式下，地雷通常用压力来激发，需要地雷与车辆的车轮或履带接触。这种地雷通常称为车辙式防坦克地雷。美军装备的M15型防坦克地雷就是采用车辙宽度方式来作用的，如图5–5所示。M15型防坦克地雷是一种重型反坦克履带地雷，于1953年装备美军部队。M15型防坦克地雷采用爆炸式战斗部，主要用于炸断坦克车辆的履带，并尽可能摧毁坦克的负重轮和车体。M15型防坦克地雷直径为337 mm，高度为125 mm，内装TNT与RDX的混合炸药的质量为10.35 kg。在M15型防坦克地雷上部的压盘上施加1 333～1 774 N的力，会压下压盘。压盘下面是碟形弹簧，其下固定有撞针。当撞针被压到雷管中时，会引爆引信下的M120传爆药柱，然后引爆主装药。

图5–5　M15型防坦克地雷

为了降低被探雷器发现的概率，美军还装备有M19型非金属防坦克地雷，如图5–6所示。该地雷采用塑料壳体，雷体仅包含极少的金属零件，具有低可探测性。M19型非金属防坦克地雷的雷体呈方形，边长为332 mm，高度为94 mm，质量为12.6 kg，装有9.45 kg的B炸药，以及特屈儿传爆药和M606型引信。拆除M19型非金属防坦克地雷的安全夹后，当受到1 558～2 225 N的压力时，该型地雷发生爆炸。M19型非金属防坦克地雷的侧面和底部设有副引信孔，具有良好的密封性，适宜设置在浅水河床或浅滩构成障碍。

图5–6　M19型非金属防坦克地雷

（2）目标宽度方式。在目标宽度方式下，地雷可由几种方法来激发，其中包括声音、磁场变化、倾斜杆、无线电频率、红外传感器、指令、震动等。这种地雷通常称为全宽式防坦克地雷。倾斜杆和磁场变化是最常见的激发方式。这种类型的引信被设计成在整个目标宽度有效，可通过穿透、金属剥落或二次爆炸造成摧毁性损伤。当引信的激活是因为仅与目标车辆的车轮或履带发生接触时，通常引起机动性损伤，这是因为爆炸产生的大部分能量被车轮或履带所吸收。美军装备的M21型重型防坦克地雷就是采用目标宽度方式来作用的，如图5–7所示。M21型重型防坦克地雷是一种反坦克车底/履带两用雷，该型地雷的直径为230 mm，高度为206 mm，质量为7.6 kg，雷体呈扁圆形，采用聚能装药战斗部，内装4.95 kg的Composition H6炸药，配用M607触/压两用引信。

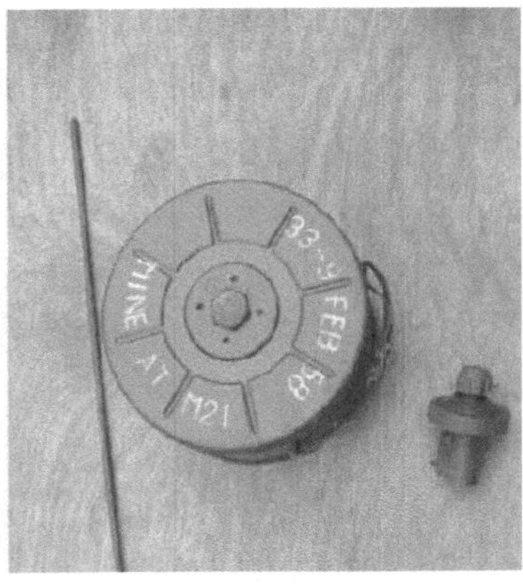

图5–7　M21型重型防坦克地雷

M21型重型防坦克地雷的作用过程简图，如图5–8所示。该地雷带有一根600 mm高的触杆，触杆的起爆推力约17 N，起爆角为20°。带有倾斜杆的M21型地雷必须被埋入地下或被固定，例如在12点、4点和8点三个方向上分别使用固定杆来固定，这样敌军车辆就不会在未激发地雷的情况下将其撞倒，进而失去作用。在没有安装触杆的情况下，对M607型引信施加130.5 kg的压力也可将其激发。M21型重型防坦克地雷也可使用M612气动引信和M609感应引信。美军于20世纪50年代末生产此地雷，自1961年起装备进队。

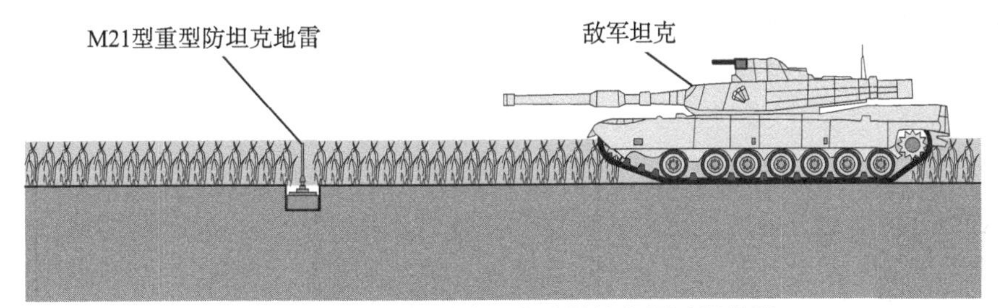

图5–8　M21型重型防坦克地雷的作用过程简图

（3）路边布设方式。使用在路边布设方式类型引信的地雷通常布设在敌军装甲车辆可能通过的路线的一侧。引信有多种触发机制可供选择，包括红外、地震、断线和磁场变化等，产生的毁伤效应大小取决于地雷爆炸时目标的具体位置。

2.战斗部形式

防坦克地雷的战斗部可采用爆破式、金属射流式或爆炸成型侵彻体式。

采用爆破式战斗部的地雷爆炸时，其产生的毁伤效应主要来自高温高压的爆轰产物。它通常能够对车辆目标造成机动性损伤，但也有可能产生摧毁性损伤。

采用金属射流式战斗部的地雷爆炸时，其产生的毁伤效应主要来自高速的金属射流。如果命中车辆乘员或车载弹药，可能会造成摧毁性损伤。

采用爆炸成型侵彻体式战斗部的地雷爆炸时，其产生的毁伤效应主要来自高速的侵彻体，其速度可达2 000 m/s，具有很强的侵彻能力。当高度的爆炸成型侵彻体命中车辆乘员或车载弹药时，可能会造成摧毁性损伤。

3.毁伤效应

防坦克地雷可以产生机动性损伤（Mobility Kill，M-Kill）或摧毁性损伤（Catastrophic Kill，K-Kill）两种效应。机动性损伤是指摧毁车辆的关键驱动部件，使其无法进行移动，例如炸断坦克的履带，如图5–9所示。机动性损伤并不总是能够摧毁敌军的武器系统和杀伤乘员，他们可能会继续发挥作用。但是，在摧毁性损伤情况下，敌军的武器系统和人员均将被摧毁或杀伤，如图5–10所示。

图5–9 机动性损伤

图5–10 摧毁性损伤

5.2.5 防步兵地雷

防步兵地雷可以杀死敌军人员或使其丧失行动能力，甚至能够损伤非装甲车辆。某些类型的防步兵地雷可能会切断或损坏装甲车辆的履带。另外，敌军人员的伤亡会消耗大量的医疗资源，降低敌军部队士气和斗志，从而削弱其战斗力。

1.引爆方式

防步兵地雷可以通过多种方式引爆，其中包括压发、绊发、断线、震动、人为控制触发等。在路上布设防步兵地雷时，通常采用压发式引信，当人员踩踏到地雷时将发生爆炸。可采用压发方式引爆的典型防步兵地雷如图5–11所示。当有东西干扰使敌方难以发现地面的绳线时，可使用由绊线或断线激发的地雷，其中以绊线方式为主。对于震动触发的地雷，当引信内的传感器检测到震动时，将引爆地雷。当在地雷爆炸范围内发现敌人时，可发出指令来人工引爆地雷，定向地雷就是典型的人工引爆地雷。

图5–11 可采用压发方式引爆的典型防步兵地雷

人为控制触发防步兵地雷的典型代表是美军装备的M18A1型定向雷，其英文名称为M18A1 claymore munition，如图5–12所示。M18A1型定向雷的质量为1.6 kg，可以通过人工控制或绊线来引爆。该定向雷内部包含700枚钢质球形破片和682 g的C4炸药，爆炸后能够形成60° 水平扇形的杀伤区域，其杀伤半径为100 m，杀伤方向的安全距离为250 m。在地雷后方和侧面16 m的无保护区域内也是不安全的。因此，在弹药后方和侧面100 m以内的己方人员应处于隐蔽位置，以免受到附带伤害。

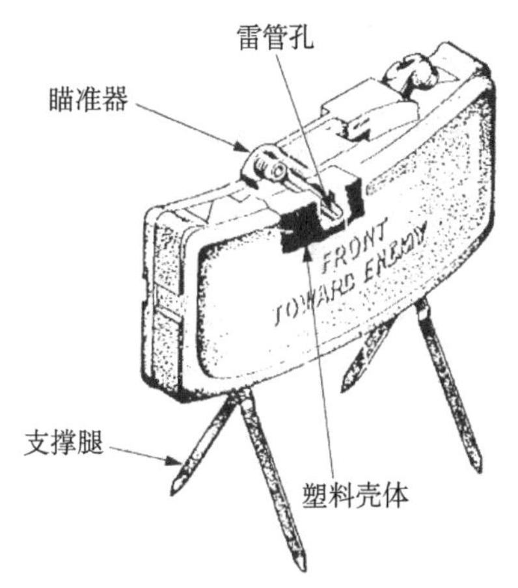

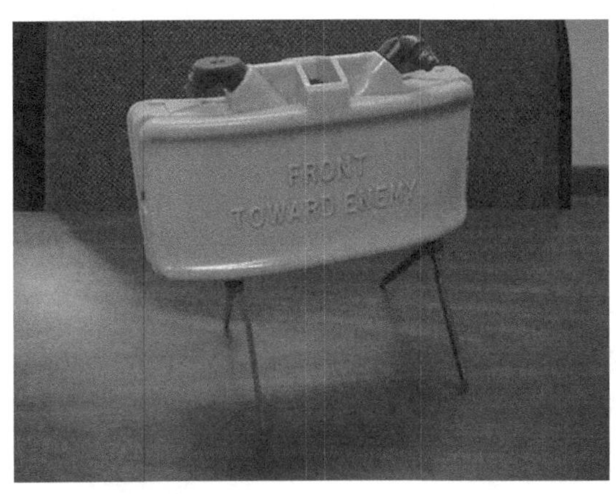

图5–12　M18A1型定向雷

2.杀伤方式

防步兵地雷有5种不同的杀伤方式，即爆炸杀伤方式（Blast）、空爆破片杀伤方式（Bounding-fragmentation）、定向破片杀伤方式（Direct-fragmentation）、全向破片杀伤方式（Stake-fragmentation）和化学污染方式（Chemical）。在爆炸杀伤方式下，人员踩踏到地雷后发生爆炸，将人的腿或脚炸伤。在空爆破片杀伤方式下，地雷被激发后，首先将雷体抛到一定高度的空中，然后发生爆炸，从而增大对目标人员的杀伤效果。在定向破片杀伤方式下，地雷爆炸产生的破片向敌军士兵的大致方向飞散。在全向破片杀伤方式下，地雷爆炸产生的破片向四面八方飞散。在化学污染方式下，地雷被激发后将释放化学毒剂，进而伤害周围的有生力量，并污染周围区域。

5.2.6　多用途地雷

多用途地雷可以在多种场合下使用。例如，美国的可选性轻型攻击弹药（Selectable Lightweight Attack Munition，SLAM）就是一种典型的多用途地雷，如图5–13所示。这种多用途地雷，能够打击装甲运兵车、停放的飞机、轮式或履带车辆、弹药库、重要人员等目标。该型地雷结构紧凑，质量仅为1 kg左右，采用EFP战斗部，其爆炸产生的侵彻体能够穿透40 mm的均质钢板。

SLAM多用途地雷包括两种型号，分别是M2失效型多用途地雷和M4自毁型多用途地雷。M2型地雷的表面为纯绿色，无任何标签、品牌或其他识别标志，该型地雷仅装备美军的特种作战部队。M4型地雷的表面为绿色，但它的EFP战斗部为黑色。在美军中，M4型地雷通常由轻型部队、空降部队、空中突击部队、快速反应部队来使用。

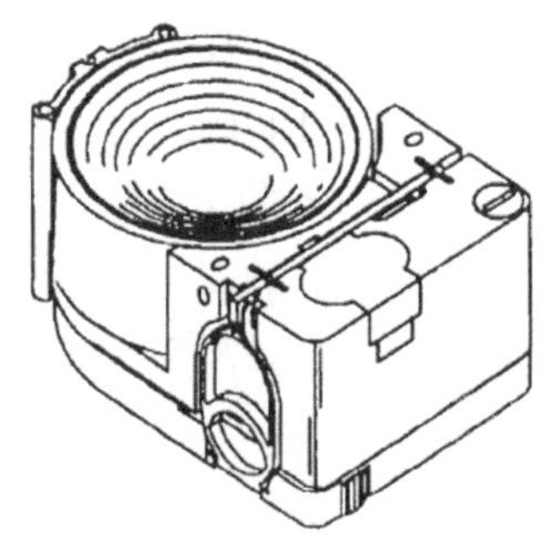

图5-13　典型的多用途地雷

SLAM多用途地雷有底部攻击、侧面攻击、定时引爆和指令引爆四种运用模式。

SLAM地雷内置有磁传感器，能够探测周围铁磁金属的变化，因此可用于打击卡车、轻型装甲车辆等目标。在实战中，可以将SLAM地雷隐蔽布设在道路上，干树叶、草等伪装也不会影响EFP战斗部的毁伤能力。当有车辆通过时，磁传感器会发生作用引爆地雷，最终将目标摧毁。需要注意的是，为了保证EFP战斗部能够有效发挥毁伤效能，SLAM地雷与目标的距离不得小于13 cm。当选择开关设置为4 h、10 h或24 h，且保持被动式红外传感器关闭时，SLAM地雷为底部攻击模式，如图5-14所示。如果在设定的时间内没有被触发，SLAM地雷将自动失效（M2型）或自毁（M4型）。

图5-14　SLAM地雷的底部攻击模式

SLAM地雷装备有被动式红外传感器，该传感器可用于侧面攻击模式。当车辆从侧面通过SLAM地雷时，被动式红外传感器通过背景温度的变化来探测目标的有与无。红外传感器的探测方向与EFP战斗部的毁伤方向一致，因此在设置时仅需要红外传感器对准目标通过的方向即可。当选择开关设置为4 h、10 h或24 h，且被动式红外传感器处于打开状态时，SLAM地雷为侧面攻击模式，如图5-15所示。如果在设定的时间内没有被触发，SLAM地雷将自动失效（M2型）或自毁（M4型）。

图5-15　SLAM地雷的侧面攻击模式

SLAM地雷内置有计时器，可根据设定的时间自动爆炸。当选择开关设置为15 min、30 min、45 min或60 min时，SLAM地雷为定时引爆模式，如图5–16所示。在此模式下，磁传感器和被动式红外传感器不工作，SLAM地雷将按照设定的时间自动爆炸。

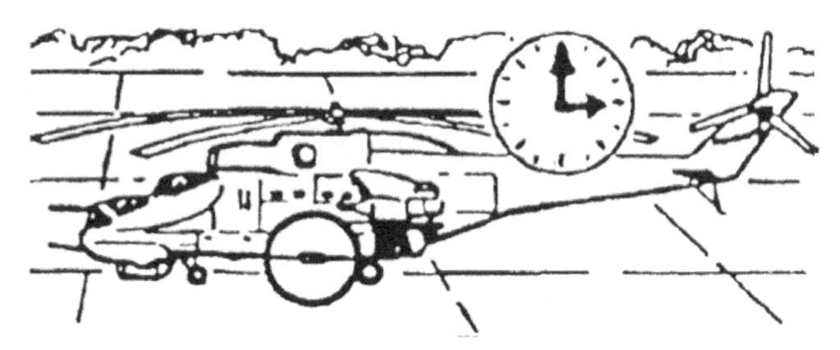

图5–16 SLAM地雷的定时引爆模式

SLAM地雷还可以采用指令引爆模式，如图5–17所示。在该模式下，士兵可通过标准军用雷管手动将SLAM地雷引爆。采用指令引爆模式时，整个起爆序列与地雷的引信、安全与解保装置无关。

图5–17 SLAM地雷的指令引爆模式

SLAM地雷具有防篡改功能，但仅在底部攻击和侧面攻击模式下有效。在解除保险后，当试图改变选择开关的位置时，SLAM地雷将会发生爆炸。

5.2.7 智能化地雷

智能化地雷是指能够自动探测并摧毁目标的地雷。例如M93 Hornet就是一种智能化反坦克路边雷，它由轻质材料制作，能够满足单兵携带和使用要求，如图5–18所示。

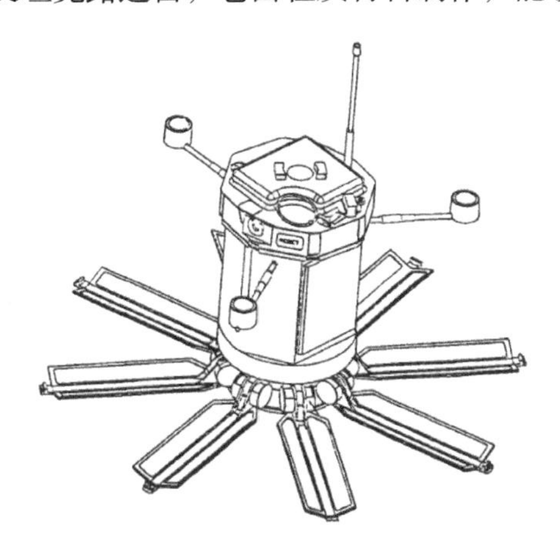

图5–18 M93 Hornet反坦克路边雷

该型路边雷是一种不可回收的弹药，它能够通过声音和运动来探测并获取目标。它能在距离布设地点100 m远的距离内，自动搜索、检测、识别目标，并采用顶部攻击方式打击移动目标，如图5–19所示。它被广泛用于战斗工兵、游骑兵和特种部队。

（a）　　　　　　　（b）　　　　　（c）

图5–19　M93 Hornet反坦克路边雷的作用过程

（a）探测目标；（b）攻击目标；（c）毁伤目标

M93型路边雷配备有手持式编码装置。当使用M93型路边雷时选择了遥控模式，可使用该装置与地雷通信。在对地雷编码后，该编码装置可以用来解除地雷的保险，重置地雷的自毁时间，或者将地雷引爆。该编码装置的最大操作距离为2 km。

大风、大雨、雪、冰、极寒和极热天气可以降低M93型路边雷探测目标的能力。如果将特制的射频干扰装置放置在雷场附近，将限制M93型路边雷的通信能力，但这不会影响地雷探测和攻击目标的能力，也不会破坏地雷本身。射频干扰装置也会影响当前已部署的地雷通过遥控来解除保险。

一旦M93型路边雷解除保险，将首先进行自我检测，而后地雷将保持有效状态，直到其自毁时间到达或攻击目标为止。该地雷的自毁时间可人工设定为4 h、48 h、5 d、15 d或30 d，当达到预定的自毁时间后，地雷将自动引爆。

在近距离作战时，机动部队或战斗工兵在工程师的监督下布设M93型路边雷。在近距离作战行动中，M93型路边雷的运用时机包括：用于固定敌军或沿敌军集结地域周边削弱其部队；发挥地雷快速布设和大面积攻击的优势，将其做为一种进攻性支援武器来使用；在机动过程中，沿着己方暴露的侧翼快速布设，以扰乱敌人的反击；单独用于的战术性障碍或作为常规障碍的加强；用于扰乱和迟滞敌人，以保证远程武器更有效地打击敌军。

在纵深作战中，特种部队或游骑兵可以布设M93型路边雷。M93型路边雷可在整个作战纵深内得到运用，以支援陆军的作战行动。在纵深作战行动中，M93型路边雷的运用时机包括：在关键路线上设置障碍，以扰乱和迟滞敌军的第二梯队、补给行动和关键通信线路；用于指挥与控制节点和后勤站点，以扰乱敌人的行动。

在后退行动中，M93型路边雷的运用时机包括：为可能的退却行动，沿关键路线进行布设，但应注意不能过早解除地雷的保险。

在早期进入行动中，M93型路边雷的运用时机包括：作为额外的反装甲武器，以提高轻型部队对抗装甲目标的能力；沿敌军的接近路线布设，以获得反应时间和机动空间。

5.2.8　撒布式地雷

撒布式地雷可由飞机、火炮、导弹或地面布撒器来设置。撒布式地雷通常设定有一定的作用时间，当时间达到后将进行自毁。根据地雷的类型和布撒器的不同，地雷的有效作用时间各不相同。撒布式地雷能够满足在敌军占领区域快速构设雷场的需要，而在这种区域是难以依靠工兵来构设标准雷场的。

陆军装备的大多数撒布式地雷的特征基本相同。相比传统地雷，撒布式地雷的体积和质量要小一些。例如，美军标准的撒布式防坦克地雷的质量约为1.8 kg，内装600 g炸药，而传统的M15型防坦克地雷质量为13.5 kg，内装10 kg炸药。M–139 Volcano布雷系统如图5–20所示。

图5–20　M–139 Volcano布雷系统

在装药较少的情况下，为了能够有效杀伤敌方装甲目标，必须对撒布式防坦克地雷的战斗部进行特殊的设计。因此，绝大多数的撒布式防坦克地雷都采用EFP战斗部。EFP战斗部的毁伤效应具有方向性，即仅对战斗部轴线沿药型罩方向具有极强的毁伤作用，而对其他方向的作用效果很弱。为了保证撒布式防坦克地雷的布设姿态，使战斗部竖直向上，药型罩朝向装甲车辆的车底，通常地雷采用插入式或扶起式支撑机构，如图5–21所示。其中，插入式支撑机构适合应用于土质松软的地面，而扶起式支撑机构适合土质坚实的地面。

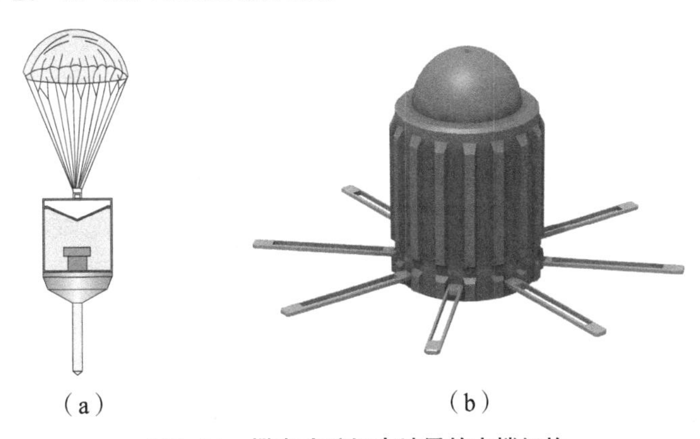

图5–21　撒布式防坦克地雷的支撑机构

（a）插入式支撑机构；（b）扶起式支撑机构

5.2.9 反排雷装置

如果有人试图给地雷做手脚，反排雷装置将起到激发地雷起爆的作用。设置反排雷装置的目的是阻止敌军移动或拿走地雷，而不是阻止敌人排除地雷。反排雷装置可以安装在地雷的雷体上，由连接在引爆装置上的绳线启动。有些型号的地雷有额外的引信孔（副引信孔），以便于安装反排雷装置，如图5–22所示。

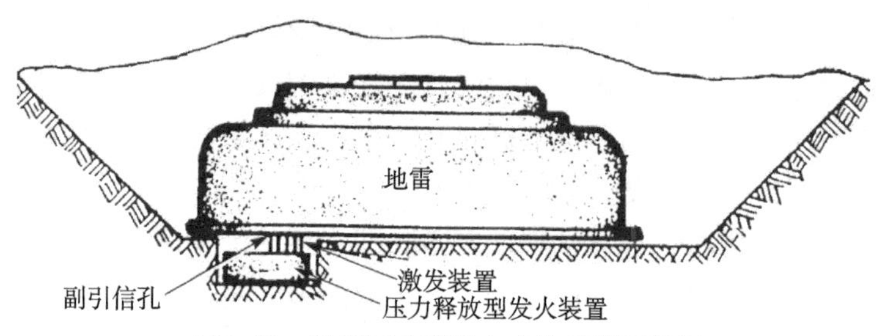

图5–22 采用压力释放方式的反排雷装置

不要求反排雷装置必须与地雷连接起来，它可以放在地雷的下面。当地雷被敌军取走时，反排雷装置发生爆炸，如图5–23所示。带有反排雷装置的地雷有时被错误地称为诡雷，诡雷是指采用高爆性材料制成的布设在敌方意料不到的地方，通过伪装、诱惑、欺骗等诡计引爆，使敌方在毫无防备之下受到伤害的地雷。

图5–23 未与地雷连接在一起的反排雷装置

5.3 地雷的战场运用

5.3.1 地雷的作用

地雷是用来杀死敌方人员、摧毁敌方设备，或使其丧失能力的爆炸装置。地雷既可以在特定区域内大量使用以形成雷场，也可以单独使用以加固非爆炸性障碍物；既可以单独布设，也可以集群布设，以打击敌军的士气。

雷场是指含有地雷的区域或被认为含有地雷的区域（假雷场）。雷场可能包含多种类型、多个数量的地雷。雷场的用途包括：在敌方机动时创造一个可被友军利用的弱点；迫使敌人打散所属部队；干扰敌军的指挥和控制系统；杀伤敌方人员和摧毁敌军装备；通过在交战区域内迟滞敌军行动来为其他武器系统的火力发挥创造机会；保护友军免受敌军的机动和渗透；等等。

5.3.2　雷场的类型

雷场一般有防护性雷场、战术性雷场、骚扰性雷场和假雷场四种类型。每种类型都是由其不同的战场用途所决定的，因此雷场具有诸多不同的运用方式，它们以独特的方式来针对敌人。

防护性雷场用于保护士兵、装备、设施和补给品免受敌人攻击或其他威胁。

战术性雷场直接影响敌人的机动，使己方防守部队获得相对的位置优势。

骚扰性雷场可对敌军施加警告，从而打乱、迟滞，有时甚至会削弱或摧毁敌军的后续部队。

假雷场用于欺骗敌人，使之难以确定真实雷场的确切位置，它可导致攻击者质疑先前制订的破障计划，并可能导致其所属破障资源的浪费；假雷场可以与其他雷场一起使用。

1.防护性雷场

在战术行动中，防护性雷场可为友军提供近距离保护，并击败敌人机动行动，它们能够拒止敌军的机械化突破和徒步的渗透。在非战争军事行动中，防护性雷场的重点可能是防止未经授权的人员进入相关设施，而不是协助摧毁敌军部队。

（1）防护性雷场的作用。与最后拦阻火力类似，防护性雷场可在敌军最后突击的时刻为防御方提供近距离的保护。防护性雷场有两个作用：①延迟进攻方的进攻速度，为防御方与敌人脱离接触而转移阵地争取时间；②瓦解敌人的进攻，完成对敌人的破坏。

（2）防护性雷场的构成。防护性雷场的构成是由防御方的弱点来决定的。

1）坦克防御作战。对执行防御任务的坦克连而言，徒步步兵是最大的近距离战斗威胁。在这种情况下，防护性雷场主要由防步兵地雷构成，这将限制敌军采用徒步方式接近装甲防御部队。

2）步兵防御作战。坦克是步兵防御作战中的最大威胁。在这种情况下，防护性雷场主要由防坦克地雷组成，以减慢敌军快速接近步兵防御阵地的速度。

3）混合雷场的效果。防步兵地雷和防坦克地雷都不是单独使用的。混合雷场可具备对付最严重近距离战斗威胁的能力。

（3）防护性雷场的形式。防护性雷场可能有多种形式，它可能只是排级分队前面的几个地雷，也可能是机场周围的标准雷场。在近距离战斗和殿后行动中都可以用到防护性雷场，它们分为仓促布设的雷场和预有准备的雷场两种。

仓促布设的防护性雷场在本质上是一种临时的雷场，可作为部队周边防御的一部分，它们通常是由使用基本负荷的地雷的单位埋设的。如果时间允许，应埋设地雷以提高其效力；也可以将地雷直接放在地面上。为了便于撤收雷场，不得使用反排雷装置和低金属含量的地雷（低可探测性地雷）。地雷应布设在手榴弹的射程之外，但应在小口径武器的射程之内。在离开该地区时，布设的单位应将所有地雷收回，除非受敌压力而无法撤收或将雷场转交给接任的指挥官。

预有准备的防护性雷场是一种持久性雷场，它需要更详细的规划和更多的资源。预有准备的防护性雷场通常用于保护重要地点，例如后勤站点、通信节点、仓库、机场、导弹阵地、防空阵地和常驻部队所在地等。典型的预有准备的防护性雷场通常采用标准模式的雷场，然而也可以使用“一行式”雷场。预有准备的防护性雷场通常需要布设很长一段时间，并可以转交给另一个单位。

（4）防护性雷场的布设。防护性雷场通常由小规模部队（连/排）来运用和设置。布设防护性雷场的权力通常被授予连/队指挥官。在某些情况下，例如仓促防御时，防护性雷场是由携行部队在接到通知后立即布设的。更常见的是，防护性雷场是作为部队预有准备防御行动的一部分。

布设防护性雷场时，应考虑到在离开该地区前将地雷收回。因此，在布设地雷时，应便于布设单位对地雷的探测和回收。这往往被忽视，而且很难控制，因为它们被分配给很小规模的部队。

2.战术性雷场

（1）战术性雷场简介。战术性雷场用于直接攻击敌人的机动行动，使防御方相比攻击方更具位置的优势。战术性雷场可以单独使用，也可以与其他类型的战术性障碍联合使用，它们通过打乱敌人的战斗队形，干扰其对部队的指挥与控制、削弱其火力集中能力，使其过早地投入有限的破障资源，以及降低其增援能力，来攻击敌人的机动行动。

战术性雷场可增加防御作战中的进攻力。这将有助于防御方指挥官重新获得并维持主动权，而这种主动权通常是进攻方所拥有的。战术性障碍与火力相结合，将迫使攻击方按照防御方的计划开展行动。

在进攻行动中，战术性雷场可用于保护己方暴露的侧翼，孤立目标区域，阻断敌军反击路线，以及扰乱敌军的退却行动。

（2）与防护性雷场的区别。雷场既可以是战术性障碍，也可以是防护性障碍，如图5–24所示。但是，针对敌人的机动，战术性障碍和防护性障碍有着截然不同的目的。这种差异使得它们在战场上有一个特定的相对位置。战术性障碍用于攻击敌人的机动，因此构设在敌军行军中、战斗前和攻击编队的前进路线上。防护性障碍用于保护友军部队，阻止敌军对己方阵地的最后突击。因此，防护性障碍更靠近防御阵地，并与防御部队的最后拦阻火力紧密相连。

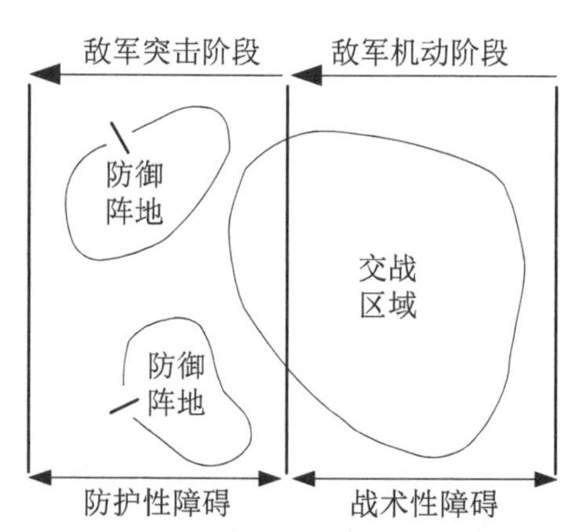

图5–24　战术性障碍和防护性障碍

将战术性雷场和火力结合起来，可产生四种具体的战术性障碍效果，即打乱、固定、驱赶和阻挡。每种障碍对敌人的机动、集结和增援能力都有特定的影响。障碍效果也会增加敌人对友军炮火的易损性。

（3）打乱的战术性障碍效果。打乱的战术性障碍效果，如图5–25所示，短箭头表示敌人受到障碍物攻击的位置，较长的箭头表示旁路可通行和受到火力攻击的位置。这种效果可以打乱敌人的队形和节奏，中断其行动时间表，使其过早地投入破障资源，并敲碎其攻击力量，使之不能形成合力。

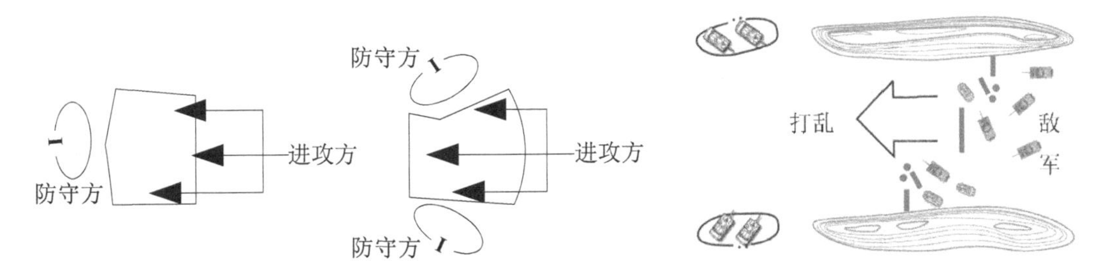

图5–25　打乱的战术性障碍效果

（4）固定的战术性障碍效果。固定的战术性障碍效果，如图5–26所示，箭头的弯曲部分表示敌人的前进速度因障碍而减慢。这种效果可以在特定区域内（通常是交战区域）减慢敌人的行进速度，为防御方在整个交战区域的纵深内获取、瞄准和摧毁进攻敌人争取时间。

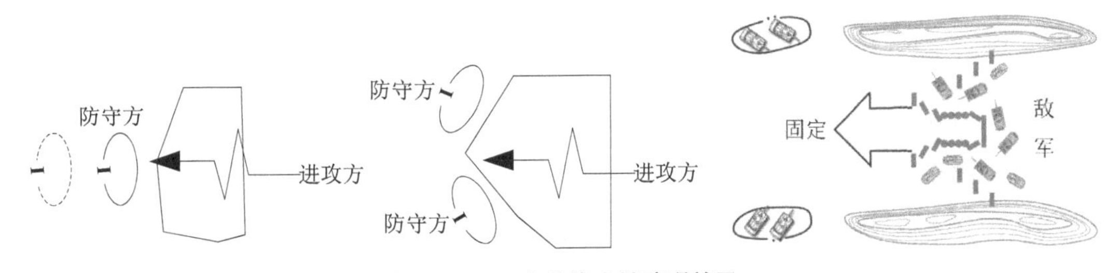

图5–26　固定的战术性障碍效果

（5）驱赶的战术性障碍效果。驱赶的战术性障碍效果，如图5–27所示，箭头方向表示所期望的敌军行进方向。这种效果可以诱逼敌人在期望的方向上移动。

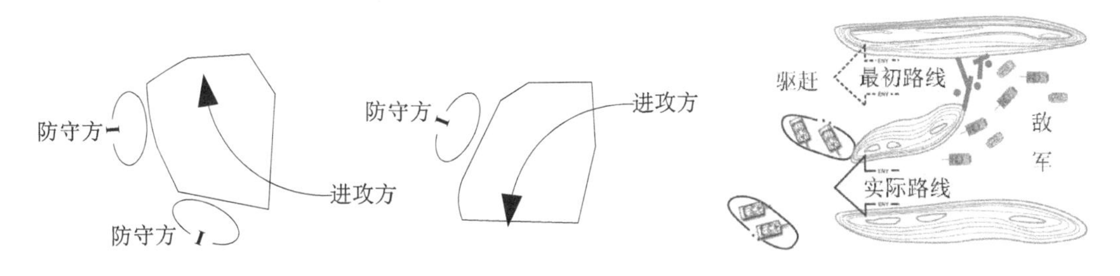

图5–27　驱赶的战术性障碍效果

（6）阻挡的战术性障碍效果。阻挡的战术性障碍效果，如图5–28所示，垂直线表示敌人前进的极限。这种效果可以沿着特定的接近路线阻挡敌人或阻止敌人通过交战区域。

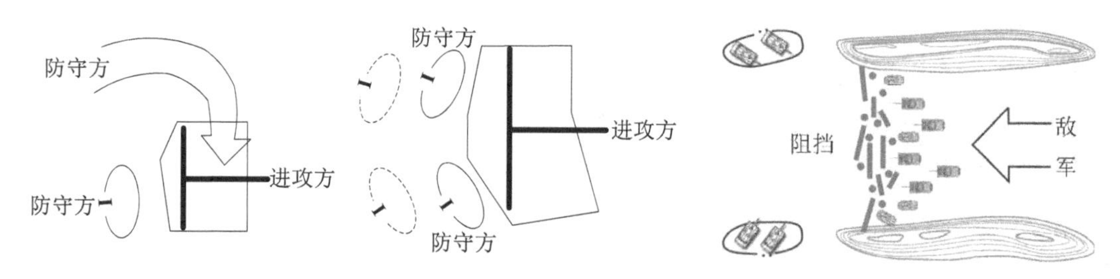

图5-28　阻挡的战术性障碍效果

需要注意的是，雷场必须与火力结合起来才能达到预期的效果。雷场布设的重要参数包括雷场宽度、雷场纵深、雷场密度、地雷类型、反排雷装置的运用以及不规则外缘的设置等，掌握这些参数的变化是战术性雷场运用的核心原则。

3.骚扰性雷场

骚扰性雷场是一种特殊形式的战术性雷场，它主要用于强加警告于敌军，使之变得行动谨慎，并打乱、迟滞甚至摧毁敌军的后续部队。骚扰性雷场通常不需要观察哨和直瞄火力的掩护。这种雷场的大小和形状通常是不规则的，它们可以是单独的一组地雷，也可以是一系列的雷场区域。骚扰性雷场可以用来加强现有的障碍，也可以迅速布设在主要的接近路上。常规地雷和撒布式地雷都可用于布设骚扰性雷场。

4.假雷场

假雷场是指经过改变，使其具有与真实雷场相同的特征，从而欺骗敌人的区域。

（1）假雷场的作用。假雷场有两个主要作用：①使进攻方迷惑，进而质疑自身的破障决定是否正确；②使进攻方浪费破障资源，将宝贵的资源浪费在实际上并不存在的雷场上。

成功、有效的假雷场取决于敌人的心理状态。当敌人意识到存在地雷并且已经遭受了一次地雷袭击后，假雷场将产生更好的虚张声势效果。对地雷的恐惧会迅速演变成多疑，从而破坏敌人进攻的势头。因此，假雷场通常与真雷场一起使用，而很少单独使用。一旦敌人意识到可能有地雷存在，假雷场就会以很少的时间、人力和材料投入而产生相当大的战术效果。当地雷或人力短缺，或时间有限时，假雷场可以用来扩大真雷场的正面和纵深，同时也可以用于掩盖真雷场之间的间隙。但是，谁也不能保证假雷场会达到所设想的目的。

（2）假雷场的运用。使用假雷场时应做到两点：①假雷场必须在细节上与真雷场完全相同；②将假雷场视为真雷场一样对待。例如，如果假雷场模拟的是线形雷场，那么它的正面、纵深、标记必须与真的线形雷场相似。应对地面进行扰动，并在地面上以与其他雷场相同的模式制作轨迹，使地面具有相同的特征。偶尔的空地雷箱、废弃的引信或其他布雷物资可增加欺骗效果。一旦布设了假雷场，友军必须将其视为真实存在的雷场，直到战术态势不再需要维持这种欺骗。这对于己方部队来说是非常痛苦的。因为，他们不能穿过已知的假雷场，而只能绕行。特别是当假雷场用于掩盖真雷场之间的间隙时，需要己方部队舍近求远地绕行一大圈才能通过整个雷区。如果己方车辆驶过假雷场，并被敌人侦察到，这将极大地降低假雷场的效用。

需要注意的是，不能在假雷场里埋设真地雷。因为假雷场意味着该区域没有真地雷，而在假雷场内布设一个真地雷，也会使它变为真雷场。另外，假雷场的标记和掩护火力应与真雷场相同。

5.3.3　布雷技术

1.布雷技术简介

常规地雷是指由手工埋设的、需要人工解除保险的地雷，布设这种类型的地雷需要大量的人力。使用时，士兵通常单独或成片地布设，并记录下每枚地雷的位置，以便日后进行回收作业。士兵可以将地雷埋设于地下或放置在地面上，并设置反排雷装置。

现代战争作战节奏快，战场态势发展迅速，传统的埋设布雷方式已难以满足作战需求。当前的布雷方式已转变为抛撒为主、埋设为辅。

2.布雷的时机

当前，布雷的时机已由预先布雷为主转变为机动布雷为主、预先布雷为辅。

（1）预先布雷是根据作战计划在战前实施布雷，通常采用人工和机械布雷车实施。布雷时，多采用地下埋设方式，并进行相应的伪装。人工布雷的场景如图5–29所示。

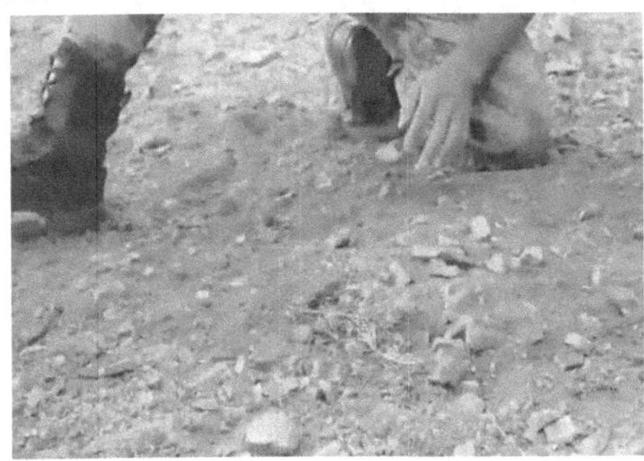

图5–29　人工布雷的场景

（2）机动布雷是针对敌军机动行动或根据友军机动计划，在作战过程中实施布雷。机动布雷通常采用机械布雷车、航空布雷弹、布雷炮弹或火箭布雷弹来实施，如图5–30所示。机动布雷和预先布雷相比，灵活性和即时性更强，能够层层阻滞和损耗敌人，通常会获得更好的障碍效果。

图5–30　典型的机动布雷装备

3.典型布雷装备

随着布雷技术的进步，采用火炮、火箭、车辆、飞机等为平台的布雷器材装备已列装备国部队，从而实现在战场的全纵深、全天候的快速布雷作业。按布设方式的不同，布雷装备可分为机械式布雷装备、发射式布雷装备、抛撒式布雷装备。

（1）机械式布雷装备是一种采用机械方式快速布雷的装备，主要用于布设防坦克地雷，适合在宽大正面上实施预先布雷，或在紧急情况下实施机动布雷。

（2）发射式布雷装备是一种可以实施远距离布雷的快速布雷装备，它是以炮弹或火箭弹为载体，以发射方式将地雷运送至预定区域上空，通过弹体开仓或解体将地雷抛撒到地面，从而形成一定面积的地雷场。这种方式能够实现远距离、防区外的快速布雷，可有效提高己方布雷人员和装备的安全性，在现代作战中具有重要地位。

（3）抛撒式布雷装备是一种采用抛撒方式，大面积、高密度快速布雷的装备，它可用于布设防步兵地雷场、防坦克地雷场或混合地雷场。这种系统具备自动化程度高、载雷数量多、雷场密度和纵深可调、地雷自毁时间随机设定、布设雷场形式灵活多样等特点，能够迅速构设宽正面、大纵深的障碍区域，满足扰乱、诱逼、牵制、阻滞和毁伤敌军的战术要求。

5.3.4 标准化线形战术雷场

雷场的具体布设取决于战术要求和可用的资源。根据打乱、固定、驱赶和阻挡的战术要求，美军设计了四种与之对应的标准化线形雷场形式。不同形式的雷场，将会产生不同的战术效果。另外，标准化雷场有利于规划障碍类型、防御规模和物资需求。

1.标准化打乱式战术雷场

标准化打乱式线性雷场没有不规则外缘，所有地雷都不设反排雷装置，如图5–31所示。打乱式线性雷场的结构样式如下。

（1）A号雷列：①设置42枚全宽式防坦克地雷（倾斜杆地雷），地雷之间的间距为6 m；②没有转折点；③地雷采用地表布设（用桩固定）或地下埋设方式。

（2）B号雷列：①该行两端的行标记距第一行均为50 m；②设置42个履带宽式防坦克地雷，地雷之间的距离为6 m；③最好不要超过3个转折点；④地雷采用地表布设或地下埋设方式。

（3）C号雷列：①该行距离第一行100 m左右；②设置42个履带宽式防坦克地雷，地雷之间的距离为6 m；③没有转折点；④地雷采用地表布设或地下埋设方式。

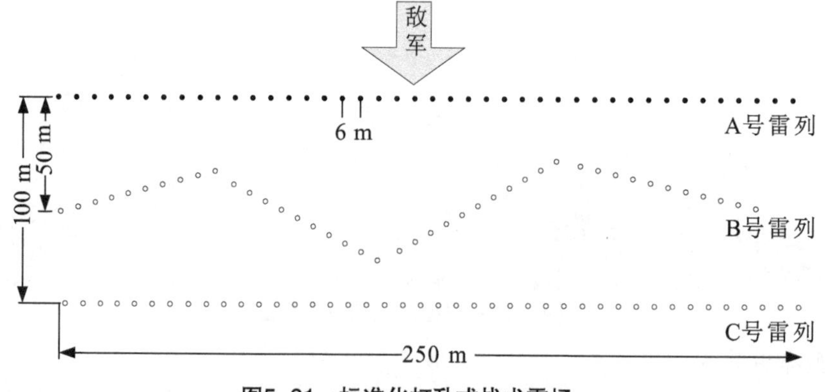

图5–31 标准化打乱式战术雷场

标准化打乱式战术雷场的重要参数见表5–1。

表5–1　标准化打乱式战术雷场的重要参数

宽度/m	纵深/m	全宽式地雷		车辙式地雷		不规则外缘短行	反排装置	排布雷作业时间/h	防坦克地雷布雷密度/（枚·m^{-1}）
		雷列数/条	地雷总数/枚	雷列数/条	地雷总数/枚				
250	100	1	42	2	84	无	无	1.5	0.5

2.标准化固定式战术雷场

标准化固定式线性雷场与标准化打乱式线性雷场的结构类似，但它有一个不规则外缘，地雷不设反排雷装置，如图5–32所示。固定式线性雷场的样式如下。

（1）A号雷列：①设置42枚全宽式防坦克地雷（倾斜杆地雷），地雷之间的距离为6 m；②没有转折点；③地雷采用地表布设（用桩固定）或地下埋设方式。

（2）B号雷列：①该雷列两端的列标记距A号雷列均为50 m；②设置42个履带宽式防坦克地雷，地雷之间的距离为6 m；③最好不要超过3个转折点；④地雷采用地表布设或地下埋设方式。

（3）C号雷列：①该雷列距离A号雷列100 m左右；②设置42个履带宽式防坦克地雷，地雷之间的距离为6 m；③没有转折点；④地雷采用地表布设或地下埋设方式。

（4）不规则外缘：①1个单独的不规则外缘基线；②3个不规则外缘短行；③不规则外缘基线位于敌人一侧，距离第一行15 m；④在每一个不规则外缘短行上设置7枚全宽式反坦克地雷，地雷之间的距离为 6m，采用地下埋设方式布雷；⑤第一个不规则外缘短行距雷场边缘48 m，第二个短行距第一个短行84 m，第三个短行距第二个短行84 m。

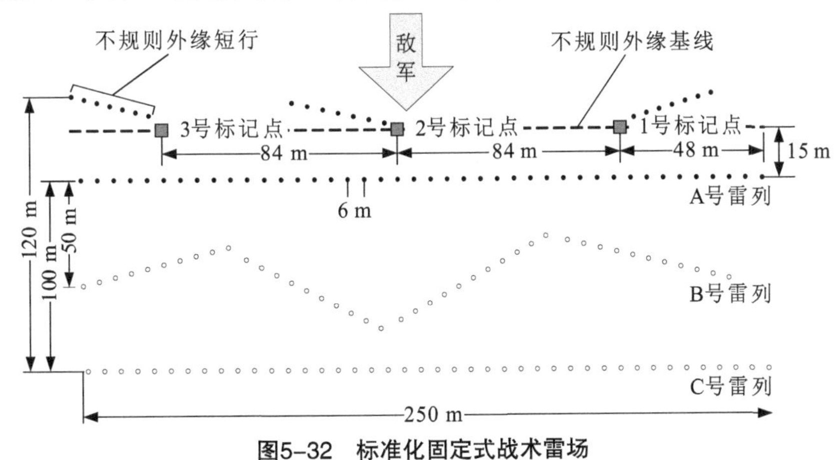

图5–32　标准化固定式战术雷场

标准化固定式战术雷场的重要参数见表5–2。

表5–2　标准化固定式战术雷场的重要参数

宽度/m	纵深/m	全宽式地雷		车辙式地雷		不规则外缘短行	反排装置	排布雷作业时间/h	防坦克地雷布雷密度/（枚·m^{-1}）
		雷列数/条	地雷总数/枚	雷列数/条	地雷总数/枚				
250	120	1	63	2	84	有	无	1.5	0.6

3.标准化驱赶式战术雷场

标准化驱赶式线性雷场如图5–33所示。驱赶式线性雷场的结构样式如下。

（1）A号雷列：①设置84枚全宽式防坦克地雷（倾斜杆地雷），地雷之间的间距为6 m；②不设转折点；③地雷采用地表布设（用桩固定）或地下埋设方式。

（2）B号雷列：①该雷列两端的列标记距第一行均为50 m；②设置84个全宽式防坦克地雷（倾斜杆地雷），地雷之间的间距为6 m；③最好不要超过5个转折点；④地雷采用地表布设（用桩固定）或地下埋设方式。

（3）C号雷列：①该雷列距第一行100 m；②设置84个全宽式防坦克地雷（倾斜杆地雷），地雷之间的间距为6 m；③不设转折点；④地雷采用地表布设（用桩固定）或地下埋设方式。

（4）D号雷列：①该雷列距第三行100 m；②设置84个全宽式防坦克地雷（倾斜杆地雷），地雷之间的间距为6 m；③不设转折点；④地雷采用地表布设（用桩固定）或地下埋设方式。

（5）E号雷列：①该雷列两端的列标记距第四行均为50 m；②设置84枚履带宽式防坦克地雷，地雷之间的间距为6 m；③最好不要超过5个转折点；④地雷采用地表布设或地下埋设方式。

（6）F号雷列：①该雷列距第四行100 m；②设置84枚履带宽式防坦克地雷，地雷之间的间距为6 m；③不设转折点；④地雷采用地表布设或地下埋设方式。

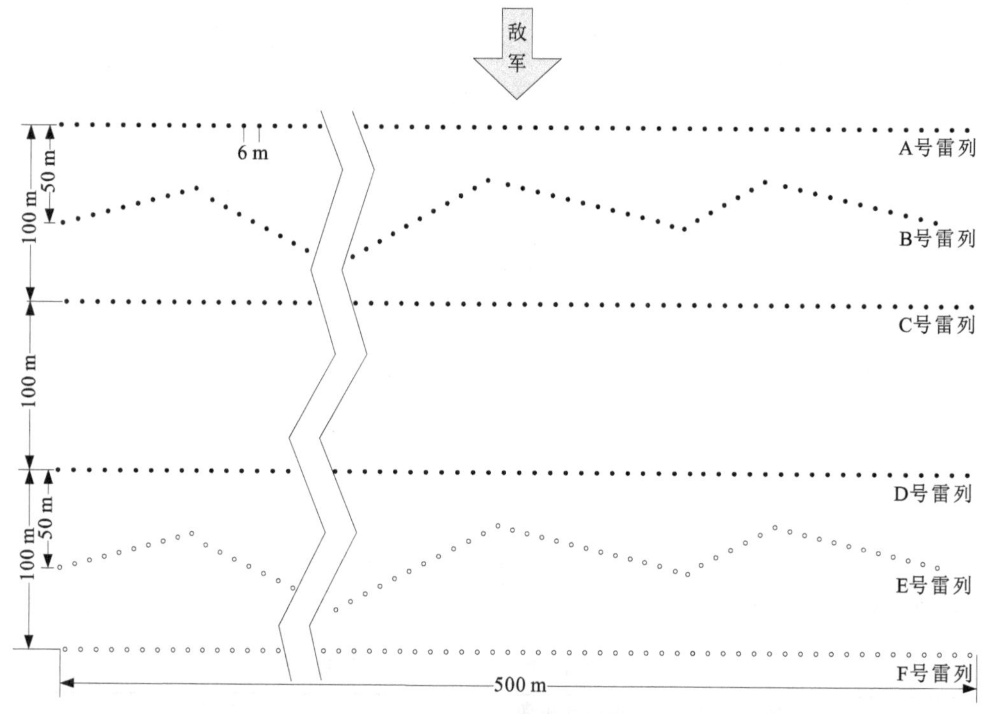

图5–33　标准化驱赶式战术雷场

标准化驱赶式战术雷场的重要参数见表5–3。

表5-3　标准化驱赶式战术雷场的重要参数

宽度/m	纵深/m	全宽式地雷		车辙式地雷		不规则外缘短行	反排装置	排布雷作业时间/h	防坦克地雷布雷密度/（枚·m^{-1}）
		雷列数/条	地雷总数/枚	雷列数/行	地雷总数/枚				
500	300	4	336	2	168	无	无	3.5	1.0

4.标准化阻挡式战术雷场

标准化阻挡式线性雷场具有一个不规则外缘，并在所有全宽式地雷列中的两行内选择20%的地雷设置反排装置。标准化阻挡式战术雷场如图5–34所示。通常将反排装置设置在第二和第三行的地雷上，以达到最好的作用效果。另外，一个阻挡式雷场还需要84枚M16型或M14型防步兵地雷，其密度为0.17枚/m。阻挡式线性雷场的结构样式如下。

（1）A号雷列：①设置84枚全宽式防坦克地雷（倾斜杆地雷），地雷之间的间距为6 m；②不设转折点；③地雷采用地表布设（用桩固定）或地下埋设方式。

（2）B号雷列：①该雷列两端的列标记距第一列均为50 m；②设置84枚全宽式防坦克地雷（倾斜杆地雷），地雷之间的间距为6 m；③最好不要超过5个转折点；④地雷采用地表布设（用桩固定）或地下埋设方式。

（3）C号雷列：①该雷列距第一列100 m；②设置84枚全宽式防坦克地雷（倾斜杆地雷），地雷之间的间距为6 m；③不设转折点；④地雷采用地表布设（用桩固定）或地下埋设方式。

（4）D号雷列：①该雷列距第三列100 m；②设置84枚全宽式防坦克地雷（倾斜杆地雷），地雷之间的间距为6 m；③不设转折点；④地雷采用地表布设（用桩固定）或地下埋设方式。

（5）E号雷列：①该雷列两端的列标记距第四列均为50 m；②设置84枚履带宽式防坦克地雷，地雷之间的间距为6 m；③最好不要超过5个转折点；④地雷采用地表布设或地下埋设方式。

（6）F号雷列：①该雷列距第四列100 m；②设置84枚履带宽式防坦克地雷，地雷之间的间距为6 m；③不设转折点；④地雷采用地表布设或地下埋设方式。

（7）不规则外缘：①确定一条单独的不规则外缘基线；②设置6条不规则外缘短行；③不规则外缘基线位于敌人一侧，距离A号雷列15 m；④在每一条不规则外缘短行上设置7枚全宽式反坦克地雷，地雷之间的间距为6 m，采用地下埋设方式布雷；⑤第一条不规则外缘短行的标记点距离雷场边缘72 m，其余不规则外缘短行的标记点按照72 m的间距沿不规则外缘基线依次排列。

（8）防步兵地雷：①将防步兵地雷设置在两条全宽式防坦克地雷雷列上；②防步兵地雷应设置在防坦克地雷的周围；③在每个防坦克地雷的前面设置一枚防步兵地雷。

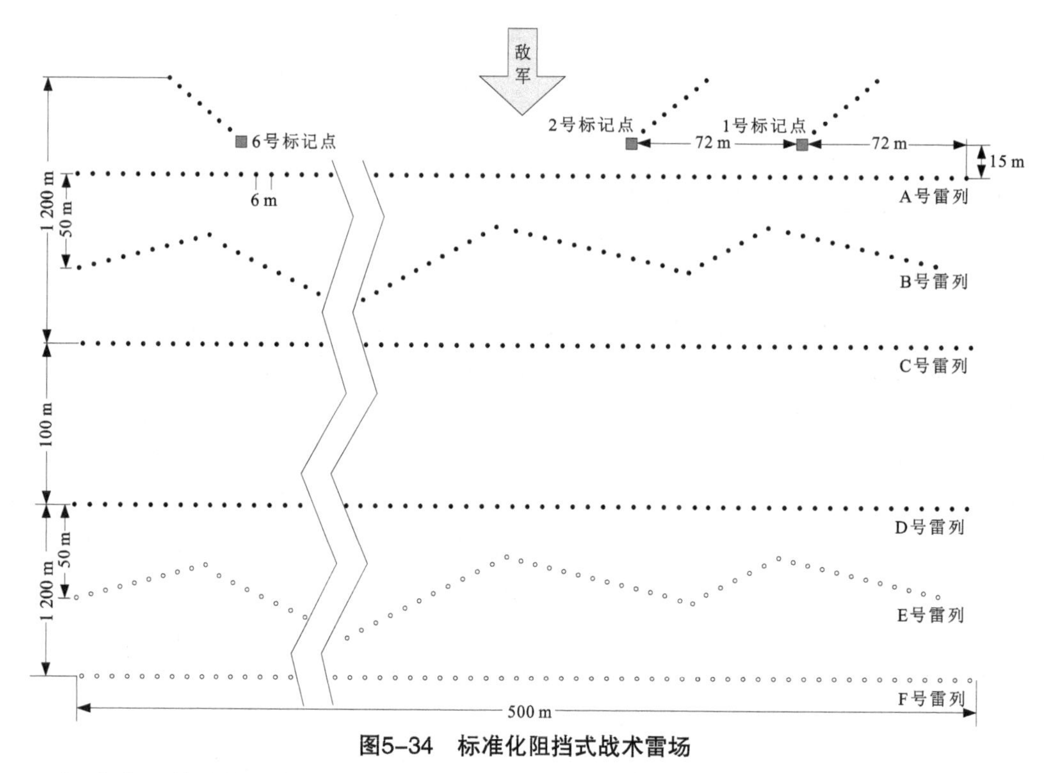

图5–34　标准化阻挡式战术雷场

标准化阻挡式战术雷场的重要参数见表5–4。

表5-4　标准化阻挡式战术雷场的重要参数

宽度/m	纵深/m	全宽式地雷		车辙式地雷		不规则外缘短行	反排装置	排布雷作业时间/h	防坦克地雷布雷密度/（枚·m^{-1}）	防步兵地雷布雷密度/（枚·m^{-1}）
		雷列数/条	地雷总数/枚	雷列数/行	地雷总数/枚					
500	320	4	378	2	168	有	有	5.0	1.1	0.17

5.4　其他障碍的战场运用

除地雷外，实战中经常使用的障碍还包括鹿砦、防坦克壕、铁丝网、三角锥等。

5.4.1　鹿砦

在森林近旁和林间道路上，可采用爆破或砍伐的方法使树木有顺序地倾倒，这是一种设置鹿砦的通常做法，这种障碍物形似鹿角，因此称为鹿砦。鹿砦可有效阻止敌军各种车辆的通过，其中包括坦克等重型车辆。设置鹿砦障碍物的典型场景如图5–35所示。

图5–35　设置鹿砦障碍物的典型场景

设置鹿砦时，选择树木的主干直径应大于20 cm，否则难以阻挡坦克等履带式重型车辆的强行通过。在距离地面1.5 m处爆破树木，使树冠朝向敌军方向，并保证树干与树桩不完全断离。设置的鹿砦纵深一般不小于30 m。用炸药爆破设置鹿砦时，应根据下式来估算炸药用量：

$$m=1.2D^2 \tag{5-1}$$

式中：m为TNT炸药的质量，g；D为树干的直径，cm。该经验公式仅可确定TNT炸药的大致用量，实际操作时应采用试爆方式，根据爆破结果确定炸药的增减量。

为使鹿砦发挥最大的阻碍作用，树木倾倒的方向应以45°的角度指向敌方。布设炸药时，应将炸药安放在拟倾倒的方向，紧贴树干固定。为了保证树木倾倒的方向，可用少量炸药作为反冲炸药。将反冲炸药固定在与主炸药相对的一侧，其高度大约为树高的2/3处。起爆时，同一树干上的主炸药和反冲炸药同时起爆。主炸药和反冲炸药布设位置，如图5–36所示。

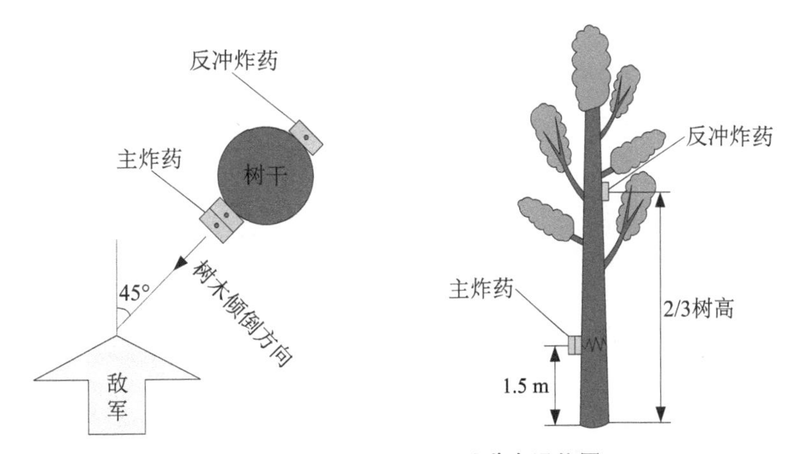

图5–36　主炸药和反冲炸药布设位置

为了防止树木倾倒时的相互作用，进而影响倾倒方向，必须同时炸倒道路一侧的预定树木，而后再炸倒另一侧的树木，如图5–37所示。同时爆破多颗树木时，通常使用导爆索传爆网路，采用串联或并联的方式连接。在选择树木时，各树之间应保持一定的距离，以避免间距过小时倾倒过程的相互干扰，但也不应过大。另外，风向、风速对于树木的倾倒方向也有很大影响。鹿砦通常由地雷来进行加强。

图5-37 设置鹿砦时的爆破顺序

5.4.2 防坦克壕

防坦克壕是一种为阻滞敌军坦克机动而构筑的壕沟式土工筑城障碍物。防坦克壕通常构筑在坡度小于15°、较为平坦的地形上。防坦克壕的宽度应在3.3～6.0 m之间，深度大于1.5 m，如图5–38所示。挖掘出的积土应放置在布设方一侧，并形成护堤，但不得妨碍己方的射击和观察。为了防止积土被冲击波吹入壕内，应将积土夯实，并构成缓坡。另外，可利用地雷和铁丝网来加强防坦克壕，以增大敌军克服障碍的难度。典型的防坦克壕，如图5–39所示。

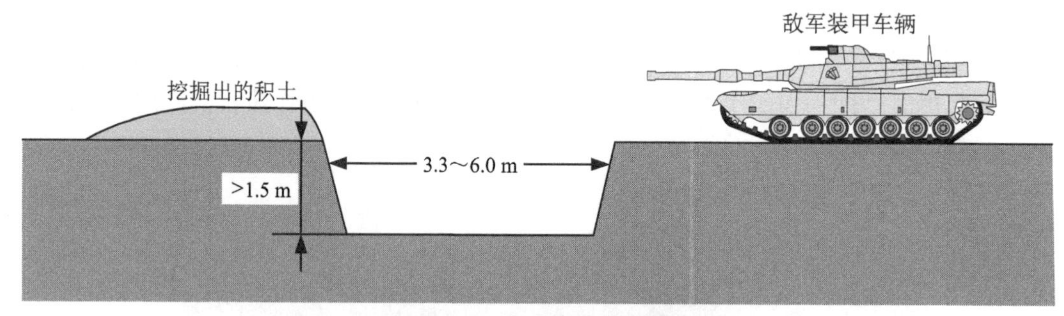

图5-38 防坦克壕的样式

图5-39 典型的防坦克壕

5.4.3　铁丝网

铁丝网是一种有效、灵活的防步兵障碍，它被广泛用于人员行进的通道上。纵深布设的铁丝网或与地雷配合使用时，也可有效阻碍坦克等重型装甲车辆的通行，如图5–40所示。

但是，单层的铁丝网障碍将难以对坦克形成有效的阻碍作用。据称，M1系列主战坦克的链轮可切断铁丝网，该链轮如图5–41所示。

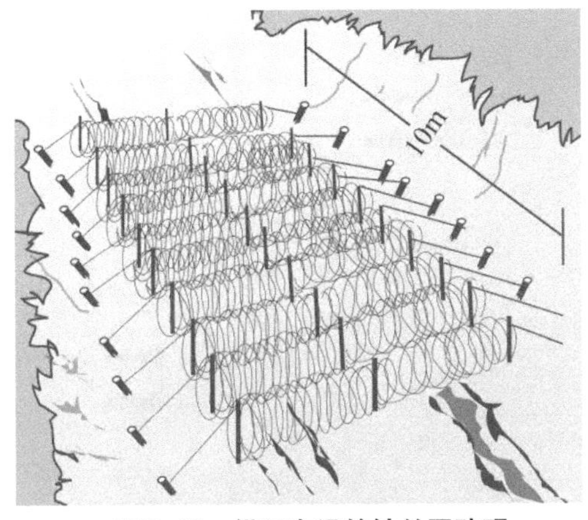

图5–40　纵深布设的铁丝网障碍

图5–41　M1系列主战坦克的链轮

5.4.4　三角锥

防坦克三角锥是用钢筋混凝土浇筑而成的边长为1.2 m的三角形锥体（或直径为0.8～1.0 m的大块石），如图5–42所示。

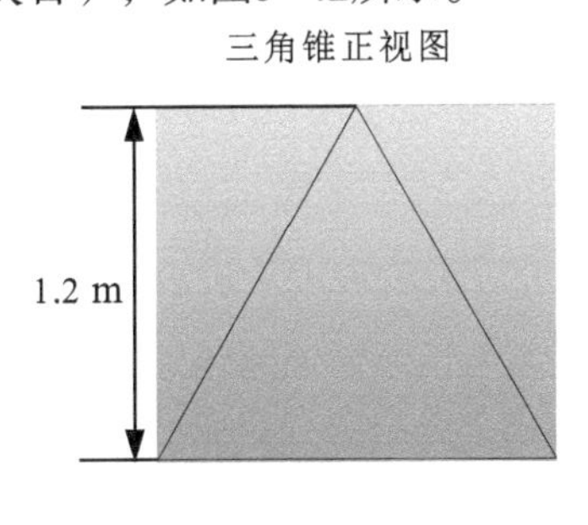

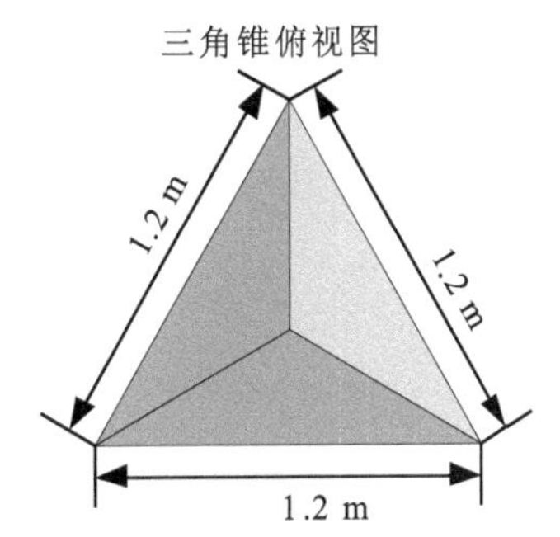

图5–42　防坦克三角锥

防坦克三角锥通常设置在隘路、垭口等地方。设置时，锥与锥之间应相互交错配置，其纵深不应少于三行，如图5–43所示。为防止敌军利用三角锥作隐蔽，可在其中设置地雷、铁丝网等障碍。

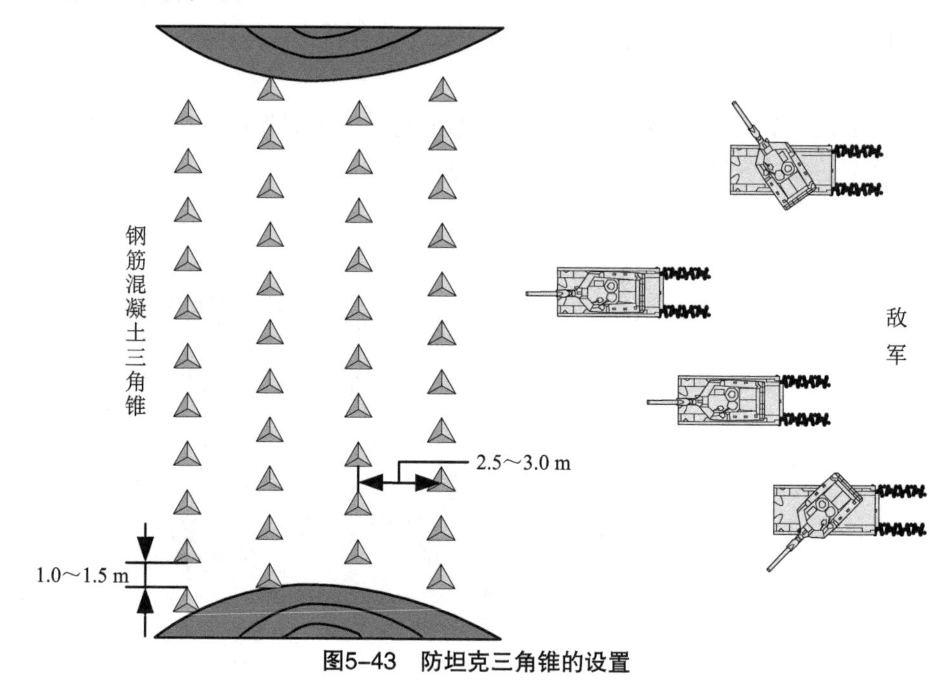

图5–43　防坦克三角锥的设置

第6章　障碍的破除技术

陆军将机动性行动定义为通过机动部队和工兵分队来减少或消除现有或加强障碍的影响。机动性允许步兵分队在保持执行其主要任务的能力的同时，可以从一个地方移动到另一个地方。随着目标探测、指挥控制、部队机动、火力打击等技术的进步，现代作战的进程越来越快，适合快速构设的障碍已成为当前运用与破除的重点，其中包括地雷、铁丝网、防坦克壕等。为了提高部队的机动性，应掌握破除这些障碍的技术方法。

本章主要针对雷场的探测、扫雷技术、障碍的破除等三个方面进行阐述。

6.1　雷场的探测

大多数障碍物不会直接造成人员伤亡。但是，雷场具有这种杀伤潜力，如果不加破除将直接造成人员伤亡。在预有准备的防御阵地前通常会埋设大量地雷。在破除暴露地面和地下埋设的雷场时，应假定反排装置和触发绊线的存在，除非得到有力的证明。

雷场的探测有三种方法，分别是目视探测、电子探测和物理探测。

6.1.1　目视探测

目视探测是所有战斗行动的组成部分。部队应始终警惕敌军可能的雷场和其他障碍。士兵可通过以下迹象来目视观察可能存在的障碍：

（1）从路边引出的电线，它们可能是点火线路的一部分。

（2）路上的木头或其他物质碎片，它们可能是压力释放点火装置，其可以在表面上或进行部分掩埋。

（3）动物的尸体或损坏的车辆。

（4）在树、柱子或木桩上放置的标志。敌方部队可能会在其布设的雷场附近做标记，以保护自己的部队。

（5）道路的修理迹象。例如新的填土或铺路、道路补丁、开沟和涵洞工程等。

（6）先前的轮胎痕迹发生混乱或突然消失。

（7）地面上的怪异特征或自然界中不存在的样式。例如：部分区域的生长植物可能会发生枯萎或变色；雨水可能会冲刷掉一些掩盖物；掩盖物的边缘附近可能会下沉或破裂；覆盖地雷的物质看起来像土堆，等等。

（8）可能知道地雷或简易爆炸装置布设位置的平民被安置在居民区。平民远离某些地方或离开某些建筑物，这是存在地雷或简易爆炸装置的良好标志。向平民询问以确定确切位置。

6.1.2 电子探测

电子探测对定位地雷位置非常有效，但是这种方法很费时，而且会将己方人员暴露在敌军的火力之下。此外，必须通过物理探测方法确认可疑的地雷。

美军装备的AN/PSS-14型探雷器具有探地雷达和金属探测感应器双重功能，能够有效探测防步兵地雷和防坦克地雷，如图6–1所示。探地雷达和金属感应器都是采用主动探测方法，它们先将信号发射到地面或地下，通过探测返回的信号来确定是否有地雷的存在。

图6–1　AN/PSS–14型地雷探测器

除此之外，美国还研制了AN/PSS-12型地雷探测器，如图6–2所示。该设备能够有效探测到金属材质的地雷，而对于低金属材质的地雷探测效果差。

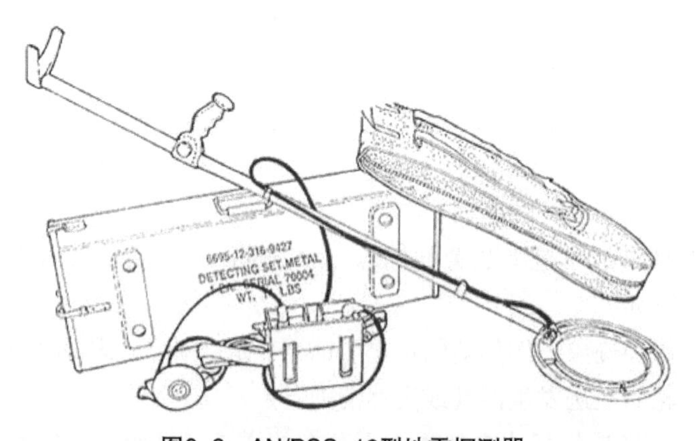

图6–2　AN/PSS–12型地雷探测器

6.1.3　物理探测

物理探测非常耗时，它主要用于排除敌方地雷、撤收己方雷场和隐蔽破障行动，采用物理探测方法将通过目视或电子方法探测到的地雷加以确认。

6.2　扫雷技术

地雷是战场上常见的障碍之一。扫雷装备主要用于克服各种地雷障碍物，为己方部队开辟通路，保障战场机动自由。根据作业方式的不同，可分为人工搜排法扫雷、机械扫雷、爆破扫雷、微波扫雷、磁信号模拟扫雷、综合扫雷等。

6.2.1　人工搜排法扫雷

人工搜排法扫雷是由排雷手操作人工探、排雷器材，搜索、定位、诱爆、转移或使地雷失效的方法。在操作过程中，排雷手通常使用探雷器、探雷针探明地雷的具体位置，用炸药诱爆，或用扫雷锚拉爆绊线地雷或拉出疑似装有反排装置的地雷，然后标示通路，也可以用保险夹、保险销等使不同类型的地雷失效。人工扫雷的场景如图6-3所示，这种方法主要适用于夜间、浓雾、隐蔽地形等条件下的秘密扫雷，特别适合布设有耐爆地雷的雷场和山岳丛林地区，其缺点是作业速度慢，不适合快速突击作战的场合。人工排雷器材是扫雷手进行人工扫雷时所用的装备器材，主要包括地雷扳手、螺丝刀、钳子、刀子、扫雷锚等。

图6-3　人工扫雷的场景

1.金属探雷器

金属探雷器可用于探测含有金属零部件的各种地雷。由电磁场理论可知，处于交变电磁场中的金属物体在电磁场的作用下将产生涡流效应和磁化效应，从而改变空间电磁场的分布。铜、铝等类金属主要产生涡流效应，钢铁则两种效应都有。

探雷器的工作原理如图6–4所示。探雷时，脉冲发生电路不断产生脉冲信号，激励发射线圈，使其向周围辐射电磁波。当电磁波传至金属目标时，会在目标上感应出涡流，同时该涡流会产生反作用于发射电磁场的二次场，从而使原磁场发生变化。探头内的接收线圈接收来自目标和背景的二次感应信号，通过信号处理来确定金属目标的存在与否。由于金属物体是引起电磁场分布改变的因素，所以采用这种原理的探雷器只能够探知带金属零部件的地雷，因而这种探雷器称为金属探器。

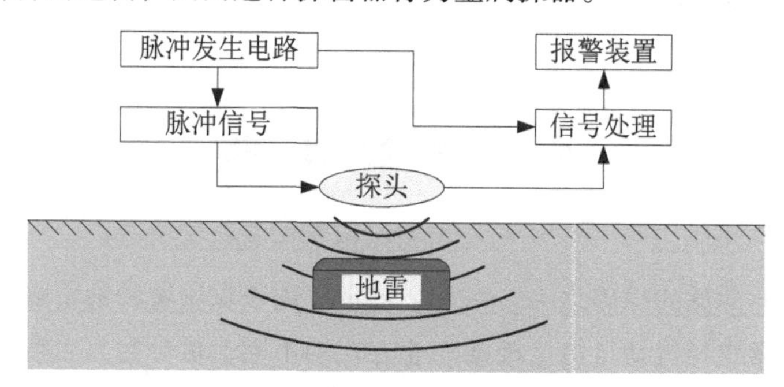

图6–4　探雷器的工作原理

使用金属探雷器探雷时，可立姿使用，也可跪姿或卧姿使用，视当下情况而定。

2.探雷针

探雷针是一种比较简单可靠的探雷工具，通常与探雷器配合使用，用以探测地雷的位置，如图6–5所示。探雷针由探杆、探雷针头和固定螺三部分组成。保管和携带探雷针时，可将探雷针头缩入探杆内。使用探雷针时，扭松固定螺，使探雷针头滑出，再扭紧固定螺可。

图6–5　探雷针

在使用探雷针探雷时，应使探雷针与地面保持20º~45º，将探雷针轻轻插入土中。不能用探雷针拔弄草木和挑动伪装层，以免触动地雷的绊线和雷体。刺探时，不能用力过猛，以免触动地雷。搜索地雷时，应由近而远，从左向右（或从右向左）逐次刺探。刺探点的间隔距离以不能漏掉一个防步兵地雷为限。当刺到土（雪）中有坚硬物体时，应从周围刺探，来确定是不是地雷。使用探雷针探雷的姿势包括立姿、卧姿和跪姿，如图6–6所示。

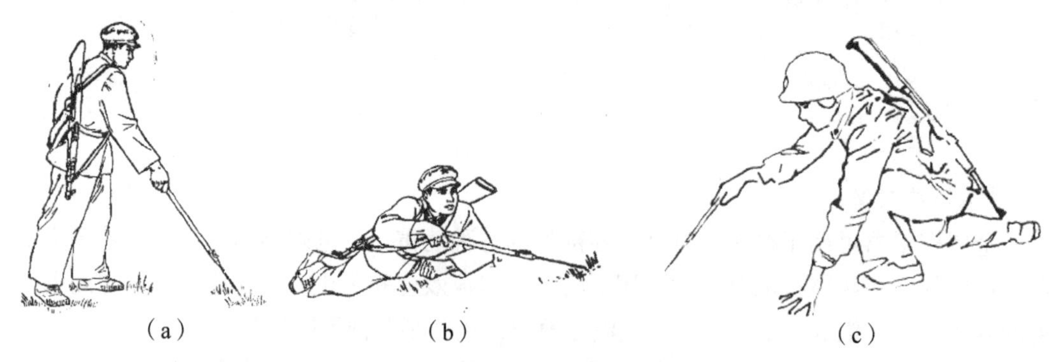

图6–6　使用探雷针探雷的姿势

（a）立姿；（b）卧姿；（c）跪姿

3.扫雷锚

扫雷锚是手工破除障碍的多功能工具。操作员可以使用扫雷锚在安全距离之外拉爆绊线式地雷，也可以在安全位置引爆安装反排装置的地雷。清除了绊网或绊线之后，士兵就可以在雷场内移动，采用目视或其他技术方法确定地雷位置和排除其他地雷了。

在实战中，扫雷锚主要用于引爆装有绊线的地雷，以及拉动地雷或怀疑敌人设有诡计装置的物品，如图6–7所示。使用前应在扫雷钩上系一根长绳索。使用时，在距爆炸物20~30 m处选择人员掩蔽位置，从掩蔽位置向爆炸物抛放绳索，然后用扫雷钩挂住绊线、地雷或可疑物品，并缓慢地拉动绳索。

图6–7　扫雷锚及其操作场景

需要注意的是，当抛掷的扫雷锚击中绊线或压发式地雷时可能引发爆炸，进而将扫雷锚彻底破坏，因此部队携带的装备应留有余量。

6.2.2　机械扫雷

机械扫雷是利用安装在装甲车辆或遥控机器人前侧的机械扫雷器材扫除地雷的方法。按照作用方式的不同，机械扫雷可分为滚压式、犁翻式和击打式三种类型。机械扫雷可在行进中完成扫雷作业，特别适合在雷场中开辟通路，但其缺点是隐蔽性差，难以实现隐蔽接敌，通常需要压制敌军用于掩护障碍的火力或使用烟雾迷茫敌军的观察，在此之后才能安全地实施扫雷作业。

1.扫雷滚

（1）扫雷滚简介。扫雷滚是利用挂装在装甲车辆前部的钢质辊轮，采用碾压方式触发地雷爆炸的一种机械扫雷器材，主要用于在雷场中开辟通路或进行大面积扫雷作业。按照钢质辊轮宽度的不同，扫雷滚可分为全宽式和车辙式两种。全宽式扫雷滚的辊轮宽度略大于车体宽度，可以为车辆开辟一条全宽式通路，但由于全宽式扫雷滚重量大、机动性差，因此现已基本被车辙式扫雷滚所取代。车辙式扫雷滚通常挂装在装甲车辆的前侧，它具有两组钢质辊轮，辊轮的宽度略大于车辆履带或车轮的宽度。在雷场内前进时，辊轮会触发地雷使其爆炸，从而为后续车辆开辟一条车辙式通路。

（2）典型装备。以美军装备的扫雷滚为例，其英文名称为Mine-Clearing Roller，它由扫雷辊轮、安装组件和手动绞盘组件组成，其中扫雷辊轮质量约为9 072 kg，如图6–8所示。该扫雷滚可引爆单脉冲压力激发的防坦克地雷和防步兵地雷。为了确保在坦克碾到地雷之前将地雷引爆，滚轮对地面施加的压力要比坦高。

图6–8　典型的扫雷滚

美军装备的扫雷滚与各种履带式车辆的宽度如图6–9所示，它能够开辟出两条宽度各为1.12 m的通路。扫雷滚通常能够经受多次地雷的爆炸而不被严重损坏，但具体情况与地雷的装药量有很大关系。大当量装药的爆炸可能会破坏扫雷滚和车辆，并伤害到车辆内部的员。

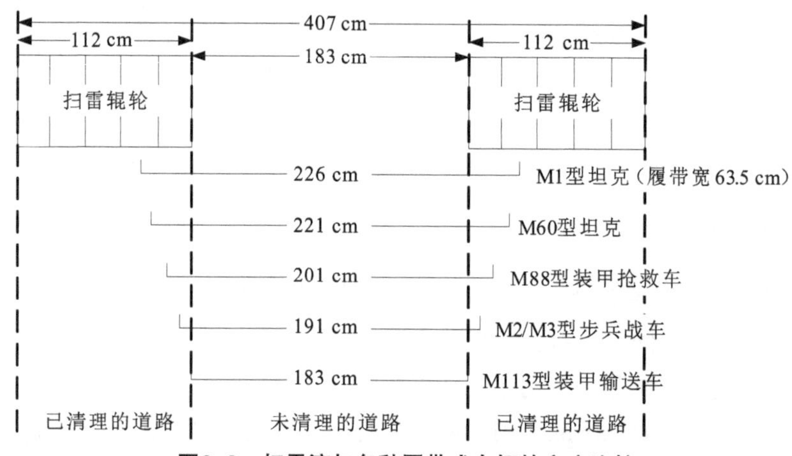

图6–9　扫雷滚与各种履带式车辆的宽度比较

在扫雷滚的两组辊轮之间有宽达183 cm的未被碾压的地面。为了提高扫雷滚的综合效率，在两组辊轮之间通常安装有反磁感应地雷装置，这种装置是一条串有两个金属管的铁链，铁链的长度可确保金属管能够贴地滚动，该装置不仅能够引爆磁感应地雷，还可以引爆布设在路中间的斜杆式地雷，如图6–10所示。

需要说明的是，当前的磁感应地雷通常采用磁-触杆复合引信。这是因为，根据法拉第电磁感应定律，当磁场变化时在磁探头上会产生感应电动势，通过信号处理电路分析感应电动势的大小，并与坦克等目标的磁场特征信号相比较，以此来确定是否起爆。但是，采用这种探测原理，会产生旁爆现象，而无法毁伤坦克目标。旁爆现象是指坦克等目标从磁感应地雷一旁通过时引发地雷爆炸的现象。为了解决这一问题，磁感应地雷普遍采用磁-触杆复合引信，即当磁感应强度大于设定阈值且触杆被触动时，地雷的引信才会发生作用，如图6–11所示。

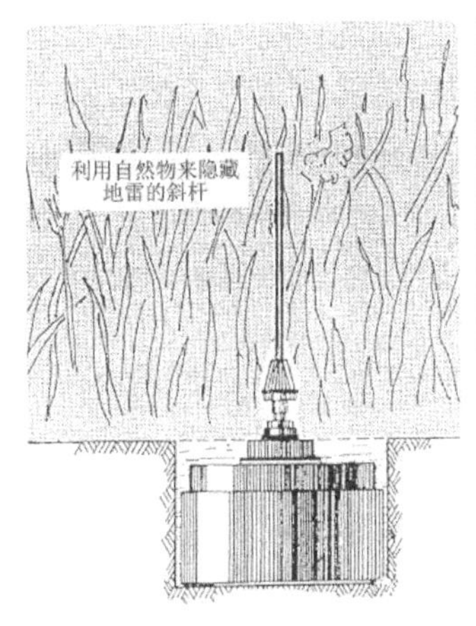

图6-10　M21式斜杆式防坦克地雷

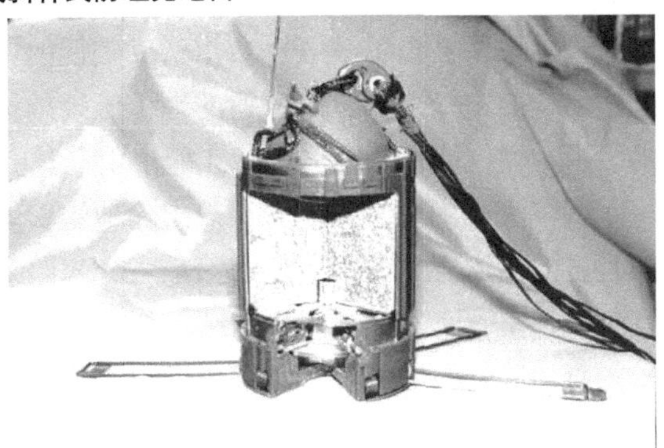

图6-11　采用磁-触杆复合引信的磁感应地雷

为了更加安全地扫除地雷，保护操作人员的安全，遥控式扫雷滚是扫雷滚装备发展和运用的主要方向。例如，美军装备的M60型Panther遥控扫雷滚装备，如图6-12所示。运用时，该装备位于车队的最前方，随后跟随的是装甲控制车辆，人员可以在控制车辆内远程操控扫雷滚装备，两车的距离通常为200~300 m，从而确保了操作人员的安全。

图6-12　M60型Panther遥控扫雷滚装备

（3）扫雷滚的运用。在长途行军中，扫雷滚通常会从装甲车辆上拆卸下来，由一辆重型卡车来专门运输。拆卸扫雷滚的操作大概需要20~45 min。另外，美军装备的M88A1型装甲抢救车也可以用来搬运扫雷滚。将扫雷滚安装到坦克上是一个繁琐、耗时的操作，它需要起重设备才能完成，因此在战场条件下将非常困难。安装了扫雷滚的坦克的行驶速度被限制在5~15 km/h。当在疑似的雷场中使用时，扫雷滚必须按照相对笔直的路径行进，否则过急的转弯可能会导致扫雷滚偏离坦克履带的行驶轨道，从而提高坦克受到地雷攻击的概率。另外，地面的起伏、颠簸和护坡可能会导致扫雷滚漏雷。

在设计之初，扫雷滚就没有考虑跨越间断的问题，但是它可以依靠冲击桥来解决。当可能或即将遇到地雷时，坦克的主炮必须转到一侧或后方，因为地雷爆炸会将扫雷滚猛烈地抛向空中，从而损坏坦克主炮的身管。而且，要求坦克主炮只能在短停状态才能进行射击。

在情况许可和任务允许时，可将扫雷滚作为先导车辆来探测敌军设置的雷场。当受援部队呈纵队行进时，这是最可行的方式。当然，扫雷滚也可以引导受援部队呈战斗队形向前运动，但这样会存在诸多的问题：未在扫雷滚正后方跟随的车辆可能遭遇由扫雷滚漏过的地雷；扫雷滚通过布雷密度较低的雷场时，可能未遭遇地雷，这会给部队造成此地安全的错觉；扫雷滚遭遇的地雷所处的位置可能不在雷场正面的前缘；装备扫雷滚的装甲车辆仅能在车辆停止时才能使用车载的主要武器，因此会比较脆弱。

扫雷滚作用可靠，能够有效扫除地雷；但扫雷滚过于笨重，会影响载具的机动性，而且它的使用寿命较短。扫雷滚最适合来验证通过其他方式破障以后的车道，例如直列装药或扫雷犁。例如，美军的装备的突击破障车（Assault breacher vehicle）首先利用自带的直列装药引爆或破坏雷场中的地雷，而后再使用车前部安装的扫雷滚来验证雷场破除的干净与否。

如果在预有准备的破障行动中，或者部队在仓促破障计划中整合了扫雷滚，那么在运用扫雷滚之前需要进行安装。要将扫雷滚安装在装甲车辆上，不仅需要吊车（例如M88型装甲抢救车）等起重设备，还需要30~60 min的时间和安全的操作位置才能完成。

当然，如果路况良好，例如在公路上长距离机动时，可以采用为轮式车辆开路的专用扫雷滚，如图6–13所示。受摩托小时的限制，履带式车辆通常不进行长距离机动。在平整的硬质路面上，安装这种扫雷滚的车辆的机动性下降很小，可实现长距离地快速使。

图6–13　从叙利亚撤离时美军的车队（头车装备了扫雷滚）

2.扫雷犁

（1）扫雷犁简介。扫雷犁是利用挂装在装甲车辆前部的钢质犁刀，采用翻土方式翻出地雷并将其推至路线两侧的一种机械扫雷器材，多用于在防坦克地雷场内开辟通路或进行大面积区域的扫雷作业。

按照犁刀宽度的不同，扫雷犁可分为全宽式和车辙式两种。全宽式扫雷犁的犁刀正面宽度略大于车体宽度，可以为车辆开辟一条全宽式通路；车辙式扫雷犁通常挂装在装甲车辆的前侧，它具有两组钢质犁刀，犁刀的宽度略大于车辆履带或车轮的宽度。在雷场内前进时，犁刀会翻动地面从而将地雷翻出地面并推至路边。由于相比装甲车辆而言，犁刀的重量有限，因此各国大多装备全宽式扫雷犁。就具体的装备而言，通常是在车辙式扫雷犁的基础上，在两组犁刀的中间偏前部位加装中央扫雷犁刀，从而成为全宽式扫雷犁。

（2）典型装备。以美军的扫雷犁为例，其英文名称为Mine-Clearing Blade，如图6-14所示，该扫雷犁的质量约3 150 kg，无需特殊准备或改装即可安装在M1坦克上。安装时，需要起重设备的帮助，安装时间大约需要1 h，所以必须在任务开始前安装好。在战场条件下，将扫雷犁安装或转移到其他坦克上并不容易。相比扫雷滚，扫雷犁的重量轻、机动性好，而且能够扫除各种地雷。但是，扫雷犁容易被引爆的地雷所炸毁。

图6-14　典型的扫雷犁

美军的每个装甲营装备12套扫雷犁和4套扫雷滚。扫雷犁用于在雷场中开辟通路，而扫雷滚用于探测雷场，并验证由其他手段开辟的通路。这是因为扫雷滚并不是一个在雷场中开辟通路的好手段，多次地雷爆炸不仅会损坏扫雷滚本身，还会破坏推动扫雷滚的车辆。根据地雷类型的不同，扫雷滚通常可抵抗两次常规地雷或三次布撒式地雷的爆炸作用。

图6-15　扫雷犁的基本组成

（3）扫雷犁的运用。扫雷犁用于清除雷场中的地雷，它主要由按规律排列的犁尖、带成角的犁板和水平滑靴组成，如图6-15所示。犁尖的作用是将地面翻松，并将地雷筛离出来；犁板是将翻出的地雷连同土壤推到扫雷犁的两侧；水平滑靴用于控制犁刀的吃刀度。

扫雷犁可将地表或地下深达31 cm的地雷挖掘出来并推到通道的两侧。美军装备的扫雷犁的吃刀深度有21 cm、25 cm和31 cm三种。装有反排装置、磁引信或振动引信的地雷在被扫雷犁触动或接近时可能会被触发，进而会损坏扫雷犁。虽然扫雷犁将地雷推到了通路的两侧，但它们仍然具有很大的危险性。扫雷犁的水平滑靴对地面施加压力能够触发大多数的单脉冲地雷，但这会损坏到扫雷犁的正常工作。对于双脉冲地雷，水平滑靴通常不会触发爆炸。滑蹄遇到的多脉冲压力熔断器不会被击破。

一旦安装好扫雷犁，可以通过电动马达提升或降低犁刀的高度。当扫雷犁处于高位时，它对车辆的机动性和行驶速度影响很小，而且也不会对车载主要武器的运用造成影响，除非扫雷犁处于工作状态。另外，扫雷犁还具有紧急状态下的快速断开功能。

扫雷犁工作时，应根据土壤条件，以每小时8~10 km/h的速度前进。在雷场中，扫雷犁及其载具只能以直线方式移动，而不能实施其他机动方式，以免损坏扫雷犁。当扫雷犁工作时，坦克的主炮必须转向侧方，以免地雷爆炸会损伤火炮的身管。选择开辟通路的区域必须相对平坦，没有岩石或其他障碍的阻挡。操作员在距离雷场前缘约100 m处开始作业，其作业纵深应超过雷场的后缘100 m以上，以确保通路能够贯穿整个雷场。

3.扫雷链

扫雷链是利用挂装在装甲车辆前部的金属链组，采取随轴转动敲打地面的方式来击爆地雷或使其失效的一种机械扫雷器材，如图6–16所示。操作时，多条金属链在转轴的带动下高速旋转，并不断击打地面，从而将地雷引爆或将地雷的结构破坏，最终达到破除雷场的目的。

图6–16　扫雷链装备

扫雷链的优点是能够扫除各种类型的地雷，其中包括双脉冲触发地雷，但它的扫雷效率较低，通常前进速度仅为1~2 km/h，且不太适合凹凸不平的地形。另外，在扫雷过程中扫雷链会扬起大量的尘土，从而影响操作员的视线，并能够吸引敌方掩护火力的注意。更为重要的是，扫雷链难以克服战场上的任何其他障碍物，例如三角锥、铁丝网、壕沟、阻隔墙等，因此扫雷链在突击作战时的用途非常有限，多用于战后雷场的清理工作。

与扫雷滚类似，为了充分保证操作人员的安全，遥控式扫雷链已成为扫雷链装备发展和运用的主要方向，如图6–17所示。

图6-17　遥控式扫雷链装备

4.其他设备

推土机的推板不是为破除雷场而设计的，它只能作为最后的手段使用，因为运用推土机时会对乘员和装备造成极大的风险。然而，装甲战斗推土机可以有效地在布撒式防步兵地雷构成的雷场中开辟通路，因为这些地雷的威力有限，难以对具有一定防护的车辆内的乘员造成伤害。当使用装甲战斗推土机在布撒式雷场中开辟通路时，应采用掠过方式，如图6-18所示。操作时，首先从疑似雷场前沿100 m处开始过。

典型的装甲战斗推土机是M9型装甲战斗推土机（M9 Armored Combat Earthmover，ACE），如图6–19所示，该装备主要用于支援前线作战的部队，它能够清除敌军设置的障碍，修理被破坏的道路或补给路线，以及构筑战斗阵等。

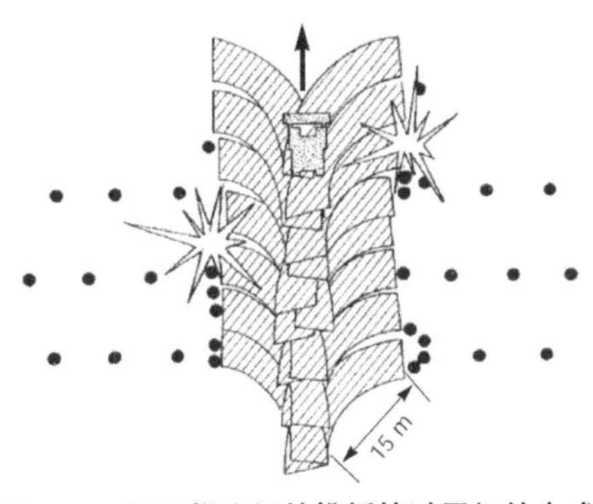

图6–18　使用推土机的推板掠过雷场的方式

图6–19　M9型装甲战斗推土机

6.2.3　爆破扫雷

1.基本情况

爆破扫雷是利用装药爆炸产生的爆轰产物和冲击波作用诱爆地雷或使其失效的扫雷方法。扫雷装药包括直列装药、导爆索、燃料空气炸药等。向雷场布设扫雷装药的手段包括火箭发射、人工推送等方式。采用爆破方式扫除地雷具有行动快速的特点，适合于在敌防御的障碍地段实施扫雷作业。但是，这种方式不能有效扫除耐爆地雷。为了安全彻底扫除地雷，通常需要结合机械扫雷方式。

在扫雷爆破中，直列装药扫雷是应用最为广泛的一种方式，它适合在敌防御前沿的雷场区域开辟通路。直列装药有柔性和刚性两种：柔性直列装药难以承受轴向推力，因此通常采用火箭拖带的方式布设；刚性直接装药可以承受轴向推力的作用，因此可采用推送法布设。

对于柔性直列装药，按作用范围大小的不同，火箭爆破器可分为车载式火箭爆破器和单兵火箭爆破器两种。车载式火箭爆破器通常由车辆或拖车携带，其装药量大，能够开辟较宽的车辆通路；单兵火箭爆破器通常由单兵或班组携带，其装药量较小，一般用于开辟步兵通路。在使用火箭爆破器时，首先由火箭发动机将柔性直列装药拖带至雷场中，待直列装药落地展开后，按照预设时间、指令或拉发延期起爆装药，实现对地雷场的破除。

在实践中，采用火箭爆破器扫雷是爆破扫雷开辟通路的主要方法，它具有作业速度快、受敌威胁小、安全可靠等优点，因此在战场上被广泛运用。相比集团装药扫雷，直列装药扫雷的优点是能够形成较为平坦的通路，而不会产生大的爆破坑，从而保障突击车辆能够迅速穿越雷场，无需在扫雷后进行地面平整作业。

2.车载式火箭爆破器

采用线性装药来破除雷场是一种典型的方式。美军装备了一种由火箭抛射的线形炸药，其英文名称为M58 Mine-Clearing Line Charge，MICLIC，如图6–20所示，它被用来破除由单脉冲压力触发的防坦克地雷和机械触发的防步兵地雷所构成的雷场。该线性装药能够开辟长为100 m、宽为14 m的通路。MICLIC从发射装置到引爆点有62 m的安全距离。MICLIC对磁性地雷、攻顶地雷、侧甲地雷以及采用多脉冲或延迟时间引信的地雷的作用有限。除铁丝网外，MICLIC对其他障碍物的作用也不大，如鹿砦、防坦克壕和混凝土阻隔墙等。

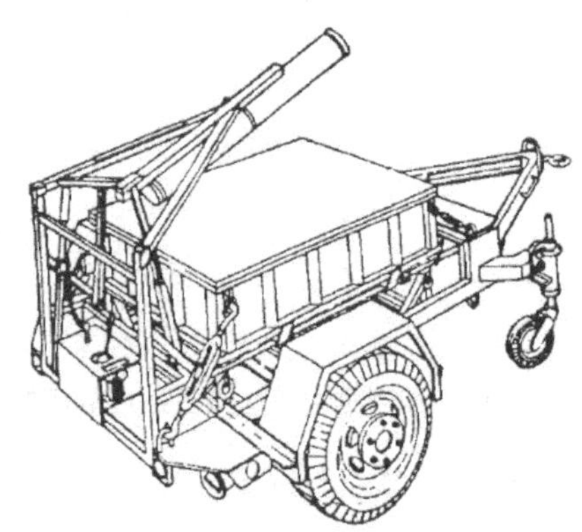

图6–20　美军装备的M58型车载式火箭爆破器

敌军雷场的确切范围和纵深在被破除之前是很难知道的，尤其是当态势不明朗，并且与敌接触和遭遇雷场同时发生时。部队处于雷场的第一个也是唯一的标志可能是车辆遇到地雷。但是，雷场的前缘仍然是不确定的，因为车辆可能遭遇的是雷场内部的地雷。当开辟一条通路时，MICLIC的需求数量取决于雷场的纵深。破除纵深小于100 m的雷场，仅需要一套MICLIC，如图6–21所示。如果有可能，应通过侦察来确定雷场的前缘。MICLIC发射的位置距离雷场前缘应不小于62 m，以确保发射载具及其操作人员的安全。

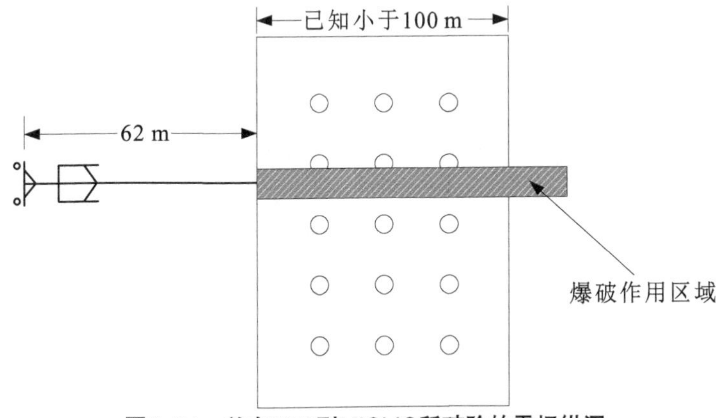

图6-21　单套M58型MICLIC所破除的雷场纵深

当雷场纵深超过100 m或不确定雷场纵深时，需要两套或两套以上MICLIC，如图6-22所示。如果雷场前缘无法确定，应将MICLIC部署在距离可能的雷场前缘或受损车辆100 m的地方。当第一套MICLIC引爆后，第二套MICLIC移动到第一套MICLIC爆破路径第25 m处并发射线形炸药，这将通路向前推进了87 m（即62 m+25 m）。对于使用多套MICLIC的情况，按照上述方法依次向前推进，最终在雷场中形成贯穿的通路。对于纵深极大的雷场，每次发射的位置应均位于上次爆破路径第25 m处。

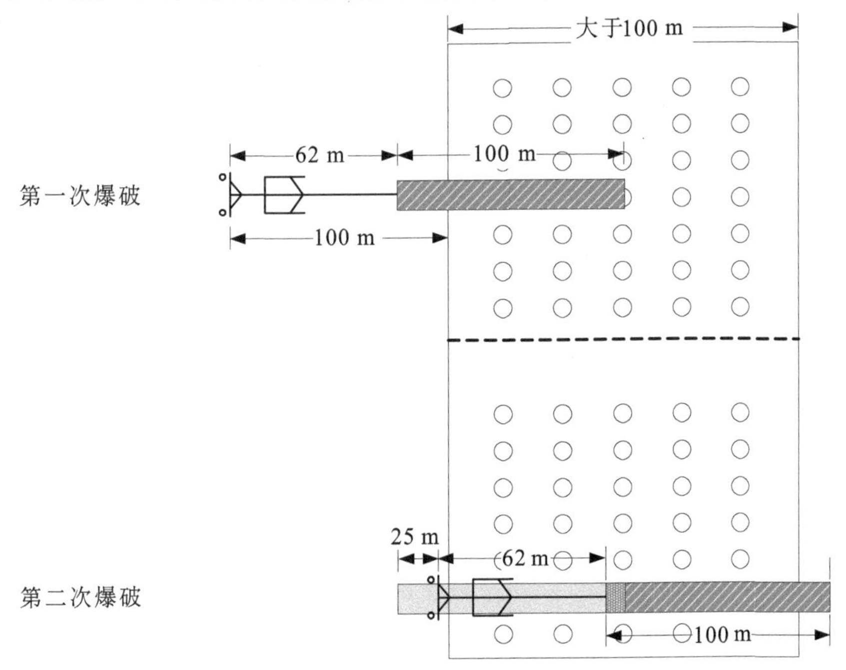

图6-22　采用多套MICLIC来破除大纵深的雷场

3.单兵火箭爆破器

与车载式火箭爆破器的原理和结构类似，单兵火箭爆破器是一种由火箭抛射的便携式线形装药系统。单兵火箭爆破器的典型代表是美军装备的防人员障碍破除系统（Antipersonnel Obstacle Breaching System，APOBS），该系统能够快速破除防步兵地雷、铁丝网等障碍，如图6-23所示。该系统通常由两名步兵携带（每人一个背包），由火箭发射器拖带展开，在防步兵雷场或铁丝网上爆炸。该系统由两个背包组成，质量为54 kg，能够开辟0.6 m × 45 m的通路。

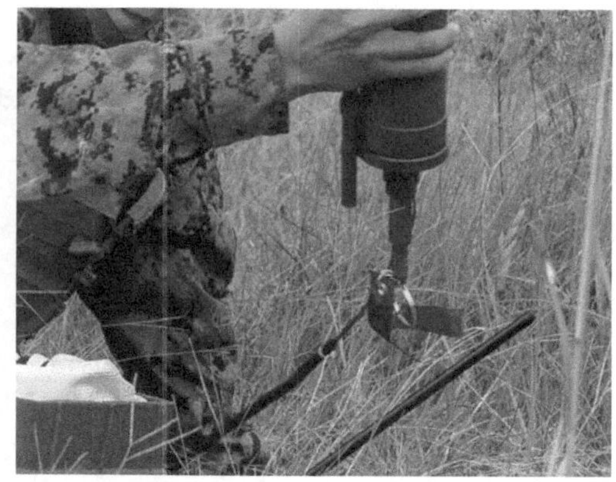

图6–23　美军装备的防人员障碍破除系统

6.2.4　微波扫雷

微波扫雷是利用微波扫雷装置产生的超宽谱高功率微波使装备电子引信的地雷诱爆或失效的方法，其典型装备如图6–24所示。微波扫雷装置的核心器件是微波源。首先，微波源产生高功率微波，经传输线馈源系统传输，再由天线系统辐射出去，从而在空间中产生超宽谱高功率微波。当电子引信地雷受到高功率微波辐射照射后，其内部的集成电路会失效，从而诱爆地雷或使地雷失效。微波扫雷难以扫除非电子引信地雷，或采用电磁屏蔽或电磁加固技术的电子引信地雷。

图6–24　微波扫雷装备

6.2.5　磁信号模拟扫雷

磁信号模拟扫雷主要用于克服磁-震动和磁-噪声等复合引信地雷。这种专用模拟器材通常安装在装甲车辆的前侧，在行进过程中通过该器材不断产生类似于装甲车辆的模拟信号，使磁-震动或磁-噪声地雷误认为有装甲车辆接近，从而诱爆前方5~6 m范围内的磁性地雷。

6.2.6　综合扫雷

综合扫雷就是综合采用机械、爆破、微波、磁信号模拟等手段扫除地雷的方法。这种扫雷方式作业效率高、安全可靠，但通常需要先进的综合扫雷系统才能实施。

6.3　障碍的破除

机动性行动涉及通过机动部队或工兵部队破除障碍物，以降低或消除现有障碍或加强障碍的影响。部队必须精通破除障碍物的方法，使战斗力能够通过障碍，以实现其既定目标。

6.3.1　破障的基本内容

在突破防御之敌时，压制、遮蔽、警戒、破障和突击（Suppress, Obscure, Secure, Reduce, and Assault，SOSRA）是确保成功的破障基本内容。虽然破障的基本内容是确定的，但根据任务变量的不同可能会有所差异。

1.压制

压制是一种战术任务，用于对敌军的人员、武器或设备进行直瞄射击、间瞄射击或电子攻击，以阻止或削弱敌军的火力以及对我军的观察。在破障行动中，压制的目的是为了保护障碍处的破障分队和机动分队。对敌压制是在破障行动期间执行的关键性任务。压制行动通常会触发与破除障碍相关的其他行动，也就是说，对敌压制是破障行动的先导。火力控制措施可保证所有火力与障碍处的其他行动同步起来。尽管压制敌人使其不能监视障碍处，属于支援分队的任务，但破障分队仍需压制那些支援分队无法压制的敌军。

2.遮蔽

攻击时，必须运用遮蔽措施来保护己方破障分队和通过障碍的突击分队。通过隐匿己方的活动和运动，遮蔽措施可以阻碍敌军的观察和获取目标。构设于敌军阵地上或其附近的迷盲烟雾，能够降低敌军的观察和监视能力；构设在破障区域与敌军之间的遮蔽烟雾能够掩护己方的破障行动和部队运动，同时可以削弱敌军的地面观察能力。构设烟雾必须仔细地进行计划，以便最大程度地降低敌人的观察力和火力，且不能显著降低己方的火力和部队控制力。

3.警戒

己方部队应确保破障区域的安全，以防止敌军干扰破障作业及突击部队的通行。警戒分队应有效应对敌军在破障区域附近的观察哨和战斗阵地。在实施破障作业之前，必须通过火力来警戒障碍靠近敌方的一侧。进攻部队的上级指挥官可通过毗邻的固守部队来孤立破障区域，在纵深地域攻击敌军的预备队，以及提供反火力支援。

在选择适当的技术来警戒破障区域前，确定敌人的防御程度至关重要。如果敌人控制着破障区域，并且无法对敌充分压制时，则必须在确保破障区域安全的前提下，才能开展破障作业。

应为破障分队配备足够的机动资产，以确保在己方支援分队不能有效应对情况下能够提供局部安全保障。一旦完成破障作业，这些机动资产也可以用来压制敌人。破障分队还可能需要向破障区域的远端发起进攻，并提供局部安全保障，以便突击分队能够获取战场主动权。

4.破障

破障是指通过障碍物或在障碍物上方创建通路，以允许进攻部队通过，所建立的通路的数量和宽度会随着敌情、突击分队的规模与构成、机动计划而发生变化。通路必须保证突击分队能够迅速地通过障碍物。

5.突击

突击分队迅速通过通路，执行下一步的任务，即与敌军进行近距离战斗。

6.3.2 破障的行动编组

为了快速有效地突破敌军的障碍，指挥官应将所属力量进行战斗编组。在破障行动中，指挥员通常将部队划分为支援分队、破障分队和突击分队三部分。

1.支援分队

支援分队的主要职责是消除敌军向友军投射直瞄或间瞄火力，和其他干扰破障行动的能力。为此，支援部队必须完整以下任务：

（1）运用火力来隔离破障区域，并通过构设火力支援阵地来摧毁、固定或压制敌军部队。

（2）集中控制直瞄和间瞄火力，以压制敌人并瘫痪能够向破障分队射击的武器。

（3）控制烟雾迷茫行动，以防敌军进行有观察的直瞄或间瞄射击。

2.破障分队

破障分队通过创建、检验（如有必要）和标记通路来辅助突击分队的通行。破障分队可以是合成力量，它可能包括工兵、破障资产，以及能够提供就地警戒和额外压制的机动部队。当实施破障行动时，破障分队应完成以下任务：

（1）压制。必须为破障分队分配足够的机动部队，以对各种威胁提供额外的压制力量，包括受地形的影响或前出的破障分队的遮挡，支援分队观测不到和无法压制的敌方直瞄火力阵地，以及支援分队无法攻击的敌方反击部队或重新部署的部队。

（2）遮蔽。当突击分队通过障碍时，破障分队可使用车载发烟设备、便携式发烟器材或发烟弹进行烟雾遮障，以此来防护自身和掩护通路。

（3）警戒。为了防止敌军的威胁，破障分队应在障碍区域提供近距离的自我防御。一旦创建了允许突击分队通行的道路后，破障分队可在通路的四周布设战术性障碍，以防敌军的袭击。

（4）破障。破障分队的主要任务是实施破障作业。为了制定破障计划，有关破障系统的构成是信息需求中的必要内容。如果障碍量很大，将增加必要的工兵力量。如果没有工兵配合，没有爆破筒、线形装药等专用器材，那么就需要对雷场进行探查。

3.突击分队

突击分队的主要任务是在破障分队创建通路之后，快速通过通路，到达障碍的远端占据立足点，并消灭敌人和占领地形，以阻止敌军向通路处投射直瞄火力。突击分队的任务还包括在破障分队破障时，协助支援分队对敌实施压制。

突击分队的兵力必须足以夺取突破点。当在本连的范围内实施作战时，破障分队和突击分队在破障行动过程中可以一起实施机动。如果障碍是由小规模敌军防御的，则可以将突击分队和破障分队的任务合并在一起。这将简化任务指挥程序，并为警戒和压制敌军提供更即时的战斗力。

当突击分队发起冲击时，支援分队和破障分队可能正向敌军射击，因此在该过程中火力控制措施是必不可少。在敌军被消灭前，必须对敌军的监视阵地进行持续压制，并运用火力来牵制敌军的其他部队。表6–1说明了破障行动中力量编组与破障基本内容之间的关系。

表6–1　破障行动力量编组与破障基本内容之间的关系

力量编组	破障基本内容	职责
支援分队	压制；遮蔽	（1）压制敌军覆盖破障区域的直瞄火力系统。 （2）压制敌军的观察哨。 （3）运用烟雾遮蔽。 （4）阻止敌军重新部署或针对破障分队的反击行动
破障分队	就地实施警戒； 破障操作； 提供额外的压制； 提供额外的烟雾遮蔽	（1）创建、检验和标记通路。 （2）在障碍的近侧和远端警戒。 （3）挫败敌军射向破障点的直瞄火力。 （4）报告通路的状态和位置等信息
突击分队	突击； 压制（如果需要）	（1）如果敌军能够对破障点实施直瞄射击，应消灭障碍远端的敌军。 （2）如果敌军未被压制，协助支援部队实施火力压制。 （3）在通过破障区域后，准备破除下一个障碍或防护性障碍

6.3.3　破障计划制定

在计划破除防护性障碍时，指挥员应对破除铁丝网、雷场和壕沟等障碍制定详细的计划。制定破障计划的逻辑顺序如图6–25所示，具体为：①针对任务与行动目标确定突击分队的规模和组成；②针对突击分队的规模确定要创建的通路的数量和位置；③针对敌人干扰破障行动的能力确定破障分队中警戒力量的规模和组成；④针对敌人在破障点集中火力的能力确定对敌压制需求以及支援分队的规模和组成。

破障计划通常包括三个阶段：隔离-压制-遮蔽阶段、警戒-破障阶段、突破-扩张阶段。隔离-压制-遮蔽阶段的计划包括：支援分队的规模、压制和遮蔽的定量要求、对敌的监视；警戒-破障阶段的计划包括：对敌的监视、破障分队的规模、通路的数量和位置、障碍的破除；突破-扩张阶段的计划包括：障碍的破除、突击分队的规模、针对目标的行动。

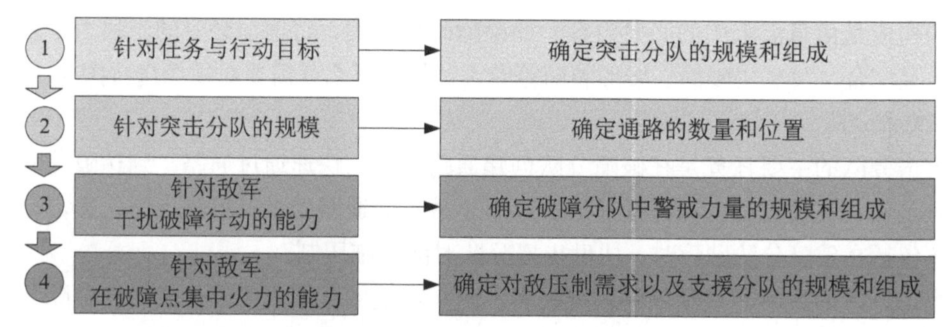

图6-25　制定破障计划的逻辑顺序

压制、遮蔽、警戒、破障和突击是破障行动的基本内容。作为破除障碍的一部分，部队还必须进行探测、报告、验证和标记障碍。探测是对障碍位置的实际确认，这可以通过侦察来完成。它也可能是无意的，例如车辆轧上埋设的地雷。应将探测与信息收集、侦察绕行以及破障行动结合使用。有关敌方雷场的情报应通过最快的方式向上级报告。

工兵通常使用扫雷滚或其他防雷车辆通过雷场，以验证该车道是否有地雷存在。如果在通道上遭受敌军火力打击的风险高于遭遇地雷的风险，则采用这种验证的方式可能是不适宜的。需要注意的是，一些地雷可以抵抗某些特定的破除技术，例如，磁感应地雷可能会抵抗住某些爆炸的破坏。因此，当时间充足、威胁和任务允许时，应进行实地检验。检验还涉及验证其他障碍物是否存在爆炸物或其他杀伤性装置。

标示破障通路和旁路对于障碍的破除是至关重要的。

6.3.4　障碍破除行动

1.行动背景

地雷场、铁丝网、防坦克壕可组合构成多种形式的混合障碍系统，典型的组合形式如图6-26所示。下面以这种典型的混合障碍系统为例，分析在其他力量加强情况下装甲部队的障碍破除行动。

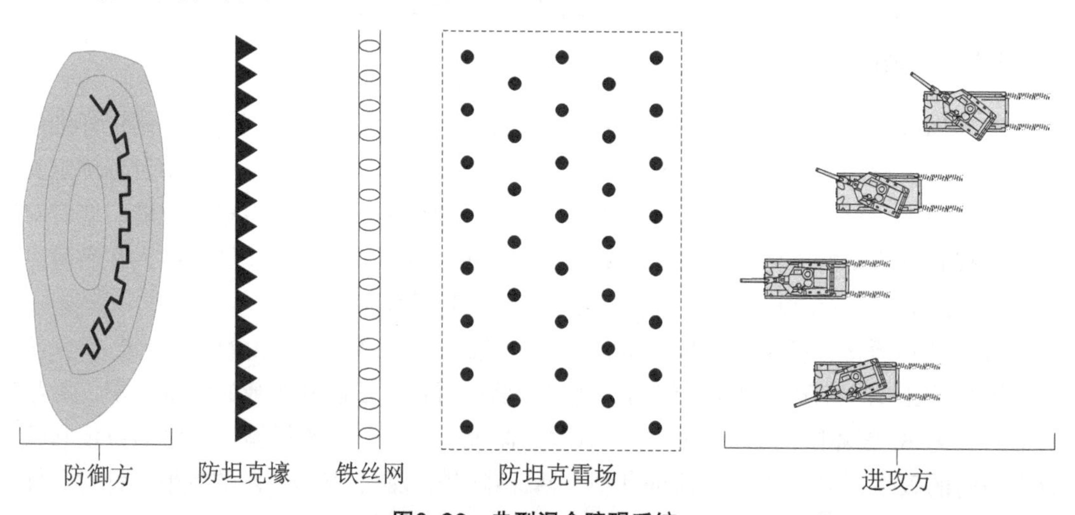

图6-26　典型混合障碍系统

在通常情况下，坦克排独立破除障碍的能力有限。如果装备扫雷犁或其他破障装备，坦克排才能够在雷场、铁丝网或其他加强障碍中开辟通路。需要注意的是，坦克排无法完成破障行动所需的全部操作，例如压制敌军射击、遮蔽破障点、警戒障碍远端、破除障碍物、通过障碍后独自发起突击等情况。

当遭遇无法预料的障碍时，坦克排应假定该障碍得到了防御方的观察和火力掩护。坦克排应尽快搜索确定敌军的位置，并寻求绕过该障碍的可能性，以避免被障碍所迟滞。如果无法绕过，坦克排应向上级报告，请求工兵部队的支援。需要注意的是：在进行态势评估的过程中，坦克排应处于隐蔽位置；在没有消灭敌军掩护障碍的力量或遮蔽障碍破除点之前，坦克排绝不能接近障碍区域，或实施破障操作。

2.破障行动分析

针对战场的不同情况，破障行动可采取绕行、仓促破障和预有准备破障等三种样式。

（1）绕行。如果采用绕行的方式能够达到目标，当然是最好的方式。但是，绕行通常会打乱己方既定的行动节奏，且容易掉入敌军预设的圈套之中。因此，指挥员应确保部队能够获得优势，且不会增加行动风险。例如，当装甲分队在绕行障碍时，应预防敌军的伏击行动。因此，绕行通常做为破障行动的预备方案。

（2）仓促破障。仓促破障是利用一切应急手段，在障碍中快速打开通道的行为，是当前快节奏战场中最常见的破障形式。仓促破障主要用于敌情不明，障碍较少的情况。

（3）预有准备破障。当敌军构设有坚固的防御体系，通常采用预有准备破障形式。在这种情况下，应制定详细的破障计划，并根据任务进行人员编组，各司其职、有协调地完成破障任务。在预有准备的破障行动中，破障任务通常由工兵分队（含配备破障装备的步兵分队）承担，而步兵分队（含装甲步兵）主要担负支援和突击任务，单独的步兵分队（含装甲步兵）一般不进行此类破障。

3.支援分队的任务

支援分队通常位于部队的最前面，当发现敌军的障碍后，支援部队运动至遮蔽区域并建立火力支援阵地。随后，支援分队将障碍的具体信息和可能的绕行位置发送给上级，由上级指挥员决定是否绕行或实施破障，但需考虑绕行可能会导致进入敌军的歼击地域。无论是哪种情况，支援分队均应压制任何掩护障碍的敌军部队，以确保己方部队的破障或绕行。在整个破障行动中，支援分队的任务重点是压制敌军火力和构设遮蔽烟雾。

压制是指在破障和通过障碍的过程中，为己方部队提供直瞄和间瞄压制火力，以保证部队的行动安全。在坦克排破障中，可采用坦克自身的车载火炮、机枪压制敌军直瞄火力，呼叫间瞄火力来压制敌军观测点或间瞄火力的发射阵地。由于可能会遭到敌军火炮的打击，因此在维持火力压制的同时，支援分队必须选好备用阵地。

遮蔽能够有效降低敌军观察和目标获取能力，同时隐藏了己方部队的破障和突击行动。遮蔽操作应充分考虑风向、武器类型等因素。通常，最有效的烟雾是设置在障碍与敌军掩护部队之间，可采用炮射发烟弹为主，辅以发烟手榴弹、车载烟雾弹来生成遮蔽烟幕。若条件允许，也可以用航空火箭发烟弹来产生烟雾。

4.破除防坦克雷场

在整个破障行动中，破障分队的主要任务是就地实施警戒、开展破障操作、提供额外的压制和遮蔽。

破障分队接收到破障任务后，应携带相关装备前往设定的破障点。在破障点，破障分队应进行局部警戒。坦克排有三种破障方法：①使用扫雷犁机械破障；②使用直列装药爆破破障；③使用扫雷锚、探雷器等工具人工破障。其中，人工破障是迫不得已时选用的方法。在特殊情况下，指挥员可能命令坦克排强行通过障碍，此时，坦克排应呈一路纵队依次通过障碍区。如果可能的话，先头坦克可以将一辆报废的车辆推在前面，提前引爆路径上可能碾压到的地雷。

在实战中，扫雷犁机械破障是最常用的破除防坦克雷场的方法典型的扫雷犁装备如图6–27所示。通常，装有扫雷犁的坦克在破障分队的先头，其后跟随的是清理通路的车辆，通常为装备扫雷滚的坦克。

图6–27　典型的扫雷犁装备

以美国陆军为例，每个坦克排装备4辆M1A2型主战坦克。如果坦克排仅装备一具扫雷犁，排军士的僚车（3号坦克）通常担负扫雷任务，排军士的车辆（4号坦克）跟随其后，利用扫雷滚清理通路并提供掩护，如图6–28所示。排长所指挥的分排在排军士后依次通过。如果坦克排装备两具扫雷犁，则可以同时开辟两条通路，通路之间的间隔通常为75~100 m。两个分排的僚车（即2号坦克和3号坦克）通常装备扫雷犁，而排长（乘坐1号坦克）和排军士（乘坐4号坦克）的坦克分别跟在各自的僚车之后，利用装备的扫雷滚来清理通路并提供掩护。

为了开辟一条较宽的通路，两辆装有扫雷犁的坦克可以左右搭接地按前后顺序依次向前运动，如图6–29所示。这种方法可以为悍马等轮式车辆开辟通路。

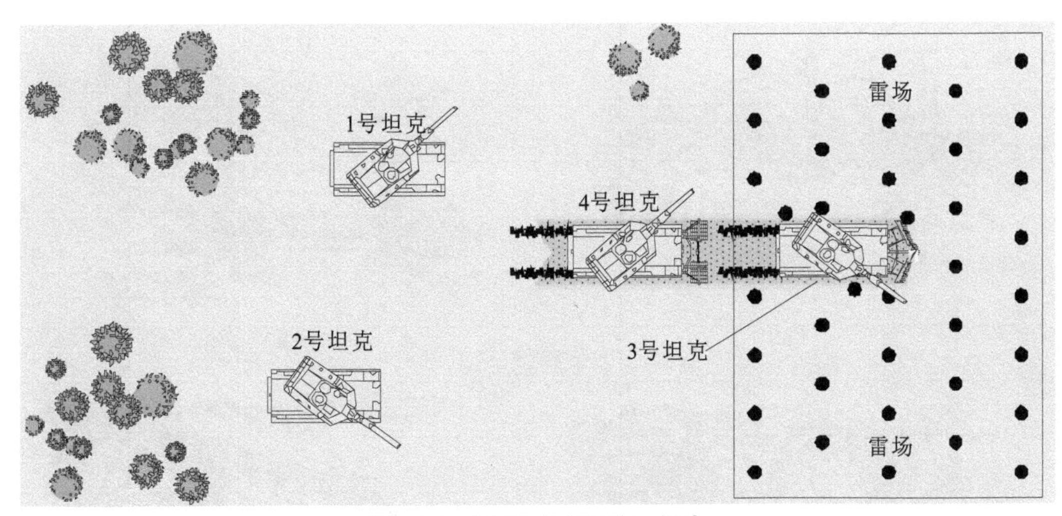

图6-28　坦克排的扫雷作业行动

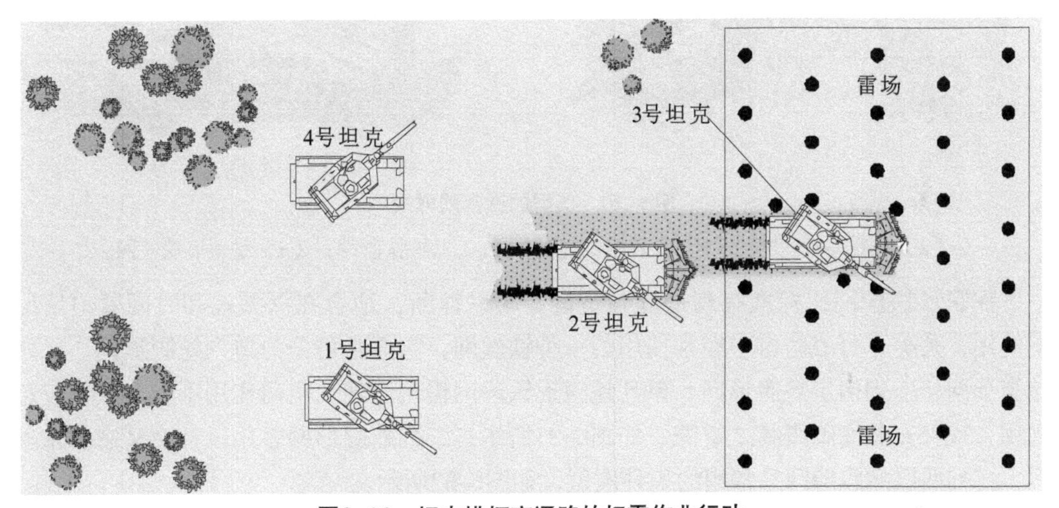

图6-29　坦克排拓宽通路的扫雷作业行动

在防坦克地雷场中开辟并清理完毕通路后，通常还需要标示通路，以便引导突击分队或其他部队安全顺利地通过雷场。

5.破除铁丝网

（1）铁丝网简介。铁丝网分为固定式和移动式两种。固定式铁丝网有一列桩、二列桩、屋顶形、低桩、雪地绊网、乱网等；移动式铁丝网有蛇腹形、拒马、菱形拒马等。五种常见的铁丝网包括一列桩铁丝网、二列桩铁丝网、屋顶形铁丝网、低桩铁丝网和蛇腹形铁丝网。

一列桩铁丝网一般用四根铁丝构成。二列桩铁丝网每列有铁丝四道，桩距二至四步，两列之间又张设乙字形网，使之能形成许多三角形的网栏，并在网的前后加构斜面网，在网的三角形内放置环形或螺旋形的乱网，在网顶还安装蛇腹形的铁丝筒。低桩铁丝网通常设于深草丛中或水中，用中号桩拉成网，纵深较大。屋顶形铁丝网分四步与二步式，或六步与三步式两种，最常见的是四步与二步式。典型的铁丝网样式如图6–30所示。蛇腹形铁丝网形似螺旋形铁丝网状筒，筒直径为90 cm，每筒可多次使用。

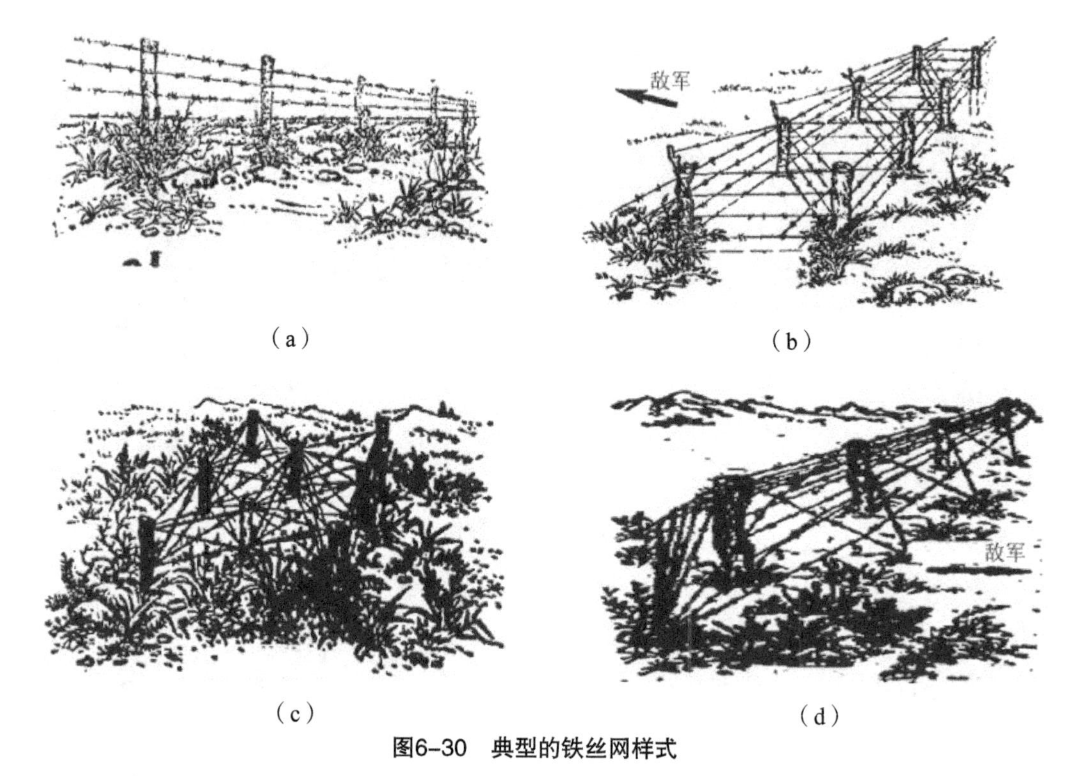

（a）　（b）　（c）　（d）

图6–30　典型的铁丝网样式

（a）一列桩铁丝网；（b）二列桩铁丝网；（c）低桩铁丝网；（d）屋顶形铁丝网

蛇腹形铁丝网比标准有刺铁丝网坚韧，不易剪断，适合在深雪地和时间紧迫情况下使用，是美军野战防御中经常使用的一种铁丝网，它通常可分为单列蛇腹形网、二列蛇腹形网、三列两层蛇腹形网。单列蛇腹形铁丝网构筑简便，阻碍作用不大，只作应急之用，或补充其它障碍物之空隙，如图6–31所示；二列蛇腹形网多用以补充其它型铁丝网；三列两层蛇腹形网是常用的一种网型，如图6–32所示。

图6–31　单列蛇腹形铁丝网

图6–32　三列两层蛇腹形铁丝网

铁丝网通常与地雷、鹿砦等混合设置，构成正面宽、纵深大的人工障碍。各种铁丝网的设置一般在三列以上，有时也设成单列。

（2）对铁丝网的侦察。通过障碍前，首先必须进行周密的侦察，判明铁丝网的位置、种类、宽度及该地段的火力配备；铁丝网的列数、相互间的距离及纵深长度；铁丝网上是否设有发光、音响等器材以及列间埋有地雷；铁丝网有无迂回路、伪装通路及封锁该通路的火力发射点；铁丝网是否通电源（其通电流的外部特征是：桩上有磁瓶、石棉、胶皮、油毡纸以及其它绝缘材料；在夜间草叶触到铁丝网时爆出火花和附近有烧焦的草等。），等等事项。

（3）对铁丝网的克服方法。为适应侦察分队战时秘密出入敌人阵地的活动特点，通常采取剪断、钻过、解开等方法通过敌铁丝网障碍。对于坦克排等机械化部队的破障行动，通常采用剪断或爆破的方式克服铁丝网障碍。

1）剪断法是侦察兵克服铁丝网常用的一种方法，通常由两人协同进行，如图6–33所示。首先取下铁丝网上的照明、音响器材，一人在木桩处，两手抓住铁丝，另一人用破坏剪将铁丝剪至三分之二时，轻轻折断，以防声响。但是，在坦克排的破障过程中不必考虑声响的问题。剪断的铁丝应卷曲插在通路的两边，这样逐次向前移动，直到通路开辟完为止。

图6–33　剪断法

2）钻过法是指采取支、撑、挖的方法钻过铁丝网的方法。支：用一端有叉的木棒，支起下面的一根铁丝，以便在其下面爬过而不致使装具挂在刺上。撑：一人用两手将最下面的两根铁丝上下撑开，其他人爬行通过。挖：在铁丝网下挖沟钻过。

3）解开法是指通过解开方式破除铁丝网的方法。对蛇腹形铁丝网，可在两节网筒接头处解开，或先解开一段网筒的夹子，然后将螺旋铁丝推向一边固定，即可利用空隙通过。

此外，还可利用掩覆板、编席、草垫等垫越通过；也可用直列装药或爆破筒放在铁丝网上，以爆破方法开辟通路，如图6–34所示。用直列装药爆破时，直列装药面向铁丝网一面应编扎钢筋或铁条，以增强切断铁丝网的概率。遇到敌方电网时，可用爆破或用破坏剪剪断，但以剪断法破坏时，必须绝缘，防止触电。

图6–34　用爆破筒破除铁丝网的场景

6.破除防坦克壕

坦克排机械化部队通过防坦克壕时，可采用车体撞击、火炮射击、滚轮填平、推土填平、搭设桥梁、爆破等多种方式加以克服。下面主要对爆破和搭设桥梁的方式进行简要介绍。

（1）爆破法。爆破防坦克壕，采用外部集团装药爆破时，先在坦克壕两侧各设置两个质量约为5 kg的装药（开坑用），其装药间距为2 m，距离壕沿1.8 m，如图6–35所示。

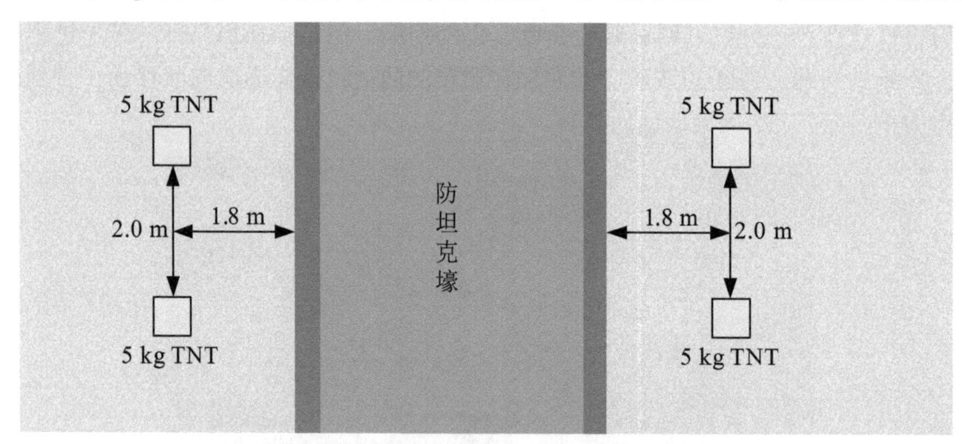

图6–35　爆破防坦克壕时开坑用装药的设置

起爆后，在每个炸坑内再分别设置1个10 kg的装药（爆破壕壁）实施爆破，如图6–36所示。爆破后，会将防坦克壕的壕壁炸塌，形成一定坡度，以便装甲车辆顺利通过。但是，爆破法破除防坦克壕需要人员翻过壕坑进入敌方一侧设置爆破装药，因此对我方人员的威胁较大，需要有效压制敌军直瞄和间瞄火力才能顺利实施。

图6-36　爆破防坦克壕壕壁的装药设置

（2）搭设桥梁法。对于机械化部队来说，搭设桥梁法是克服防坦克壕的重要方法，其涉及的装备主要是冲击桥。

冲击桥是用于保障机械化部队在敌火力下克服壕沟障碍的伴随桥。冲击桥通常采用重型履带底盘，对于轻、中型部队也可采用轮式底盘，桥跨为铝合金的剪刀式折叠结构，桥跨的展开和撤收由液压操控。常见的冲击桥通常能够跨越15 m宽的间断，有的甚至达到24 m。美国陆军装备的冲击桥，如图6-37所示。适合轻、中型机械化部队通过的轮式底盘的冲击桥，如图6-38所示。

图6-37　美国陆军装备的冲击桥

图6-38　采用轮式底盘的冲击桥

7.突击分队的任务

在破障过程中，突击分队可以辅助支援分队行动，或在确保遮蔽的情况下跟随破障分队并分散部署。一旦通路开辟完成，突击分队立即通过通路，并在障碍的远端（障碍靠近敌方的一侧）占领有利地形实施警戒，或按照指挥员的意图继续向前攻击。装备坦克的部队特别适合在开阔地带执行对机动防御之敌的突击任务。与机械化步兵配合，坦克部队也适合在机动空间有限的地形上攻击筑垒地域之敌。

参 考 文 献

[1] 甄建伟, 陈玉丹, 孙福, 等. 空对地打击弹药作战运用[M]. 北京：北京理工大学出版社, 2020.

[2] 甄建伟. 美国陆军旅战斗队弹药装备体系[M].北京：北京理工大学出版社, 2022.

[3] 尹建平, 王志军. 弹药学[M].3版.北京：北京理工大学出版社，2017.

[4] 黄鹏, 王强, 赵建兵. 从海玛斯和海尔法导弹看精确制导武器的多用途发展[J]. 飞航导弹, 2013(4):46–50.

[5] 温杰. 美国空军的炸弹之母：巨型空中引爆炸弹[J]. 飞航导弹, 2004(6):61–63.

[6] 杨名宇, 赵海宁, 刘洪飞. 揭开“炸弹之父”神秘的面纱[J]. 国防科技, 2007(12):30–31.

[7] 沉舟, 车易. 波音公司完成联合直接攻击弹药的第一轮试验[J]. 飞航导弹, 2012(10):51.

[8] 周晓峰, 杨建军, 王志勇. 美国小直径炸弹的发展概述和作战运用研究[J]. 飞航导弹, 2015(2):47–50.

[9] 莫雨, 周军. 美军联合防区外武器(JSOW)的最新进展[J]. 飞航导弹, 2012(3):6–7.

[10] 何煦虹, 王晖娟. 美空军推进远程防区外导弹项目[J]. 战术导弹技术, 2014(1):108.

[11] 刘颖. 美军空射巡航导弹的发展现状及趋势[J]. 飞航导弹, 2013(11):12–16.

[12] 周军, 王晖娟. 美国空军接收首批增程型联合防区外空地导弹[J]. 战术导弹技术, 2014(3):110.

[13] 白春华, 梁慧敏, 李建平, 等. 云雾爆轰[M]. 北京：科学出版社, 2012.

[14] 胡朝晖，罗继勋，王邑，等. 烟幕干扰下激光制导炸弹作战效能分析[J]. 红外与激光工程, 2008, 37(增刊3): 322–326.

[15] 董杨彪. 风修正弹药尾翼组件机理研究及性能分析[D].长沙：国防科学技术大学, 2006.